2026年版全国二级建造师执业资格考试辅导

机电工程管理与实务

章 节 刷 题

全国二级建造师执业资格考试辅导编写委员会　编写

中国建筑工业出版社
中国城市出版社

图书在版编目（CIP）数据

机电工程管理与实务章节刷题／全国二级建造师执业资格考试辅导编写委员会编写. -- 北京：中国城市出版社，2025.9. --（2026年版全国二级建造师执业资格考试辅导）. -- ISBN 978-7-5074-3860-4

Ⅰ. TH-44

中国国家版本馆 CIP 数据核字第 2025F87S56 号

责任编辑：李笑然
责任校对：党　蕾

2026年版全国二级建造师执业资格考试辅导

机电工程管理与实务章节刷题

全国二级建造师执业资格考试辅导编写委员会　编写

*

中国建筑工业出版社、中国城市出版社出版、发行（北京海淀三里河路9号）
各地新华书店、建筑书店经销
建工社（河北）印刷有限公司印刷

*

开本：787毫米×1092毫米　1/16　印张：15½　字数：371千字
2025年9月第一版　　2025年9月第一次印刷
定价：**50.00**元（含增值服务）
ISBN 978-7-5074-3860-4
（904884）

如有内容及印装质量问题，请与本社读者服务中心联系
电话：（010）58337283　QQ：2885381756
（地址：北京海淀三里河路9号中国建筑工业出版社604室　邮政编码：100037）

出 版 说 明

为了满足广大考生的应试复习需要，便于考生准确理解考试大纲的要求，尽快掌握复习要点，更好地适应考试，中国建筑工业出版社继出版"二级建造师执业资格考试大纲"（2024 年版）（以下简称"考试大纲"）和"2026 年版全国二级建造师执业资格考试用书"（以下简称"考试用书"）之后，组织全国著名院校和企业以及行业协会的有关专家教授编写了"2026 年版全国二级建造师执业资格考试辅导——章节刷题"（以下简称"章节刷题"）。推出的章节刷题共 8 册，涵盖所有的综合科目和专业科目，分别为：

- 《建设工程施工管理章节刷题》
- 《建设工程法规及相关知识章节刷题》
- 《建筑工程管理与实务章节刷题》
- 《公路工程管理与实务章节刷题》
- 《水利水电工程管理与实务章节刷题》
- 《矿业工程管理与实务章节刷题》
- 《机电工程管理与实务章节刷题》
- 《市政公用工程管理与实务章节刷题》

《建设工程施工管理章节刷题》《建设工程法规及相关知识章节刷题》包括单选题和多选题，专业工程管理与实务章节刷题包括单选题、多选题、实务操作和案例分析题。章节刷题中附有参考答案、难点解析、案例分析以及综合测试等。考生也可通过中国建筑出版在线（wkc.cabplink.com）了解二级建造师执业资格考试的相关信息，参加在线辅导课程学习。

为了给广大应试考生提供更优质、持续的服务，我社对上述 8 册图书提供网上增值服务，包括在线答疑、在线课程、在线测试等内容。

章节刷题紧扣考试大纲，参考考试用书，全面覆盖所有知识点要求，力求突出重点，解释难点。题型参照历年真题的格式和要求，力求练习题的难易、大小、长短、宽窄适中。各科目考试时间、分值见下表：

序 号	科 目 名 称	考试时间（小时）	满 分
1	建设工程法规及相关知识	2	100
2	建设工程施工管理	2	100
3	专业工程管理与实务	2.5	120

本套章节刷题力求在短时间内切实帮助考生理解知识点，掌握难点和重点，提高应试水平及解决实际工作问题的能力。希望这套章节刷题能有效地帮助二级建造师应试人员提高复习效果。本套章节刷题在编写过程中，难免有不妥之处，欢迎广大读者提出批评和建议，以便我们修订再版时完善，使之成为建造师考试人员的好帮手。

中国建筑工业出版社

中国城市出版社

购正版图书 享超值服务

凡购买我社章节刷题的读者，均可凭封面上的增值服务码，免费享受网上增值服务。增值服务包括在线答疑、在线视频、在线测试等内容，使用方法如下：

1. 计算机用户

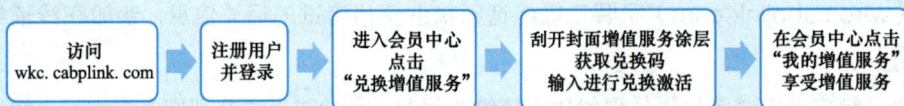

访问 wkc.cabplink.com → 注册用户并登录 → 进入会员中心点击"兑换增值服务" → 刮开封面增值服务涂层获取兑换码输入进行兑换激活 → 在会员中心点击"我的增值服务"享受增值服务

2. 移动端用户

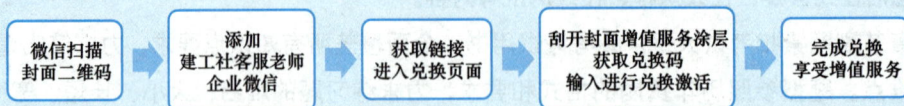

微信扫描封面二维码 → 添加建工社客服老师企业微信 → 获取链接进入兑换页面 → 刮开封面增值服务涂层获取兑换码输入进行兑换激活 → 完成兑换享受增值服务

读者如果对图书中的内容有疑问或问题，可关注微信公众号【建造师应试与执业】，与图书编辑团队直接交流。

建造师应试与执业

目　　录

第2篇　机电工程相关法规与标准

第3篇　机电工程项目管理实务

第1篇 机电工程技术

第1章 机电工程常用材料与设备

1.1 机电工程常用材料

复习要点

微信扫一扫
在线做题＋答疑

主要内容： 常用金属材料、非金属材料、电气材料的分类及应用。

知识点1.金属材料

金属材料一般是指纯金属和合金，具有光泽、导电、传热、延展性等性质。

知识点2.钢

钢是指以铁为主要元素，含碳量一般在2%以下。

知识点3.非合金钢

（1）按钢的含碳量（W_c）可分为低碳钢、中碳钢、高碳钢。

（2）按钢的用途可分为碳素结构钢、碳素工具钢。

（3）按冶炼时脱氧程度的不同可分为沸腾钢、镇静钢、半镇静钢等。

知识点4.常用的钢产品

机电工程中常用的有碳素结构钢、优质碳素结构钢、锅炉钢、不锈钢、耐热钢。

知识点5.有色金属

有色金属是指铁、锰、铬以外的所有金属及其合金，通常分为轻金属、重金属、贵金属、半金属、稀有金属和稀土金属等。

知识点6.铜及铜合金

（1）纯铜是在常温常压下外观呈现玫瑰红色，有光泽和延展性的金属，具有良好的导电性、导热性等，可以进行各种冷、热加工。

（2）铜合金：黄铜、白铜、青铜等。

知识点7.铝及铝合金

（1）铝是一种银白色的轻金属，塑性好、强度低，适用于冷加工成型，如轧制、挤压、模锻、冷冲、弯曲等，加工成各种形状复杂的构件。

（2）铝合金是以铝锭为主要原料，添加其他元素，改善纯铝在铸造性、化学性及物理性的不足，而调配出来的合金。

知识点8.其他有色金属

机电安装工程涉及的有色金属材料还包括：铜、钛、镁、镍、锆金属及其合金。

知识点9.高分子材料

（1）塑料：通用塑料、工程塑料、特种塑料。通用塑料有聚乙烯、聚丙烯、聚氯乙烯和聚苯乙烯。

（2）橡胶：通用橡胶、特种橡胶的种类。

（3）高分子涂料、高分子胶粘剂、高分子基复合材料、功能高分子材料等。

知识点10. 无机非金属材料

（1）普通（传统）的非金属材料。

（2）特种（新型）的无机非金属材料。

知识点11. 常用的非金属材料

砌筑材料、绝热材料、防腐材料、非金属风管材料、塑料管材料。

知识点12. 导线

（1）裸导线。没有绝缘层，散热好，可输送较大电流。

（2）绝缘导线。低压供电线路及电气设备的连线，多采用绝缘导线。

知识点13. 电力电缆

电力电缆主要用在输变电线路中。阻燃电缆是指残焰或残灼在限定时间内能自行熄灭的电缆；耐火电缆是指在火焰燃烧情况下能够保持一定时间安全运行的电缆。

知识点14. 控制电缆

控制电缆用于电气控制系统和配电装置的二次系统。

知识点15. 仪表电缆

仪表用电缆、阻燃型仪表电缆。

知识点16. 母线槽

紧密型母线槽采用插接式连接。高强度母线槽防潮和散热功能好，提高了过载能力，并减少了磁振荡噪声。耐火型母线槽是专供消防设备电源使用的，除应通过CCC认证外，还应有国家认可的检测机构出具的型式检验报告。

知识点17. 绝缘材料

（1）按其物理状态可分为气体绝缘材料、液体绝缘材料及固体绝缘材料。

（2）按其化学性质不同可分为无机绝缘材料、有机绝缘材料、混合绝缘材料。

一 单项选择题

（每题的备选项中，只有1个最符合题意，以下同）

1. 下列金属材料中，属于有色金属的是（　　）。

    A. 锰合金   B. 镍合金

    C. 铁合金   D. 铬合金

2. 机械零件在加工制造过程中，主要依据的金属材料性能是（　　）。

    A. 物理性能   B. 化学性能

    C. 机械性能   D. 工艺性能

3. 下列性能中，属于金属材料机械性能的是（　　）。

    A. 导热系数   B. 可锻性

    C. 冲击韧性   D. 电阻率

4. Q235AF 碳素结构钢中的字母"Q"所代表的含义是（　　　）。

  A. 屈服强度   B. 脱氧方法

  C. 强度数值   D. 质量等级

5. 常用来制作仪表外壳、灯罩的通用塑料是（　　　）。

  A. 聚乙烯（PE）   B. 聚氯乙烯（PVC）

  C. 聚丙烯（PP）   D. 聚苯乙烯（PS）

6. 常用于代替铜等金属制作轴承的工程塑料是（　　　）。

  A. ABS 塑料   B. 聚酰胺

  C. 聚碳酸酯   D. 聚甲醛

7. 下列橡胶中，属于特种橡胶的是（　　　）。

  A. 丁苯橡胶   B. 顺丁橡胶

  C. 氯丁橡胶   D. 丁腈橡胶

8. 普通（传统）非金属材料的缺点是（　　　）。

  A. 耐高温   B. 性质稳定

  C. 抗腐蚀   D. 材质脆弱

9. 适用于洁净室含酸碱排风系统的非金属风管是（　　　）。

  A. 硬聚氯乙烯风管   B. 聚氨酯复合风管

  C. 玻璃钢复合风管   D. 酚醛复合风管

10. 下列塑料管材料中，可应用于饮用水管的是（　　　）。

  A. 硬聚氯乙烯管   B. 无规共聚聚丙烯管

  C. 交联聚乙烯管   D. 氯化聚氯乙烯管

11. 下列导线中，可用于各种电压等级长距离输电线路的是（　　　）。

  A. 铝绞线   B. 钢芯铝绞线

  C. 钢绞线   D. 铝合金绞线

12. 控制电缆线芯采用的导体材料是（　　　）。

  A. 铝   B. 铝合金

  C. 铜   D. 铜合金

13. 采用聚烯烃材料的电力电缆，在消防灭火时的缺点是（　　　）。

  A. 会发出有毒烟雾   B. 灭火时的烟尘较多

  C. 产生的腐蚀性较高   D. 绝缘电阻系数下降

14. 耐火电缆在火焰燃烧下能够保持安全运行的时间是（　　　）。

  A. 45min   B. 60min

  C. 90min   D. 120min

15. 氧化镁电缆允许长期工作的温度是（　　　）。

  A. 150℃   B. 200℃

  C. 250℃   D. 300℃

16. 下列电缆的类型中，不可以预制分支电缆的类型是（　　　）。

  A. VV_{22} 型   B. YJV 型

  C. YJY 型   D. YJFE 型

17. 控制电缆的绝缘层材质，通常采用的材料是（　　）。
    A．聚乙烃　　　　　　　　　B．聚氯乙烯
    C．氧化镁　　　　　　　　　D．交联聚乙烯

18. 在高层建筑中不能用于垂直安装的母线槽是（　　）。
    A．空气型母线槽　　　　　　B．插接型母线槽
    C．紧密型母线槽　　　　　　D．耐火型母线槽

19. 安装在消防喷淋区域的母线槽，应选用的防护等级为（　　）。
    A．IP23　　　　　　　　　　B．IP32
    C．IP42　　　　　　　　　　D．IP54

20. 下列材料中，属于有机绝缘材料的是（　　）。
    A．云母　　　　　　　　　　B．橡胶
    C．石棉　　　　　　　　　　D．玻璃

二　多项选择题

（每题的备选项中，有 2 个或 2 个以上符合题意，至少有 1 个错项，以下同）

1. 广义的黑色金属包括（　　）。
    A．铬合金　　　　　　　　　B．钛合金
    C．锰合金　　　　　　　　　D．镁合金
    E．锆合金

2. 非合金钢按主要质量等级分类的有（　　）。
    A．优质非合金钢　　　　　　B．普通质量非合金钢
    C．高温非合金钢　　　　　　D．特殊质量非合金钢
    E．低温非合金钢

3. 下列金属材料的性能中，属于工艺性能的有（　　）。
    A．铸造性能　　　　　　　　B．焊接性能
    C．锻造性能　　　　　　　　D．导热性能
    E．热膨胀性能

4. 纯铜在常温常压下的特性包括（　　）。
    A．呈现紫红色　　　　　　　B．良好的导电性
    C．可以冷加工　　　　　　　D．良好的导热性
    E．电阻比较大

5. 下列材料中，属于高分子材料的有（　　）。
    A．塑料　　　　　　　　　　B．水泥
    C．橡胶　　　　　　　　　　D．纤维
    E．陶瓷

6. 下列塑料中，属于工程塑料的有（　　）。
    A．聚乙烯　　　　　　　　　B．聚酰胺
    C．聚苯醚　　　　　　　　　D．聚甲醛

E．聚丙烯

7．低压电力电缆常用的绝缘层材料有（　　　）。

A．油浸纸　　　　　　　　　　B．聚氯乙烯

C．聚丙烯　　　　　　　　　　D．交联聚乙烯

E．辐照交联聚乙烯

8．关于氧化镁电缆的说法，正确的有（　　　）。

A．氧化镁绝缘电缆的材料是无机物

B．电缆允许长期工作温度为250℃

C．短时间允许温度为1050℃

D．具有良好的防水和防爆性能

E．燃烧时会发出有毒的烟雾

9．订购分支电缆时，应根据建筑电气设计施工图来提供（　　　）。

A．主电缆的型号、规格及长度　　　B．主电缆上的分支接头位置

C．分支电缆型号、规格及长度　　　D．分支接头的尺寸大小要求

E．分支电缆的外直径和重量

10．下列气体中，可用作气体绝缘材料的有（　　　）。

A．二氧化碳　　　　　　　　　　B．氮气

C．二氧化硫　　　　　　　　　　D．空气

E．六氟化硫

【答案与解析】

（有答案解析的题号前加＊，以下同）

一、单项选择题

＊1．B；　　2．C；　　3．C；　　＊4．A；　　5．D；　　6．B；　　＊7．D；　　8．D；

9．A；　　10．B；　　11．B；　　12．C；　　＊13．D；　　14．C；　　＊15．C；　　＊16．A；

17．B；　　18．A；　　＊19．D；　　20．B

【解析】

1．答案B

有色金属是指铁、铬、锰以外的所有金属及其合金，通常分为轻金属、重金属、贵金属、半金属、稀有金属和稀土金属等，有色合金的强度和硬度一般比纯金属高，并且电阻变化大、电阻温度系数小。

4．答案A

牌号表示：屈服强度字母Q、屈服强度数值（单位为MPa）、质量等级符号（A、B、C、D，质量依次提高）、脱氧方法符号（F—沸腾钢，Z—镇静钢，TZ—特殊镇静钢）。

7．答案D

橡胶按性能和用途可分为通用橡胶和特种橡胶。

（1）通用橡胶指性能与天然橡胶相同或接近，物理性能和加工性能较好，用于制造软管、密封件、传送带等一般制品的橡胶，如天然橡胶、丁苯橡胶、顺丁橡胶、氯丁

橡胶等。

（2）特种橡胶指具有特殊性能，专供耐热、耐寒、耐化学腐蚀、耐油、耐溶剂、耐辐射等特殊性能要求使用的橡胶。如硅橡胶、氟橡胶、聚氨酯橡胶、丁腈橡胶等。

13. 答案 D

无卤低烟电缆是指由不含卤素（F、Cl、Br、I、At）、铅、镉、铬、汞等物质的胶料制成，燃烧时产生的烟尘较少，且不会发出有毒烟雾，燃烧时的腐蚀性较低，因此对环境产生危害很小。无卤低烟的聚烯烃材料主要采用氢氧化物作为阻燃剂，氢氧化物又称为碱，其特性是容易吸收空气中的水分（潮解）。潮解的结果是绝缘层的体积电阻系数大幅下降，由原来的 17MΩ/km 可降至 0.1MΩ/km。

15. 答案 C

氧化镁绝缘电缆的材料是铜和氧化镁，铜的熔点为 1083℃，氧化镁的熔点为 2800℃，电缆允许的长期工作温度达 250℃，短时间或非常时期允许接近铜熔点温度，防火性能特佳。

16. 答案 A

分支电缆常用的有交联聚乙烯绝缘聚氯乙烯护套铜芯电力电缆（YJV 型）、交联聚乙烯绝缘聚乙烯护套铜芯电力电缆（YJY 型）和无卤低烟阻燃耐火型辐照交联聚乙烯绝缘聚烯烃护套铜芯电力电缆（WDZN-YJFE 型）等类型电缆，可根据分支电缆的使用场合对阻燃、耐火的要求程度，选择相应的电缆类型。

19. 答案 D

母线槽接口相对较容易受潮，选用母线槽时应注意其防护等级。对于不同的安装场所，应选用不同外壳防护等级的母线槽。一般室内正常环境可选用防护等级为 IP40 的母线槽，消防喷淋区域应选用防护等级为 IP54 或 IP66 的母线槽。

二、多项选择题

1. A、C;	2. A、B、D;	*3. A、B、C;	*4. A、B、C、D;
5. A、C、D;	6. B、C、D;	7. B、D、E;	*8. A、B、D;
*9. A、B、C;	10. B、C、D、E		

【解析】

3. 答案 A、B、C

金属材料的工艺性能是指机械零件在加工制造过程中，即在冷、热加工条件下表现出来的性能。金属材料工艺性能的好坏，决定了它在制造过程中加工成型的适应能力，如铸造性能、可焊性、可锻性、热处理性能、切削加工性等。

4. 答案 A、B、C、D

纯铜是在常温常压下外观呈现玫瑰红色，有光泽和延展性的金属，表面氧化时呈现紫红色，所以也称为紫铜，其密度为 8.89g/cm³（20℃），熔点为 1083℃，具有良好的导电性、导热性等，可以进行各种冷、热加工。

8. 答案 A、B、D

氧化镁绝缘电缆的材料是无机物，铜和氧化镁的熔点分别为 1083℃和 2800℃，防火性能特佳。具有耐高温（电缆允许长期工作温度达 250℃，短时间或非常时期允许接近铜熔点温度）、防爆（无缝铜管套及其密封的电缆终端可阻止可燃气体和火焰通过电缆进入电器设备）、载流量大、防水性能好、机械强度高、寿命长、具有良好的接地性能等优点。在油灌区、重要木结构公共建筑、高温场所等耐火要求高且经济性可以接受的场合，可采用这种耐火性能好的电缆。

9．答案 A、B、C

订购分支电缆时，应根据建筑电气设计图确定各配电柜位置，提供主电缆的型号、规格及长度；各分支电缆的型号、规格及长度；各分支接头在主电缆上的位置（尺寸）；安装方式（垂直沿墙敷设、水平架空敷设等）；所需分支电缆吊头、横梁吊挂等附件型号、规格和数量。

1.2　机电工程常用设备

复习要点

主要内容：通用设备的类型和性能；专用设备的类型和性能；电气设备的类型和性能。

知识点 1．泵的类型和性能

知识点 2．风机的类型和性能

知识点 3．压缩机的类型和性能

知识点 4．连续输送设备的类型和性能

知识点 5．电力设备

包括：火力发电设备、核电设备、风力发电设备、光伏发电设备等。

知识点 6．石油化工设备

包括：容器、反应设备、塔设备、换热设备、储罐、混合设备、分离过滤设备、储存设备、成型设备等。

知识点 7．冶金设备

包括：选矿设备、焦化设备、烧结设备、炼铁设备、炼钢设备、轧制设备、冶金液压（润滑、气动）设备、冶金电气设备、环保设备等。

知识点 8．建材设备

包括：水泥生产设备、玻璃生产设备、陶瓷生产设备、耐火材料设备、新型建筑材料设备、无机非金属材料及制品设备等。

知识点 9．变电设备的类型和性能

知识点 10．配电设备的类型和性能

知识点 11．电气控制设备的类型和性能

知识点 12．电力电子设备的类型和性能

一　单项选择题

1．下列设备中，不属于通用设备范围的是（　　）。

A．泵　　　　　　　　　　　　B．压缩机

C．风机   D．桥式起重机

2. 下列泵类中，属于按工作原理分类的是（   ）。

    A．双吸泵   B．单级泵

    C．轴流泵   D．清水泵

3. 下列风机中，属于容积式风机的是（   ）。

    A．轴流风机   B．混流式风机

    C．离心风机   D．罗茨鼓风机

4. 下列参数中，不属于风机性能参数的是（   ）。

    A．风量   B．风速

    C．全风压   D．转速

5. 下列压缩机中，属于容积式压缩机的是（   ）。

    A．轴流式压缩机   B．离心式压缩机

    C．混流式压缩机   D．往复式压缩机

6. 下列参数中，属于压缩机性能参数的是（   ）。

    A．功率   B．转速

    C．容积   D．比转速

7. 下列输送设备中，属于无挠性牵引的输送设备是（   ）。

    A．螺旋输送机   B．板式输送机

    C．刮板输送机   D．斗式提升机

8. 下列设备中，不属于专用设备的是（   ）。

    A．架空索道   B．结晶器

    C．板材轧机   D．回转窑

9. 专业设备中的结晶器属于（   ）。

    A．石化设备   B．冶金设备

    C．电力设备   D．建材设备

10. 下列冶金设备中，属于炼钢设备的是（   ）。

    A．高炉   B．球磨机

    C．转炉   D．烧结机

11. 下列石油化工设备中，属于换热设备的是（   ）。

    A．过滤器   B．冷凝器

    C．反应器   D．缓冲器

12. 汽轮发电机组属于（   ）。

    A．水力发电设备   B．光伏发电设备

    C．风力发电设备   D．火力发电设备

13. 下列发电设备中，不包含汽轮机设备的是（   ）。

    A．火力发电设备   B．核电发电设备

    C．光热发电设备   D．风力发电设备

14. 下列变压器中，属于按冷却介质划分的是（   ）。

    A．整流变压器   B．自耦变压器

C. 三相变压器 D. 干式变压器

15. 关于隔离开关的说法，正确的是（ ）。
    A. 用于在电路中断开或连接电流，保护电气设备的安全
    B. 用于在电路中隔离电源或设备，确保维护人员的安全
    C. 用于控制电路的开关动作，实现远程控制和保护功能
    D. 用于控制电路中的负荷，实现负载的接通或断开功能

16. 下列参数中，不属于变压器主要技术参数的是（ ）。
    A. 额定容量 B. 额定电流
    C. 短路阻抗 D. 使用寿命

17. 下列电气设备中，属于电力电子设备的是（ ）。
    A. 逆变器 B. 变压器
    C. 继电器 D. 断路器

18. 下列配电柜形式中，属于电气配电柜结构特征的是（ ）。
    A. 铠装式 B. 抽屉式
    C. 间隔式 D. 手车式

19. 水泥生产设备"一窑三磨"中的"一窑"是指（ ）。
    A. 隧道窑 B. 回转窑
    C. 梭式窑 D. 倒焰窑

20. 核电设备中的常规岛设备不包括（ ）。
    A. 汽轮机 B. 反应堆
    C. 凝汽器 D. 发电机

二 多项选择题

1. 下列泵类设备中，属于按工作原理分类的泵有（ ）。
   A. 清水泵 B. 离心泵
   C. 轴流泵 D. 螺杆泵
   E. 多级泵

2. 决定泵性能的工作参数有（ ）。
   A. 流量 B. 扬程
   C. 流速 D. 功率
   E. 效率

3. 按气体在旋转叶轮内部的流动方向分类的风机形式有（ ）。
   A. 逆流式 B. 混流式
   C. 压气式 D. 离心式
   E. 轴流式

4. 风机的性能是指风机在标准进气状态下的性能，标准进气状态包括（ ）。
   A. 温度为 20℃ B. 气体流速为 1m/s
   C. 风量为 100m³/min D. 相对湿度为 50%

E．进口气压为一个标准大气压

5．下列电力设备中，属于火力发电设备组成的有（　　　）。

    A．启闭机   B．汽轮发电机组

    C．水泵机组   D．热储存的设备

    E．石墨型设备

6．按气体的压缩方式分类，属于动力式压缩机形式的有（　　　）。

    A．轴流式   B．螺杆式

    C．回转式   D．离心式

    E．混流式

7．压缩机的性能参数包括（　　　）。

    A．容积   B．转速

    C．流量   D．功率

    E．吸气压力

8．下列属于无挠性牵引件输送设备的有（　　　）。

    A．板式输送机   B．刮板输送机

    C．辊子输送机   D．螺旋输送机

    E．气力输送机

9．下列石化设备中，属于换热设备的有（　　　）。

    A．蒸发器   B．聚合釜

    C．集油器   D．冷凝器

    E．洗涤器

10．变压器的主要技术参数有（　　　）。

    A．防护等级   B．额定容量

    C．连接组别   D．功率

    E．阻抗

11．下列属于控制电路通断的电气开关的有（　　　）。

    A．变频器   B．功率放大器

    C．断路器   D．电力电容器

    E．隔离开关

12．按每相绕组数的不同，变压器可分为（　　　）。

    A．单相变压器   B．三绕组变压器

    C．自耦变压器   D．双绕组变压器

    E．三相变压器

13．下列属于电力电子设备的有（　　　）。

    A．变频器   B．整流器

    C．逆变器   D．软启动器

    E．断路器

14．下列开关柜，按开关设备布置形式划分的有（　　　）。

    A．固定式开关柜   B．金属铠装式开关柜

C．间隔式开关柜　　　　　　D．箱式开关柜

E．手车式开关柜

15．下列属于断路器性能参数的有（　　　）。

A．额定电流　　　　　　　　B．接点负载能力

C．接地能力　　　　　　　　D．短路开断能力

E．额定电压

【答案与解析】

一、单项选择题

*1．D；　　2．C；　　3．D；　　4．B；　　5．D；　　6．C；　　*7．A；　　*8．A；

9．B；　　10．D；　　11．B；　　12．D；　　13．D；　　14．D；　　15．B；　　16．D；

17．A；　　18．B；　　*19．B；　　20．B

【解析】

1．答案 D

桥式起重机属于专用特种设备，是需报批并需持证上岗才能操作的特种设备。

7．答案 A

首先理解什么是挠性牵引，然后再从上述设备的结构分析。板式输送机和刮板输送机，每块板均是由轴销及链板连接，可以环形运转，显然是挠性牵引；斗式提升机是用链板、链条或胶带的挠性牵引方式；螺旋输送机各段节螺旋是以法兰连接，且在原地运输无须移动。故只有 A 选项是正确的。

8．答案 A

从专用设备的特性——专业性、针对性强分析，结晶器属于冶金设备，板材轧机仅用在冶金行业的轧钢厂，回转窑仅用在建材的水泥厂、有色的炼铝厂、钢铁的球团厂，而架空索道属于特种设备。故正确选项为 A。

19．答案 B

水泥生产设备主要是"一窑三磨"。"一窑"是指回转窑；三磨包括生料磨、煤磨、水泥磨。

二、多项选择题

*1．B、C、D；　　2．A、B、D、E；　　3．B、D、E；　　4．A、D、E；

5．B、C；　　6．A、D、E；　　7．A、C、E；　　8．C、D、E；

9．A、D；　　10．B、C、E；　　11．C、E；　　12．B、C、D；

13．A、B、C、D；　　14．B、C、D；　　15．A、D、E

【解析】

1．答案 B、C、D

采用排除法，泵的分类方法有好几种，按输送介质分、按吸入方式分、按叶轮数目分及按工作原理分。清水泵显然是输送水，属于按介质分类的泵，可排除；多级泵属于按叶轮分类也可排除；最后分析剩余三个均属于按工作原理分类。

第2章 机电工程专业技术

2.1 机电工程测量技术

复习要点

微信扫一扫
在线做题+答疑

主要内容： 测量方法与实施；测量仪器的应用。

知识点1. 工程测量的原则及要求

知识点2. 工程测量的原理和方法

（1）水准测量：水准测量原理是利用水准仪提供的水平视线，并借助水准尺来测定地面上两点间的高差，然后推算高程的一种测量方法。

（2）基准线测量：基准线测量原理是利用经纬仪和检定钢尺，根据两点成一直线的原理测定基准线。

知识点3. 工程测量的程序

设置纵、横中心线→设置标高基准点→设置沉降观测点→安装过程测量控制→实测记录。

知识点4. 单体设备安装基础的测量

基础划线及高程测量；中心标板和基准点的埋设。

知识点5. 连续生产设备安装的测量

连续生产设备只能共用一条纵向基准线和一个预埋标高基准点。

知识点6. 管道工程的测量

管道工程测量的主要内容包括中线测量，纵、横断面测量及施工测量。

知识点7. 长距离输电线路钢塔架（铁塔）的施工测量

知识点8. 水准仪

水准仪的组成、分类及应用。

知识点9. 综合管廊施工测量

知识点10. 经纬仪

经纬仪的组成、分类及应用。

知识点11. 全站仪

全站仪的应用：水平角测量、距离测量、坐标测量。

知识点12. 其他测量仪器

电磁波测距仪、激光测量仪器的应用。

知识点13. 全球定位系统

一 单项选择题

1. 工程测量工作的灵魂是（　　　）。

   A．检核　　　　　　　　　　　　B．满足设计要求

C. 测设精度   D. 减少误差累积

2. 采用高差法进行水准测量，获得待测点的高程是通过（　　　）。

    A. 目测   B. 微调补偿器

    C. 计算   D. 水准尺反馈

3. 下列测量仪器中，不能用来进行角度测量的是（　　　）。

    A. 全站仪   B. 激光水准仪

    C. 经纬仪   D. 激光经纬仪

4. 对于埋设在基础上的沉降基准点，第一次观测的时机是（　　　）。

    A. 设备安装期间   B. 基准点埋设前

    C. 基准点埋设后   D. 设备安装完成后

5. 工程测量程序中，安装过程测量控制的紧前程序是（　　　）。

    A. 设置沉降观测点   B. 设置标高基准点

    C. 设置纵向中心线   D. 设置横向中心线

6. 管道中线测量时，测设的管道主点不包括（　　　）。

    A. 管线的起点   B. 管线的转折点

    C. 管线的终点   D. 管线的最高点

7. 关于标高基准点埋设及作用的说法，正确的是（　　　）。

    A. 一般埋设在基础边缘便于测量处

    B. 埋设在设备底板下面的基础表面

    C. 简单的标高基准点一般用于简单设备安装

    D. 预埋的标高基准点主要用于复杂设备安装

8. 机电安装工程测量的基本程序中，不包括（　　　）。

    A. 设置纵、横中心线   B. 仪器校准或检定

    C. 安装过程测量控制   D. 设置标高基准点

9. 风电混塔施工中，混凝土塔段就位后测量其上口平面度偏差常用的仪器是（　　　）。

    A. 激光经纬仪   B. 激光水准仪

    C. 激光平面仪   D. 激光准直仪

10. 安装工程中，常用来测量标高的测量仪器是（　　　）。

    A. 经纬仪   B. 全站仪

    C. 水准仪   D. 激光平面仪

11. 机电安装工程中，常被用于基础放线的仪器是（　　　）。

    A. 经纬仪   B. 水准仪

    C. 全站仪   D. 激光平面仪

12. 常用于高层建筑、烟囱、电梯的倾斜观察的激光测量仪器是（　　　）。

    A. 激光经纬仪   B. 激光垂线仪

    C. 激光指向仪   D. 激光准直仪

13. 全站仪与普通测量仪器的区别是不用钢卷尺可进行（　　　）。

    A. 水平角测量   B. 垂直角测量

C．高程测量   D．水平距离测量

14．具有水准仪功能，又具有准直导向作用的激光测量仪器是（   ）。

    A．激光指向仪   B．激光准直仪

    C．激光平面仪   D．激光水准仪

15．关于综合管廊施工平面控制网的精度等级，正确的是（   ）。

    A．不低于一级   B．不低于二级

    C．不低于二等   D．不低于三等

16．关于综合管廊施工高程控制网的精度等级，正确的是（   ）。

    A．不低于二等   B．不低于三等

    C．不低于四等   D．不低于五等

17．常用于设备安装定线定位和测设已知角度的仪器是（   ）。

    A．激光准直仪   B．激光经纬仪

    C．激光指向仪   D．激光水准仪

18．关于安装标高基准点埋设位置，正确的是（   ）。

    A．基础最高点   B．基础边缘的附近

    C．基础最低点   D．基础中心标板上

二 多项选择题

1．水准测量时，测定待测点高程的方法有（   ）。

    A．高差法   B．自动读数法

    C．叠加法   D．补偿器调节法

    E．仪高法

2．关于水准测量法，正确的有（   ）。

    A．各等级的水准点，应埋设水准标石

    B．水准观测应在标石埋设稳定后进行

    C．一个测区及其周围不得超过 3 个水准点

    D．两次观测高差较大，超限时应取两次观测的平均值

    E．水准点应选在土质坚硬、便于长期保存和使用方便的地点

3．管线测设时的主点有（   ）。

    A．转折点   B．起点

    C．窨井点   D．终点

    E．支撑点

4．输电线路大跨越档距测量，通常采用的测量方法有（   ）。

    A．仪高法   B．解析法

    C．电磁波测距法   D．高差法

    E．钢卷尺测量法

5．在钢塔架基础中心桩测定后，控制桩应根据中心桩测定的控制方法有（   ）。

    A．十字线法   B．高差法

C. 仪高法   D. 平行基线法

E. 叠加法

6. 在对安放在综合管廊两侧壁并利用托架固定的电力管线进行测量时，除需量测管线相对于综合管廊内底的高度外，还需调查（   ）。

A. 电缆尺寸   B. 电缆数量

C. 电缆功能   D. 电缆型号

E. 电缆走向

7. 激光平面仪主要适用于（   ）。

A. 滑模平台提升   B. 电梯和烟囱的倾斜观测

C. 地下管道施工   D. 大面积混凝土楼板支模

E. 网形钢屋架水平控制

8. 地下管道放线测设的主要工作内容包括（   ）。

A. 恢复中线   B. 槽口放线

C. 测设中线控制桩   D. 引测腰桩高程

E. 测设附属构筑物控制桩

9. 管道工程测量的主要内容包括（   ）。

A. 测设管道终点   B. 纵、横断面测量

C. 施工测量   D. 测设管道中点

E. 中线测量

10. 地下管线施工，槽口放线时决定管槽开挖宽度的因素有（   ）。

A. 管径大小   B. 埋设深度

C. 管道材质   D. 土质情况

E. 施工季节

11. 综合管廊实体舱室测量时，测量项目包括（   ）。

A. 位置   B. 内底高度

C. 形状   D. 净空高度

E. 尺寸

【答案与解析】

一、单项选择题

1. A;   *2. C;   3. B;   4. C;   5. A;   6. D;   7. A;   8. B;

9. C;   *10. C;   11. A;   12. D;   13. D;   14. D;   15. A;   16. C;

17. B;   *18. B

【解析】

2. 答案 C

从水准测量的原理及水准仪结构分析高差法的高差是怎样得出的，目测只能读出水准仪测出的实际数值，微调补偿器只能调整仪器本身的偏差，目前还没有自动反馈高程差值的仪器，故只能采用计算的方法。

10．答案 C

从选项中四种仪器的测量原理和用途分析，只有水准仪可测量标高。

18．答案 B

安装标高基准点的测设是指标高基准点一般埋设在基础边缘且便于观测的位置。标高基准点一般有：简单的标高基准点；预埋标高基准点。采用钢制标高基准点，应是靠近设备基础边缘便于测量处，不允许埋设在设备底板下面的基础表面。

二、多项选择题

1. A、E;	2. A、B、E;	*3. A、B、D;	4. B、C;
5. A、D;	6. A、B、E;	7. A、D、E;	8. A、B、C、E;
9. B、C、E;	10. A、B、D;	11. A、B、C、E	

【解析】

3．答案 A、B、D

仔细审题干，管线测设而不涉及其他，这样就首先排除窨井点，其次分析四个点哪些是主要点，从而得出 A、B、D 是主要点。

2.2 机电工程起重技术

复习要点

主要内容：起重机械与吊具的分类及选用要求；吊装方法和吊装稳定性要求；吊装方案的编制与实施。

知识点 1．起重机械的分类

轻小型起重设备、起重机、升降机、工作平台、机械式停车设备五类。

知识点 2．索吊具的分类

按与起重机械的连接方式分为可拆分吊具和固定吊具；按取物方式分为夹持类、吊挂类、托叉类、吸附类、抓斗及上述种类的组合；按梁截面分为箱式截面吊具、单腹板截面吊具和圆环截面吊具。

知识点 3．轻小型起重设备的使用要求

千斤顶、起重滑车、卷扬机和手拉葫芦的使用要求。

知识点 4．流动式起重机的选用

流动式起重机的使用特点、特性曲线、选用步骤、地基处理、地耐力检测。

知识点 5．桅杆起重机的使用要求

知识点 6．索吊具的使用要求

梁式吊具、钢丝绳吊索、合成纤维吊带、吊耳、卸扣的使用要求。

知识点 7．常用的吊装方法

流动式起重机吊装工艺方法和特点，钢结构吊装，设备吊装。

知识点 8．吊装稳定性

起重吊装作业的稳定性，起重吊装作业失稳的原因及预防措施，桅杆和地锚的稳定性。

知识点9. 吊装方案选用的原则

以吊装安全为前提，以技术可靠、工艺成熟为基础，进行技术经济比较。

知识点10. 吊装方案的主要内容

知识点11. 起重吊装专项方案严重缺陷

知识点12. 吊装方案实施

吊装方案审批和变更；吊装组织机构；吊装方案交底；吊装过程检查；试验和试吊；吊装就位和收尾。

一　单项选择题

1. 下列起重设备中，不属于轻小型起重设备的是（　　）。

    A. 起升重量为50t的油压千斤顶

    B. 额定载荷为80t的起重滑车组

    C. 起重能力为80t的梁式起重机

    D. 额定荷载为32t的卷绕式卷扬机

2. 按起重机分类，门座起重机属于（　　）。

    A. 臂架型起重机　　　　　　B. 桥式起重机

    C. 梁式起重机　　　　　　　D. 流动式起重机

3. 下列起重机中，属于流动式起重机的是（　　）。

    A. 梁式起重机　　　　　　　B. 履带起重机

    C. 桅杆起重机　　　　　　　D. 悬臂起重机

4. 下列材料中，可垫入千斤顶头部与被顶物之间增加摩擦力的是（　　）。

    A. 钢板　　　　　　　　　　B. 石棉板

    C. 铝板　　　　　　　　　　D. 橡胶板

5. 当滑车组采用8轮滑车时，跑绳穿绕滑轮的方法是（　　）。

    A. 顺穿　　　　　　　　　　B. 花穿

    C. 双抽头穿　　　　　　　　D. 组合式

6. 关于单台流动式起重机的使用要求，错误的说法是（　　）。

    A. 吊装的计算载荷应小于其额定载荷

    B. 汽车起重机的支腿必须完全伸出

    C. 不准起吊埋在土里的设备或钢结构

    D. 吊车的站车位置不必进行地基处理

7. 根据履带起重机的使用特点，错误的是（　　）。

    A. 履带起重机对基础的要求较低

    B. 履带起重机的履带会破坏路面

    C. 转移场地需要用平板拖车运输

    D. 履带起重机行走时的速度较快

8. 滑车组的静、动滑车的最小距离不得小于（　　）。

    A. 1m　　　　　　　　　　　B. 1.25m

C. 1.5m   D. 1.75m

9. 卷扬机工作时，由卷筒到首个导向滑轮的水平直线距离最小为卷筒长度的（　　）。

    A. 10 倍   B. 15 倍

    C. 20 倍   D. 25 倍

10. 选用流动式起重机时，主要依据是（　　）。

    A. 起重机特性曲线图   B. 起重机卷扬的最大功率

    C. 起重机的行走方式   D. 起重机吊臂的结构形式

11. 下列吊装计算中，不需考虑动载荷系数的是（　　）。

    A. 单机主吊负载率   B. 桅杆的稳定性

    C. 吊索的安全系数   D. 梁式吊具强度

12. 当采用多台葫芦起重同一工件时，单台葫芦的最大载荷不应超过其额定载荷的（　　）。

    A. 90%   B. 80%

    C. 70%   D. 60%

13. 两台流动式起重机抬吊时，每台起重机的吊装载荷不得超过其额定起重能力的（　　）。

    A. 70%   B. 75%

    C. 80%   D. 85%

14. 发生下列情况后，不需要变更吊装方案的是（　　）。

    A. 吊装方法的改变   B. 吊装机具种类改变

    C. 主要机索具变化   D. 设备到货时间推后

15. 关于钢丝绳安全系数的说法，错误的是（　　）。

    A. 作拖拉绳时应大于或等于 3.5

    B. 作卷扬机走绳时应大于或等于 5

    C. 作捆绑绳扣使用时应大于或等于 6

    D. 用于载人吊篮时应大于或等于 10

16. 关于千斤顶使用的说法，错误的是（　　）。

    A. 垂直使用时，作用力应通过承压中心

    B. 千斤顶头部与被顶物间可垫以薄木板

    C. 随着工件升降及时调整保险垫块高度

    D. 数台千斤顶并用时可先后操作千斤顶

17. 关于两台汽车起重机抬吊塔器的说法中，正确的是（　　）。

    A. 两台起重机的起重能力宜相同

    B. 两台起重机吊装载荷平均分配

    C. 单机载荷不超过额定起重量 90%

    D. 起重机吊装载荷分配不考虑偏载

18. 重大的设备吊装前应进行的起重能力试验不包括（　　）。

    A. 自制的吊梁试验   B. 地锚的拉力试验

C. 钢丝绳拉力试验　　　　　　　　D. 基础的承压试验

二 多项选择题

1. 下列起重机中，属于桥架型起重机的有（　　）。
   A. 梁式起重机　　　　　　　　　B. 塔式起重机
   C. 悬臂起重机　　　　　　　　　D. 桥式起重机
   E. 门式起重机

2. 下列起重机中，属于臂架型起重机的有（　　）。
   A. 桥式起重机　　　　　　　　　B. 流动式起重机
   C. 桅杆起重机　　　　　　　　　D. 缆索起重机
   E. 门座起重机

3. 多台吊车联合吊装时，计算载荷的影响因素有（　　）。
   A. 吊装载荷　　　　　　　　　　B. 各吊车的额定载荷
   C. 动载荷系数　　　　　　　　　D. 各吊车的回转半径
   E. 不均衡载荷系数

4. 吊装载荷包括（　　）。
   A. 吊车臂重　　　　　　　　　　B. 设备重量
   C. 索具重量　　　　　　　　　　D. 吊具重量
   E. 载荷系数

5. 吊索用钢丝绳绳芯的种类有（　　）。
   A. 纤维芯　　　　　　　　　　　B. 玻璃纤维芯
   C. 铝合金芯　　　　　　　　　　D. 钢芯
   E. 铝绞线芯

6. 卷扬机选用时，应考虑设备主要的技术性能参数有（　　）。
   A. 额定载荷　　　　　　　　　　B. 牵引力
   C. 容绳量　　　　　　　　　　　D. 额定速度
   E. 卷筒直径

7. 桅杆使用说明书规定了桅杆的具体使用状态，其内容包括（　　）。
   A. 桅杆使用长度　　　　　　　　B. 制造质量证明
   C. 载荷试验报告　　　　　　　　D. 桅杆倾斜角度
   E. 检验合格证书

8. 制定流动式起重机吊装方案时，可作为重要依据的起重机性能参数有（　　）。
   A. 最大变幅　　　　　　　　　　B. 额定起重量
   C. 最大起吊速度　　　　　　　　D. 工作半径
   E. 最大起升高度

9. 关于手拉葫芦使用的说法，正确的有（　　）。
   A. 手拉葫芦的施力方向应在链轮平面上
   B. 作业时操作者不得站在重物上面操作

C. 可将下吊钩回扣到起重链条上起吊重物

D. 不得将重物吊起后停留在空中而离开现场

E. 吊挂点承载能力不得低于 1.05 倍额定载荷

10. 桅杆起重机吊装时,构成稳定系统的设备设施有(   )。

A. 卷扬机   B. 地锚

C. 缆风绳   D. 跑绳

E. 滑车组

【答案与解析】

一、单项选择题

1. C;   2. A;   *3. B;   4. C;   5. C;   6. D;   7. D;   8. C;

9. D;   *10. A;   11. A;   *12. C;   13. C;   14. D;   15. D;   16. D;

17. A;   *18. C

【解析】

3. 答案 B

流动式起重机,即机动性强,可在现场不同场地机动调度施工,具有机动灵活特性的唯有履带起重机。故正确选项为 B。

10. 答案 A

起重机最主要的功能和用途就是吊装物体,所以无论选用哪种起重机,首先要考虑的是其性能,当然行走式的也不例外。分析上述四条选项,唯有 A 选项——起重机特性曲线图最符合流动式起重机选择的要求。

12. 答案 C

关于手拉葫芦的使用要求:

(1)使用前须检查起升结构的完好性、运转部分的灵活性及润滑是否良好,拉链应灵活自如,不应有跑链、掉链和卡滞现象。

(2)使用时应将链条摆顺,逐渐拉紧,两吊钩受力在一条轴线上,经检查确认无问题后,再进行起重作业。

(3)手拉葫芦吊挂点承载能力不得低于 1.05 倍的手拉葫芦额定载荷;当采用多台葫芦起重同一工件时,操作应同步,单台葫芦的最大载荷不应超过其额定载荷的 70%。

(4)手拉葫芦在垂直、水平或倾斜状态使用时,手拉葫芦的施力方向应在链轮平面上且尽量与葫芦受力方向一致,以防卡链或掉链。

所以正确选项为 C。

18. 答案 C

在重大的设备吊装前,应对新设计制作的桅杆等吊装机械、自制的吊梁、吊具等机具进行起重能力试验,以确定其最大负荷能力。如埋置式地锚的拉力试验、基础的承压试验、卷扬机的运转和制动试验等。

二、多项选择题

1. A、D、E;   2. B、C、E;   *3. A、C、E;   4. B、C、D;

*5. A、D；　　　　　*6. A、C、D；　　　7. A、D；　　　　　8. B、D、E；

9. A、B、D、E；　　　10. B、C

【解析】

3. 答案 A、C、E

从计算载荷的含义入手，分析哪些与计算载荷有关，哪些与计算载荷无关。计算载荷：$Q_{\mathrm{j}} = k_1 \times k_2 \times Q$，$k_1$ 是动载荷系数，k_2 是不均衡载荷系数，Q 是吊装载荷。故正确选项为 A、C、E。

5. 答案 A、D

《重要用途钢丝绳》GB/T 8918—2006 中规定，钢丝绳绳芯分为纤维芯和钢芯。

6. 答案 A、C、D

起重吊装中一般采用电动慢速卷扬机。选用卷扬机的主要参数为额定载荷、额定速度、容绳量等。故正确选项为 A、C、D。

2.3　机电工程焊接技术

复习要点

主要内容：焊接设备与材料的分类及选用；焊接方法和焊接工艺；焊接质量检验。

知识点 1. 焊接设备

焊条电弧焊设备，钨极惰性气体保护焊设备，CO_2 气体保护焊设备，埋弧焊设备，电渣焊设备，焊接机器人。

知识点 2. 焊条分类及选用

知识点 3. 钨极材料及种类

知识点 4. 焊丝分类及选用

知识点 5. 焊接气体分类及选用

知识点 6. 焊剂分类及选用

知识点 7. 焊条电弧焊

知识点 8. 钨极惰性气体保护焊

知识点 9. CO_2 气体保护焊

知识点 10. 焊接方法选择

知识点 11. 焊接接头

知识点 12. 焊缝坡口的基本形式

知识点 13. 焊缝形式

知识点 14. 预热、后热及焊后热处理

知识点 15. 焊接工艺评定

（1）焊接工艺评定作用。

（2）焊接工艺评定相关规范使用要求。

（3）焊接工艺评定规则。

知识点 16. 焊接检验方法

一 单项选择题

1. 埋弧焊组成件不包括（　　）。
   A．送丝机　　　　　　　　　　B．焊接小车
   C．焊接电源　　　　　　　　　　D．水冷滑块

2. 野外焊接作业时，对风比较敏感的焊接方法是（　　）。
   A．气体保护焊　　　　　　　　　B．埋弧焊
   C．焊条电弧焊　　　　　　　　　D．电渣焊

3. 铸钢件的补焊一般采用（　　）。
   A．CO_2 气体保护焊　　　　　　B．埋弧焊
   C．焊条电弧焊　　　　　　　　　D．电渣焊

4. 焊条按照用途分类，不包括（　　）。
   A．结构钢焊条　　　　　　　　　B．低温钢焊条
   C．钛钙型焊条　　　　　　　　　D．铸铁焊条

5. 选用焊条应优先考虑（　　）。
   A．设计文件要求　　　　　　　　B．母材化学成分
   C．母材力学性能　　　　　　　　D．焊接工艺性

6. 磨削粉尘具有微量放射性的钨极材料是（　　）。
   A．纯钨极　　　　　　　　　　　B．钍钨极
   C．铈钨极　　　　　　　　　　　D．钯钨极

7. 焊接用保护气体不包括（　　）。
   A．二氧化碳（CO_2）　　　　　　B．氩气（Ar）
   C．氧气（O_2）　　　　　　　　D．乙炔（C_2H_2）

8. 焊接用气体的选择主要取决于（　　）。
   A．焊接方法　　　　　　　　　　B．母材性质
   C．接头形式　　　　　　　　　　D．焊接位置

9. 按照生产工艺不同，焊剂包括（　　）。
   A．熔炼焊剂　　　　　　　　　　B．中性焊剂
   C．活性焊剂　　　　　　　　　　D．合金焊剂

10. 为验证所拟定的焊件焊接工艺的正确性而进行的试验过程及结果评价所形成的文件是（　　）。
    A．焊接工艺规程　　　　　　　　B．焊接工艺评定报告
    C．焊接作业指导书　　　　　　　D．焊接质量评定标准

11. 焊条电弧焊的代号为（　　）。
    A．GTAW　　　　　　　　　　　B．SMAW
    C．SAW　　　　　　　　　　　　D．GMAW

12. 焊条库房内温度不得低于 5℃，湿度不得大于（　　）。

A．60%　　　　　　　　　　　B．70%

C．80%　　　　　　　　　　　D．90%

13. 厚壁工业管道打底焊一般采用（　　　）。

A．GMAW　　　　　　　　　B．SMAW

C．GTAW　　　　　　　　　D．FCAW

14. 焊接工艺评定焊接试件的施焊人员应是（　　　）。

A．第三方技能熟练的焊接人员　　B．本单位技能熟练的焊接人员

C．本单位焊接质量责任人　　　　D．钢材供应单位的持证焊工

15. 进行焊接工艺评定，次要因素变化时，说法正确的是（　　　）。

A．变更次要因素时，必须增焊冲击韧性试件进行试验

B．变更次要因素时，必须重新进行焊接工艺评定

C．增加次要因素时，不需重新编制预焊接工艺规程

D．不需要重新评定，但需重新编制预焊接工艺规程

16. 下列焊接方法中，焊接飞溅最大的焊接方法是（　　　）。

A．气焊　　　　　　　　　　B．手工电弧焊

C．CO_2 气体保护焊　　　　　　D．埋弧自动焊

17. 为进行焊接工艺评定所拟定的焊接工艺文件是（　　　）。

A．焊接工艺评定预规程　　　B．焊接工艺规程

C．焊接工艺指导书　　　　　D．焊接工艺评定报告

18. 下列焊接检验方法中，属于破坏性试验的是（　　　）。

A．渗透试验　　　　　　　　B．弯曲试验

C．耐压试验　　　　　　　　D．泄漏试验

19. 不适用于多孔性金属材料的无损检测方法是（　　　）。

A．RT　　　　　　　　　　　B．PT

C．UT　　　　　　　　　　　D．MT

20. 适用于铁磁性材料的无损检测方法是（　　　）。

A．RT　　　　　　　　　　　B．PT

C．UT　　　　　　　　　　　D．MT

二　多项选择题

1. 钨极惰性气体保护焊一般不适用于的焊接材料有（　　　）。

A．铅材料　　　　　　　　　B．锌材料

C．碳钢材料　　　　　　　　D．不锈钢材料

E．铜材料

2. 电渣焊设备组成的部件有（　　　）。

A．焊接电源　　　　　　　　B．机头

C．水冷成型（滑）块　　　　D．电控系统

E．送气系统

3. 焊接材料包括（　　）。

    A．焊条   B．焊丝

    C．焊剂   D．熔入焊缝的母材

    E．保护气体

4. 焊条按照用途可以分为（　　）。

    A．低温钢焊条   B．不锈钢焊条

    C．钛钙型焊条   D．低氢型焊条

    E．堆焊焊条

5. 焊条选用原则包括（　　）。

    A．钢材化学成分及力学性能   B．焊缝金属性能

    C．钢结构特点和受力状态   D．焊接位置及施焊条件

    E．考虑焊缝外表面成型美观

6. 焊接工程中常用的钨极材料有（　　）。

    A．镍钨极   B．纯钨极

    C．钍钨极   D．铅钨极

    E．铈钨极

7. 下列参数中，属于焊条电弧焊焊接过程中应控制的工艺参数有（　　）。

    A．焊接电流   B．焊接电压

    C．焊接速度   D．坡口尺寸

    E．焊接层数

8. 焊接接头组成包括（　　）。

    A．焊缝   B．熔合区

    C．热影响区   D．母材金属

    E．保护气体

9. 下列对焊接工艺评定作用的说法，正确的有（　　）。

    A．用于验证所拟定的焊接工艺的正确性

    B．用于评价拟定焊接工艺过程及结果

    C．评定报告可直接指导焊工施焊

    D．是编制焊接作业指导书的依据

    E．一个焊接工艺评定报告只能作为编制一份焊接作业指导书的依据

10. 下列焊接检验中，属于非破坏性检验的有（　　）。

    A．渗透检测   B．弯曲试验

    C．化学分析   D．射线检测

    E．外观检验

【答案与解析】

一、单项选择题

1. D;   *2. A;   3. A;   4. C;   5. A;   *6. B;   7. D;   8. A;

9. A；　　10. B；　　11. B；　　12. A；　　13. C；　　14. B；　　15. D；　　16. B；

17. A；　　18. B；　　19. B；　　20. D

【解析】

2. 答案 A

钨极惰性气体保护焊适用于平焊、平角焊、横焊、立焊和仰焊，以及水平固定的管件对焊接头的全位置焊。由于空气对流、过堂风、微风都可能破坏气体对焊接区的保护，野外施工时应配置附属防风设施。

6. 答案 B

钍钨极的粉尘具有微量的放射性，因此在磨削电极时，必须加强劳动防护措施。

二、多项选择题

*1. A、B；　　　　2. A、B、C、D；　　　3. A、B、C、E；　　　4. A、B、E；

*5. A、B、C、D；　　6. B、C、E；　　　　7. A、B、C；　　　　8. A、B、C、D；

*9. A、B、D；　　　10. A、D、E

【解析】

1. 答案 A、B

除了低熔点、易挥发的金属材料（如铅、锌等）以外，均可以采用钨极惰性气体保护焊机进行焊接。

5. 答案 A、B、C、D

选择焊接材料时，若设计无规定，应在满足结构安全、可靠使用的前提下，以改善作业条件和提高技术经济效益为原则，综合考虑以下因素：钢材化学成分及力学性能、焊缝金属性能、钢结构特点（板厚、接头形式）和受力状态、工艺性、焊接位置和施焊条件（室内、野外）、焊接工作量（焊缝长度、焊缝当量）。

9. 答案 A、B、D

焊接工艺评定是为验证所拟定的焊接工艺的正确性而进行的试验过程及结果评价，一个焊接工艺评定报告可用于编制多个焊接作业指导书。一个焊接作业指导书可以依据一个或多个焊接工艺评定报告编制。

第3章 建筑机电工程施工技术

3.1 建筑给水排水与供暖工程施工技术

微信扫一扫
在线做题＋答疑

复习要点

主要内容： 建筑给水排水与供暖的分部分项工程和施工程序；建筑给水排水与供暖管道施工技术；建筑给水排水与供暖设备安装技术；建筑给水排水与供暖系统调试和检测。

知识点1. 建筑给水排水与供暖的分部分项工程

知识点2. 设备施工程序

（1）水泵施工程序：开箱检查→基础验收→减振装置安装→水泵就位→找正找平→配管及附件安装→检查验收。

（2）不锈钢水箱施工程序：基础验收→吊装就位→找平找正→配管及附件安装→压力试验（满水试验）→检查验收。

知识点3. 给水管道施工程序

室内给水管道施工程序：材料验收→测绘放线→支架制作→管道预制→支架安装→管道安装→压力试验→防腐绝热→通水试验→冲洗、消毒→取样检验。

知识点4. 排水管道施工程序

室内排水管道施工程序：材料验收→测绘放线→支架制作→管道预制→支架安装→管道安装→灌水试验→通水、通球试验。

知识点5. 热水与供暖管道工程施工程序

（1）室内热水管道施工程序：材料验收→测绘放线→支架制作→管道预制→支架安装→管道安装→压力试验→防腐绝热→通水试验→冲洗→试运行。

（2）室内供暖系统施工程序：材料验收→测绘放线→支架制作→管道预制→支架安装→供暖设备安装→管道及配件安装→散热器及附件安装→系统压力试验→防腐绝热→通水试验→冲洗→试运行。

知识点6. 卫生器具施工程序

开箱检查→卫生器具安装→给水配件安装→排水管道安装→灌水、通水试验→试运行。

知识点7. 建筑给水排水与供暖管道常用的连接方法

螺纹连接，法兰连接，焊接连接，沟槽连接（卡箍连接），卡套式连接，卡压连接，热熔连接，承插连接，粘接连接，电熔连接。

知识点8. 建筑给水排水与供暖管道施工技术要求

材料验收，管道测绘放线，配合土建预留、预埋，管道支架制作安装，管道预制加工，管道安装，管道防腐绝热。

知识点9. 建筑给水排水与供暖设备安装技术

设备与基础验收，设备安装。

知识点 10. 建筑给水排水与供暖系统调试和检测

器具／设备试验，管道系统压力试验、灌水试验、通水试验、通球试验，管道系统冲洗。

一 单项选择题

1. 低温热水辐射供暖系统的盘管埋地敷设，施工做法正确的是（　　）。
   A. 采用热熔连接　　　　　　　　　B. 不应设接头
   C. 采用卡压连接　　　　　　　　　D. 采用管件连接

2. 管径小于或等于 100mm 的镀锌钢管宜用（　　）。
   A. 螺纹连接　　　　　　　　　　　B. 焊接连接
   C. 法兰连接　　　　　　　　　　　D. 沟槽连接

3. 阀门的强度试验压力为公称压力的（　　）。
   A. 1.5 倍　　　　　　　　　　　　B. 1.1 倍
   C. 1 倍　　　　　　　　　　　　　D. 90%

4. 阀门的严密性试验压力为公称压力的（　　）。
   A. 1.5 倍　　　　　　　　　　　　B. 1.1 倍
   C. 1 倍　　　　　　　　　　　　　D. 90%

5. 管道穿过有严格防水要求的建筑物外墙时，必须采用（　　）。
   A. 刚性防水套管　　　　　　　　　B. 钢质套管
   C. 柔性防水套管　　　　　　　　　D. 塑料套管

6. 安装在卫生间及厨房内的建筑管道套管，其顶部应高出装饰地面（　　）。
   A. 齐平　　　　　　　　　　　　　B. 20mm
   C. 50mm　　　　　　　　　　　　D. 30mm

7. 楼层高度大于 5m 时，室内给水金属立管的每层管道支架设置（　　）。
   A. 不少于 1 个　　　　　　　　　　B. 不少于 2 个
   C. 不少于 3 个　　　　　　　　　　D. 不少于 4 个

8. 重力流雨水系统中，悬吊式雨水管道的最小坡度为（　　）。
   A. 5‰　　　　　　　　　　　　　B. 3‰
   C. 2‰　　　　　　　　　　　　　D. 1‰

9. 关于汽、水逆向流动的蒸汽管道安装的说法，正确的是（　　）。
   A. 坡度不应小于 1‰　　　　　　　B. 坡度不应小于 2‰
   C. 坡度不应小于 3‰　　　　　　　D. 坡度不应小于 5‰

10. 散热器支管坡度的说法，正确的是（　　）。
    A. 坡度应为 3‰，不得小于 2‰　　B. 坡度不大于 2‰
    C. 坡度应为 1%　　　　　　　　　D. 坡度应为 3%

11. 室内给水管道施工程序中，管道支架制作的紧后工序是（　　）。
    A. 管道支架安装　　　　　　　　　B. 干管安装
    C. 管道预制　　　　　　　　　　　D. 管道测绘放线

12. 卫生器具施工程序中，卫生器具排水管道安装的紧后工序是（　　）。

    A．给水配件安装　　　　　　　　B．排水管道安装

    C．灌水、通水试验　　　　　　　D．卫生器具安装

13. 室外排水管网按排水检查井分段进行灌水试验，试验水头应以（　　）。

    A．试验段上游管顶加 1.0m　　　　B．试验段上游管顶加 1.5m

    C．试验段下游管顶加 1.0m　　　　D．试验段下游管顶加 2.0m

14. 室外排水管网按排水检查井分段进行水压试验，试验时间不少于（　　）。

    A．30min　　　　　　　　　　　　B．25min

    C．15min　　　　　　　　　　　　D．10min

15. 室内雨水管，灌水达到稳定水面后观察（　　）。

    A．15min　　　　　　　　　　　　B．30min

    C．45min　　　　　　　　　　　　D．1.0h

16. DN100 排水主立管，通球球径为（　　）。

    A．DN80　　　　　　　　　　　　B．DN65

    C．DN50　　　　　　　　　　　　D．DN40

17. 室内给水系统中，复合管道在系统试验压力下 10min 内压力降不大于（　　）。

    A．0.1MPa　　　　　　　　　　　B．0.02MPa

    C．0.3MPa　　　　　　　　　　　D．0.05MPa

18. 排水塑料管立管管径≥110mm 时，在楼板贯穿部位设置的防火套管长度应（　　）。

    A．≥500mm　　　　　　　　　　B．≥300mm

    C．≥200mm　　　　　　　　　　D．≥50mm

19. 在经常有人停留的平屋顶上，排水通气管应高出屋面（　　）。

    A．500mm　　　　　　　　　　　B．1000mm

    C．2000mm　　　　　　　　　　D．3000mm

20. 整体出厂的锅炉安装完成后，应进行带负荷连续试运行（　　）。

    A．1～2h　　　　　　　　　　　　B．2～3h

    C．3～4h　　　　　　　　　　　　D．4～24h

二　多项选择题

1. 绝热材料进场时，应复验材料的性能参数包括（　　）。

    A．导热系数　　　　　　　　　　B．可燃性

    C．密度　　　　　　　　　　　　D．吸水率

    E．耐腐蚀性

2. 下列建筑给水排水管道，适合热熔连接的有（　　）。

    A．PPR 塑料管　　　　　　　　　B．UPVC 塑料管

    C．钢塑复合管　　　　　　　　　D．PE 塑料管

    E．铝塑复合管

3. 安装在主干管上起切断作用的阀门，应逐个做（　　　）。

    A．严密性试验　　　　　　　　B．强度试验

    C．通水试验　　　　　　　　　D．灌水试验

    E．通球试验

4. 以下管道常用的连接方式，正确的有（　　　）。

    A．管径小于或等于 100mm 的镀锌钢管宜用螺纹连接

    B．直径较大的镀锌钢管可采用法兰连接或焊接连接

    C．直径大于或等于 100mm 的镀锌钢管采用卡箍连接

    D．铝塑复合管一般采用螺纹卡套压接

    E．PPR 管不宜采用热熔器进行热熔连接

5. 室内给水管道的安装工艺流程中，管道安装后的工序有（　　　）。

    A．管道支架安装　　　　　　　B．防腐绝热

    C．管道支管安装　　　　　　　D．压力试验

    E．冲洗、消毒

6. 建筑管道穿过墙壁和楼板时，设置套管正确的有（　　　）。

    A．楼板内套管高出装饰地面 20mm

    B．楼板内套管高出装饰地面 50mm

    C．卫生间内套管高出装饰地面 20mm

    D．卫生间内套管高出装饰地面 50mm

    E．安装在墙壁内套管两端与饰面齐平

7. 生活给水不锈钢管道安装采用碳钢支架时，支架与管道之间可衬垫的材料有（　　　）。

    A．碳钢薄片　　　　　　　　　B．镀锌钢板

    C．塑料　　　　　　　　　　　D．橡胶

    E．绝热材料

8. 散热器进场时，应对其（　　　）性能进行现场见证取样检验，复验合格后再安装。

    A．供回水温度　　　　　　　　B．散热器片数

    C．单位散热量　　　　　　　　D．金属热强度

    E．表面油漆厚度

9. 关于高层建筑雨水系统采用管材的说法，正确的有（　　　）。

    A．高层建筑的雨水系统应采用镀锌焊接钢管

    B．超高层建筑的雨水系统采用镀锌无缝钢管

    C．超高层建筑的重力流雨水系统采用球墨铸铁管

    D．超高层建筑的重力流雨水管系统采用 UPVC 塑料管

    E．超高层建筑的重力流雨水管采用普通排水铸铁管

10. 在下列试验中，建筑给水排水管道应进行的试验有（　　　）。

    A．承压管道系统水压试验

    B．非承压管道灌水试验

C．排水干管通球试验

D．通水试验

E．消火栓系统灌水试验

【答案与解析】

1．B；　　*2．A；　　3．A；　　4．B；　　5．C；　　6．C；　　7．B；　　8．A；

9．D；　　10．C；　　11．C；　　12．C；　　13．A；　　14．A；　　15．D；　　*16．A；

*17．B；　　18．A；　　19．C；　　*20．D

【解析】

2．答案A

管径小于或等于100mm的镀锌钢管宜用螺纹连接；直径大于或等于100mm的镀锌钢管可采用沟槽连接（卡箍连接）。

16．答案A

排水主立管及水平干管管道均应做通球试验，通球球径不小于排水管道管径的2/3，通球率必须达到100%。

17．答案B

钢管及复合管道在系统试验压力下10min内压力降不大于0.02MPa，然后降至工作压力检查，压力应不降，不渗不漏。

20．答案D

按照《锅炉安装工程施工及验收标准》GB 50273—2022的要求，整体出厂的锅炉安装完成后，应进行4～24h的带负荷连续试运行，并做好试运行记录。

二、多项选择题

*1．A、C、D；　　2．A、D；　　3．A、B；　　*4．A、C、D；

5．B、D、E；　　6．A、D、E；　　7．C、D；　　8．C、D；

*9．A、B、C；　　10．A、B、C、D

【解析】

1．答案A、C、D

绝热材料进场时，应对其导热系数或热阻、密度、吸水率等性能进行复验；复验应为见证取样检验。同厂家、同材质的绝热材料，复验次数不得少于2次。

4．答案A、C、D

直径较大的镀锌钢管如用焊接或法兰连接，焊接处应进行二次镀锌或防腐，故现场镀锌钢管尽可能不采用焊接，B选项不正确。PPR管的连接方法，采用热熔器进行热熔连接，故E选项错误。

9．答案A、B、C

在高层和超高层建筑的雨水系统，应考虑管材的承压能力，一般采用承压管材，故D、E选项不正确。

3.2 建筑电气工程施工技术

复习要点

主要内容:建筑电气的分部分项工程及施工程序;变配电和配电线路施工技术;电气照明与电气动力施工技术;建筑防雷与接地施工技术。

知识点1. 建筑电气的分部分项工程

知识点2. 变配电设备施工程序

(1)配电柜安装程序:开箱检查→二次搬运→基础框架制作安装→柜体固定→母线连接→二次线路连接→试验调整→送电运行验收。

(2)干式变压器施工程序:开箱检查→二次搬运→本体安装→附件安装→交接试验→送电前检查→送电运行验收。

知识点3. 供电干线施工程序

(1)梯架(托盘、槽盒)施工程序:测量定位→支架安装→梯架(托盘、槽盒)安装连接→接地线跨接。

(2)梯架(托盘)内电缆施工程序:电缆检查→电缆搬运→电缆敷设→电缆绝缘测试→挂标志→验收。

知识点4. 电气照明施工程序

(1)导管施工程序:测量定位→支架安装(明敷)→导管预制→导管连接→接地线跨接。

(2)塑料管穿线施工程序:选择导线→穿引线→导线与引线绑扎→穿导线→导线连接→线路绝缘测试。

(3)照明灯具施工程序:开箱检查→灯具组装→安装接线→送电前检查→送电运行。

知识点5. 建筑防雷接地施工程序

建筑防雷接地施工程序:接地体施工→接地干线施工→引下线敷设→均压环施工→接闪带(接闪杆、接闪网)施工。

知识点6. 干式变压器安装技术要求

(1)干式变压器箱体、支架、基础型钢及外壳应分别单独与保护导体可靠连接。

(2)干式变压器交接试验:绕组连同套管的直流电阻测量、绝缘电阻测量、交流耐压试验,额定电压下的冲击合闸试验等。

知识点7. 箱式变电所安装技术要求

(1)箱式变电所的高压和低压配电柜内部接线应完整、低压输出回路标记应清晰,回路名称应准确。检查数量:按回路数量抽查10%,且不得少于1个回路。

(2)由高压成套开关柜、低压成套开关柜和变压器三个独立单元组合成的箱式变电所高压电气设备部分,应按规范的规定完成交接试验且合格。

知识点8. 柴油发电机组安装技术要求

(1)发电机本体和机械部分的外露可导电部分应分别与保护导体可靠连接,并应有标识;燃油系统的设备及管道的防静电接地应符合设计要求。

（2）柴油发电机馈电线路连接后，两端的相序应与原供电系统的相序一致。

知识点9．配电柜（开关柜、控制柜）安装

（1）二次回路的绝缘导线额定电压不应低于 450/750V；铜芯绝缘导线的导体截面积，电流回路不应小于 $2.5mm^2$，其他回路不应小于 $1.5mm^2$。

（2）高压成套配电柜应按规范规定进行交接试验，回路中的电子元件不应参加交流工频耐压试验，50V 及以下回路可不做交流工频耐压试验。

（3）低压成套配电柜（箱）、控制柜（台、箱）间线路的线间和线对地间绝缘电阻值，馈电线路不应小于 0.5MΩ，二次回路不应小于 1MΩ。

（4）其他试验项目。

知识点10．母线槽施工技术要求

（1）母线槽安装前应做电气试验，用 1000V 兆欧表测量每节母线槽的绝缘电阻值，不应小于 20MΩ。

（2）母线槽的连接紧固应用力矩扳手，螺栓紧固力矩值应符合产品技术文件的要求，母线槽的金属外壳应与接地保护导体连接可靠。

（3）低压母线槽绝缘电阻测试不得低于 0.5MΩ；高压母线槽绝缘电阻测试不得低于 20MΩ。

知识点11．梯架（托盘、槽盒）施工要求

（1）梯架（托盘、槽盒）在水平段时每 1.5～3m 设置一个支吊架；垂直段时每 1～1.5m 设置一个支架；在分支处或端部 0.3～0.5m 处应有固定支吊架。金属吊架的圆钢直径不得小于 8mm，并应有防晃支架。

（2）非镀锌梯架之间的连接处应跨接保护联结导体；镀锌梯架之间的连接处可不跨接保护联结导体，但连接板每端不应少于 2 个有防松螺帽或防松垫圈的螺栓。

知识点12．导管施工技术要求

（1）钢导管不得采用对口熔焊连接；镀锌钢导管或壁厚小于等于 2mm 的钢导管，不得采用套管熔焊连接。

（2）镀锌钢导管（可弯曲金属导管、金属柔性导管）连接处的两端宜用专用接地卡固定保护联结导体；保护联结导体应为铜芯软导线，截面积不应小于 $4mm^2$。

知识点13．导线和电缆敷设要求

（1）同一交流回路的绝缘导线不应穿于不同金属导管内。不同回路、不同电压等级和交流与直流线路的绝缘导线不应穿于同一导管内。

（2）导线敷设后，应用 500V 兆欧表测试绝缘电阻，绝缘电阻不应小于 0.5MΩ。

知识点14．照明配电箱安装要求

（1）N 或 PE 汇流排的同一端子上不应连接不同回路的 N 或 PE。

（2）同一电器的接线端子上的导线连接不应多于 2 根，且防松垫圈等零件应齐全。

知识点15．灯具安装要求

（1）灯具的绝缘性能应进行现场抽样检测，灯具的绝缘电阻值不应小于 2MΩ，灯具内导线的绝缘层厚度不应小于 0.6mm。

（2）当吊灯灯具质量超过 3kg 时，应采取预埋吊钩或螺栓固定。

（3）质量大于 10kg 的灯具，固定及悬吊装置应按灯具重量的 5 倍恒定均布载荷做强度试验，持续时间不得少于 15min。

知识点 16. 开关安装要求

开关应控制灯具的相线（L），不得控制中性线（N）。

知识点 17. 插座安装要求

（1）单相三孔插座，面对插座面板的右孔应与相线（L）连接，左孔应与中性线（N）连接，上孔应与保护接地线（PE）连接。

（2）保护接地线（PE）在插座之间不得串联连接。相线（L）与中性线（N）不应利用插座本体的接线端子转接供电。

知识点 18. 电气动力安装要求

（1）1kV 以下电动机的绝缘电阻值不应小于 0.5MΩ。

（2）电动机试运行随设备（风机、水泵等）的试运行实施。

知识点 19. 建筑防雷与接地的材料与连接要求

（1）镀锌钢材应为热镀锌，镀层厚度应不小于 65μm。

（2）搭接长度规定：扁钢之间搭接为扁钢宽度的 2 倍，不少于三面施焊；圆钢之间搭接为圆钢直径的 6 倍，双面施焊；圆钢与扁钢搭接为圆钢直径的 6 倍，双面施焊。

知识点 20. 接闪杆（线、网）的施工要求

接闪带一般使用 40mm×4mm 镀锌扁钢或直径为 12mm 镀锌圆钢制作。

知识点 21. 防雷引下线的施工要求

当利用建筑物外立面混凝土柱内的主钢筋作防雷引下线时，接地测试点通常不少于 2 个，接地测试点应离地 0.5m，测试点应有明显标识。

知识点 22. 接地体的施工要求

（1）垂直埋设的接地体要求：垂直接地体的长度一般为 2.5m。埋设后的接地体顶部距地面不小于 0.6m，接地体水平间距应不小于 5m。

（2）水平埋设的接地体要求：镀锌扁钢的厚度应不小于 4mm，截面积不小于 100mm^2。

知识点 23. 接地线的施工要求

知识点 24. 等电位联结的施工要求

一 单项选择题

1. 高层建筑防雷接地的施工程序中，均压环施工的紧前工序是（   ）。

   A. 接地线施工   B. 引下线敷设

   C. 接地体施工   D. 接闪网施工

2. 下列附件中，不属于三相干式变压器的是（   ）。

   A. 分接开关   B. 温度计

   C. 冷却风机   D. 呼吸器

3. 额定电压 10kV 的三相干式电力变压器的交流耐压试验电压值应为（   ）。

   A. 16kV   B. 28kV

   C. 30kV   D. 40kV

4. 箱式变电所低压配电柜内部接线的检查，应按回路的数量抽查（　　　）。

    A．3%　　　　　　　　　　　　　B．5%

    C．10%　　　　　　　　　　　　D．20%

5. 每节母线槽安装前的绝缘测试电阻不应小于（　　　）。

    A．0.5MΩ　　　　　　　　　　B．2MΩ

    C．10MΩ　　　　　　　　　　D．20MΩ

6. 全长为 50m 的镀锌梯架安装时，设置的保护接地连接点至少应有（　　　）。

    A．1 处　　　　　　　　　　　B．2 处

    C．3 处　　　　　　　　　　　D．4 处

7. 电气明配管施工中，2.5mm 厚的钢导管连接不得采用（　　　）。

    A．套管螺纹连接　　　　　　　B．套管熔焊连接

    C．对口熔焊连接　　　　　　　D．套管紧定连接

8. 关于电缆本体敷设要求，错误的有（　　　）。

    A．交流单芯电缆不得单根穿于钢管内

    B．固定用的夹具应不会形成闭合磁路

    C．电缆出入配电柜处应采取防火封堵

    D．电缆外径应小于钢导管内径的 40%

9. 关于导管内穿线的技术要求，正确的是（　　　）。

    A．同一交流回路的绝缘导线可穿于不同金属导管内

    B．不同电压、回路的绝缘导线可以穿于同一导管

    C．同一导管内可同时穿入绝缘导线和电缆

    D．铜芯绝缘导线的接头不得设置在导管内

10. 100kg 重的灯具固定及悬吊装置，做恒定均布载荷强度试验的重量是（　　　）。

    A．100kg　　　　　　　　　　B．200kg

    C．300kg　　　　　　　　　　D．500kg

11. Ⅰ类灯具外露可导电部分与保护导体可靠连接时的做法，错误的是（　　　）。

    A．用铜芯软导线　　　　　　　B．用单股铜芯硬导线

    C．设置接地标识　　　　　　　D．截面与电源线相同

12. 关于三相四孔插座的接线中，正确的是（　　　）。

    A．保护接地导体（PE）接在下孔

    B．同一场所的插座接线相序一致

    C．接地导体（PE）在插座间串联

    D．相线利用插座的端子转接供电

13. 关于电动机接线的要求，错误的是（　　　）。

    A．电动机金属外壳应与接地导体可靠连接

    B．接线方式与供电电压无关

    C．接线入口应做密封处理

    D．电动机进线电缆应有滴水湾

14. 额定电压 500V 及以下电动机的绝缘电阻抽查的数量为（　　　）。

A. 10%   B. 20%

C. 50%   D. 100%

15. 镀锌钢材应为热镀锌，镀层厚度应不小于（   ）。

A. 35μm   B. 45μm

C. 55μm   D. 65μm

16. 下列接闪带的安装中，错误的是（   ）。

A. 固定支架的高度为150mm

B. 固定支架能承受39N的垂直拉力

C. 镀锌圆钢支架间距为1m

D. 镀锌扁钢支架间距为0.5m

17. 明敷的引下线采用热镀锌扁钢时，可采用（   ）。

A. 卡夹连接   B. 螺纹连接

C. 卡压连接   D. 螺栓连接

18. 利用建筑物外立面混凝土柱内的主钢筋作防雷引下线时，接地测试点应（   ）。

A. 离地0.3m   B. 离地0.5m

C. 离地1.3m   D. 离地1.8m

19. 下列人工接地体的施工，正确的是（   ）。

A. 可埋设在腐蚀性的土壤处

B. 接地体顶部距地面不小于0.5m

C. 垂直接地体的长度为2.5m

D. 接地体的水平间距应不小于3m

20. 等电位联结线的端部应有（   ）。

A. 黄绿相间的色标   B. 黑白相间的色标

C. 蓝白相间的色标   D. 黄白相间的色标

二 多项选择题

1. 配电柜安装程序中，属于柜体固定后的工序有（   ）。

A. 开箱检查   B. 母线连接

C. 二次线路连接   D. 试验

E. 调整

2. 柴油发电机并列运行时，应保证其一致的参数有（   ）。

A. 电压   B. 电流

C. 频率   D. 相位

E. 功率

3. 关于电气配电柜的安装技术要求，正确的有（   ）。

A. 配电柜安装的垂直度允许偏差不应大于1.5‰

B. 柜门的接地应选用截面积不小于$4mm^2$的绝缘铜芯软导线连接

C．配电柜金属框架与基础型钢应采用电焊固定

D．一次线路的线间绝缘电阻值不应小于 0.5MΩ

E．二次回路绝缘导线额定电压不应低于 450/750V

4．关于母线槽的安装技术要求，不正确的有（ ）。

A．配电母线槽的圆钢吊架直径为 8mm

B．重力不小于 150N/m 的母线槽应设置抗震支架

C．低压母线槽绝缘电阻测试不得低于 1MΩ

D．每节母线槽应不少于 2 个支吊架

E．母线槽金属外壳不应与保护接地导体连接可靠

5．关于镀锌梯架的安装技术要求，正确的有（ ）。

A．起始端和终点端均应可靠接地

B．连接处必须跨接保护联结导体

C．垂直安装支架间距不应大于 3m

D．跨越变形缝处应设置补偿装置

E．与热水管的最小间距为 100mm

6．镀锌钢导管采用螺纹连接时，连接处两端的正确做法有（ ）。

A．连接处两端采用专用接地卡

B．连接处两端搭接 6mm 圆钢

C．保护联结导体为铜芯软导线

D．搭接长度为圆钢直径的 6 倍

E．铜芯软导线的截面积为 4mm^2

7．下列灯具安装固定方法，可用于重量为 5kg 灯具的方法有（ ）。

A．硬木楔安装固定　　　　　　B．预埋吊钩安装固定

C．尼龙塞安装固定　　　　　　D．膨胀螺栓安装固定

E．塑料塞安装固定

8．Ⅲ类灯具的防触电保护是依靠（ ）。

A．外壳接地　　　　　　　　　B．双重绝缘

C．安全电压　　　　　　　　　D．加强绝缘

E．隔离供电

9．下列钢材中，可用于建筑物接闪带制作安装的有（ ）。

A．25mm×25mm 镀锌角钢　　　B．ϕ15mm 镀锌钢管

C．20mm×4mm 镀锌扁钢　　　　D．ϕ12mm 镀锌圆钢

E．40mm×4mm 镀锌扁钢

10．关于建筑防雷与接地的连接要求，正确的有（ ）。

A．扁钢之间搭接为扁钢宽度的 2 倍且两面施焊

B．圆钢之间搭接为圆钢直径的 6 倍且双面施焊

C．圆钢与扁钢搭接为圆钢直径 6 倍且双面施焊

D．扁钢与钢管搭接应紧贴 1/2 管外径两侧施焊

E．扁钢与角钢焊接应紧贴角钢面上的一侧施焊

【答案与解析】

一、单项选择题

1. B;　　2. D;　　*3. B;　　*4. C;　　5. D;　　*6. C;　　7. C;　　8. D;

9. D;　　10. D;　　11. B;　　12. B;　　13. B;　　14. C;　　*15. D;　　16. B;

17. D;　　*18. B;　　19. C;　　20. A

【解析】

3. 答案 B

三相干式电力变压器的绕组连同套管交流耐压试验要求，额定电压在 35kV 及以下的变压器，线端试验应按表 3-1 进行交流耐压试验。

表 3-1　三相干式电力变压器交流耐压试验电压值（单位：kV）

系统标称电压	设备最高电压	交流耐受电压	系统标称电压	设备最高电压	交流耐受电压
≤1	≤1.1	2	15	17.5	30
3	3.6	8	20	24	40
6	7.2	16	35	40.5	56
10	12	28			

4. 答案 C

箱式变电所的高压和低压配电柜内部接线应完整、低压输出回路标记应清晰、回路名称应准确。检查数量：按回路数量抽查 10%，且不得少于 1 个回路。

6. 答案 C

金属梯架之间连接应牢固可靠。全长不大于 30m 时，不应少于 2 处与保护导体可靠连接；全长大于 30m 时，每隔 20~30m 应增加一个连接点，起始端和终点端均应可靠接地。

非镀锌梯架之间连接处应跨接保护联结导体；镀锌梯架之间连接处可不跨接保护联结导体，但连接板的每端不应少于 2 个有防松螺帽或防松垫圈的连接固定螺栓。

15. 答案 D

镀锌钢材应为热镀锌，镀层厚度应不小于 65μm。

18. 答案 B

当利用建筑物外立面混凝土柱内的主钢筋作防雷引下线时，接地测试点通常不少于 2 个，接地测试点应离地 0.5m，测试点应有明显标识。

二、多项选择题

1. B、C、D、E;　　2. A、C、D;　　*3. A、B、D、E;　　*4. C、D、E;

5. A、D;　　6. A、C、E;　　7. B、D;　　*8. C、E;

9. D、E;　　*10. B、C

【解析】

3. 答案 A、B、D、E

配电柜安装技术要求：

（1）配电柜安装的垂直度允许偏差不应大于 1.5‰，柜间缝隙允许偏差不应大于 2mm，相邻两柜面允许偏差不应大于 1mm。

（2）配电柜及基础型钢应与保护导体可靠连接，柜门和金属框架的接地应选用截面积不小于 4mm² 的绝缘铜芯软导线连接，并有接地标识。

（3）开关柜、配电柜二次回路的绝缘导线的额定电压不应低于 450/750V，对于铜芯绝缘导线和铜芯电缆的导体截面积，在电流回路中不应小于 2.5mm²，其他回路中不应小于 1.5mm²。

（4）低压成套配电柜线路的线间和线对地间绝缘电阻值，一次线路不应小于 0.5MΩ，二次线路不应小于 1MΩ。

4. 答案 C、D、E

母线槽的安装技术要求：

（1）每节母线槽应不少于一个支吊架，距转弯 0.4～0.6m 处应设置支吊架，支吊架不应设置在母线槽的连接处或分接单元处，垂直安装时应设置弹簧支架。

（2）室内配电母线槽的圆钢吊架直径不得小于 8mm，室内照明母线槽的圆钢吊架直径不得小于 6mm。重力不小于 150N/m 的母线槽应设置抗震支架。

（3）低压母线槽绝缘电阻测试不得低于 0.5MΩ；高压母线槽绝缘电阻测试不得低于 20MΩ，交流耐压试验按支柱绝缘子的交接试验标准执行。

（4）母线槽金属外壳应与保护接地导体连接可靠。

8. 答案 C、E

灯具的防触电保护依靠：

（1）Ⅰ类灯具的外露可导电部分必须采用铜芯软导线与保护导体可靠连接，连接处应设置接地标识。

（2）Ⅱ类灯具的防触电保护不仅依靠基本绝缘，还具有双重绝缘或加强绝缘。

（3）Ⅲ类灯具的防触电保护是依靠安全特低电压，电源电压不超过交流 50V，采用隔离变压器供电。

10. 答案 B、C

建筑防雷与接地的连接采用搭接焊接的要求：

（1）扁钢之间搭接为扁钢宽度的 2 倍，不少于三面施焊。

（2）圆钢之间的搭接为圆钢直径的 6 倍，双面施焊。

（3）圆钢与扁钢搭接为圆钢直径的 6 倍，双面施焊。

（4）扁钢与钢管之间，紧贴 3/4 管外径表面，上下两侧施焊。

（5）扁钢与角钢焊接，紧贴角钢外侧两面，上下两侧施焊。

3.3 通风与空调工程施工技术

复习要点

主要内容：通风与空调的分部分项工程及施工程序；通风与空调系统施工技术；通风与空调系统的调试与检测；洁净空调系统施工技术。

知识点 1. 通风与空调的分部分项工程

通风与空调工程划分为 20 个子分部工程，常见的包括送风系统、排风系统、防排烟系统、舒适性空调风系统、净化空调风系统、空调（冷、热）水系统、冷却水系统、冷凝水系统、多联机（热泵）空调系统等。

知识点 2．通风与空调的施工程序

风管及部件的制作与安装程序，空调水系统管道施工程序，设备安装程序，管道防腐绝热施工程序，系统调试程序。

知识点 3．风管按工作压力的分类

风管按工作压力的分类见表 3-2。

表 3-2　风管按工作压力的分类

等级类别	风管工作压力 P（Pa）		密封要求
	管内正压	管内负压	
微压	$P \leqslant 125$	$P \geqslant -125$	接缝及接管连接处应严密
低压	$125 < P \leqslant 500$	$-500 \leqslant P < -125$	接缝及接管连接处应严密，密封面宜设在风管的正压测
中压	$500 < P \leqslant 1500$	$-1000 \leqslant P < -500$	接缝及接管连接处增加密封措施
高压	$1500 < P \leqslant 2500$	$-2000 \leqslant P < -1000$	所有的拼接缝及接管连接处，均应采取密封措施

知识点 4．通风与空调风系统的施工技术

风管制作技术，风管系统的安装技术，风管的检验与试验。

知识点 5．空调水系统的施工技术

知识点 6．通风与空调设备安装技术

制冷机组、冷却塔、空调机组、风机、水泵、换热设备、风机盘管、设备机房模块化装配式施工的施工技术要求。

知识点 7．防腐绝热施工技术

知识点 8．通风与空调系统的调试与检测

系统调试的内容，单机试运行及调试的设备及技术要求，系统非设计满负荷条件下的联合试转行及调试的内容及技术要求。

知识点 9．洁净空调的洁净度等级

洁净空调的洁净度等级见表 3-3。

表 3-3　洁净空调的洁净度等级

序号	洁净室的类型	洁净度的等级
1	工业洁净室	洁净度等级是指洁净室（区）内悬浮粒子洁净度的水平，用每立方米空气中的规定粒径悬浮粒子的浓度划分了 N1～N9 级的 9 个洁净度等级，其中 N1 级洁净度的水平最高
2	洁净手术部	按空态或静态条件下的细菌浓度，分为 I、II、III、IV 级，其中 I 级手术室的洁净水平要求最高
3	药品生产厂	依据《药品生产质量管理规范》（GMP）划分为 A、B、C、D 四个级别，其中 A 级洁净度标准最高，主要用于高风险操作区

知识点 10．洁净空调系统的施工技术

洁净风管制作技术，洁净风管系统安装技术，高效过滤器安装技术，洁净空调系统调试技术。

1. 下列分项工程中，属于防排烟系统工程的是（　　）。
   A. 水泵安装　　　　　　　　　B. 风管与部件制作
   C. 冷却塔安装　　　　　　　　D. 管道与部件安装

2. 制冷机组的安装程序中，机组运输吊装的紧后工序是（　　）。
   A. 基础验收　　　　　　　　　B. 减振装置安装
   C. 机组配管　　　　　　　　　D. 机组就位安装

3. 下列风管工作压力，属于中压风管系统的是（　　）。
   A. $P \geqslant -125Pa$　　　　　　　B. $1500Pa < P \leqslant 2500Pa$
   C. $P \leqslant 125Pa$　　　　　　　　D. $500Pa < P \leqslant 1500Pa$

4. 风系统调试的施工程序中，风量平衡调整的紧前工序是（　　）。
   A. 风量测试　　　　　　　　　B. 测试仪器准备
   C. 流量测试　　　　　　　　　D. 风机设备检查

5. 下列高压系统的螺旋风管中，应采取加固措施的是（　　）。
   A. 直径为 1000mm 的螺旋风管　　B. 直径为 1200mm 的螺旋风管
   C. 直径为 1600mm 的螺旋风管　　D. 直径为 2200mm 的螺旋风管

6. 镀锌钢板风管的部件安装时，应单独设置支吊架的是（　　）。
   A. 边长 630mm 的三通　　　　B. 消声器
   C. 边长 500mm 的弯头　　　　D. 送风口

7. 下列风管中，进行严密性试验时应符合中压风管规定的是（　　）。
   A. 排风风管　　　　　　　　　B. 变风量空调的风管
   C. 新风风管　　　　　　　　　D. N1 级洁净空调风管

8. 通风空调系统中，需要进行抽真空试验的是（　　）。
   A. 冷却水管　　　　　　　　　B. 冷冻水管
   C. 制冷剂管　　　　　　　　　D. 凝结水管

9. 下列风机盘管机组的性能，不属于进场节能见证取样复验的是（　　）。
   A. 供冷量　　　　　　　　　　B. 噪声
   C. 静压　　　　　　　　　　　D. 功率

10. 高效过滤器安装前除外观检查以外，还必须进行的现场检测是（　　），且应合格。
   A. 清洁度　　　　　　　　　　B. 过滤性能
   C. 电功率　　　　　　　　　　D. 扫描检漏

11. 风管穿过需要封闭的防火防爆墙体时，应设置的钢制预埋套管的最小壁厚是（　　）。
   A. 1.0mm　　　　　　　　　　B. 1.2mm
   C. 1.4mm　　　　　　　　　　D. 1.6mm

12. 为减少风管局部阻力和噪声，矩形风管的内斜线和内弧形弯头应设（　　）。

A．导流片   B．隔板

C．消声片   D．夹板

13. 风管系统安装完毕，必须进行严密性检验，严密性检验应（   ）。

    A．以主干管为主   B．检验全部风管

    C．按系统 20% 比例抽检   D．检验全部支管

14. 关于洁净空调系统安装的说法，正确的是（   ）。

    A．风管法兰垫料表面上应刷防腐涂料

    B．高效过滤器的内外层包装不得带入洁净室

    C．洁净度等级为 N4 级的空调系统按中压系统风管要求制作

    D．高效过滤器安装前洁净室的内装修工程必须全部完成

15. 关于空调水系统开机顺序的说法，正确的是（   ）。

    A．冷却塔→冷却水泵→空调末端装置→冷冻水泵→制冷机组

    B．冷冻水泵→制冷机组→冷却塔→冷却水泵→空调末端装置

    C．制冷机组→冷却水泵→冷却塔→空调末端装置→冷冻水泵

    D．冷冻水泵→冷却水泵→冷却塔→制冷机组→空调末端装置

16. 洁净度等级为 N7 级，工作压力为 400Pa 的风管，其制作要求参照标准为

（   ）。

    A．微压系统   B．低压系统

    C．中压系统   D．高压系统

17. 洁净风管系统安装时，法兰垫料应采用不产尘和不易老化的（   ）。

    A．弹性材料   B．硬质材料

    C．软质材料   D．干净材料

18. 空调风管严密性试验的试验压力是（   ）。

    A．1.2 倍的系统工作压力   B．中压系统压力

    C．1.5 倍的系统工作压力   D．系统工作压力

19. 工程竣工洁净室（区）洁净度的检测，应在（   ）条件下进行。

    A．密封条件   B．空态或静态

    C．洁净环境   D．一定温湿度

20. 净化空调系统在检测调整前，需要正常运行的最短时间为（   ）。

    A．24h   B．16h

    C．12h   D．8h

二 多项选择题

1. 风管安装时，其支吊架或托架不宜设置的位置有（   ）。

    A．风口   B．消声器

    C．阀门   D．检查门

    E．自控装置

2. 输送温度高于 70℃的空气或烟气的风管，可采用的材料有（   ）。

A．耐热橡胶板　　　　　　　　B．软聚氯乙烯板

C．耐酸橡胶板　　　　　　　　D．防火材料

E．不燃的耐温材料

3．空调系统绝热材料进场时，复验的节能性能参数有（　　　）。

A．品牌　　　　　　　　　　　B．导热系数

C．密度　　　　　　　　　　　D．燃烧性能

E．厚度

4．风管系统安装完后，对风管进行严密性检验的主要部位有（　　　）。

A．咬口缝　　　　　　　　　　B．板材

C．铆接孔　　　　　　　　　　D．法兰翻边

E．管段连接处

5．对于洁净空调系统的风管，按中高压系统要求制作的性能参数有（　　　）。

A．洁净度　　　　　　　　　　B．硬度

C．严密性　　　　　　　　　　D．刚度

E．表面平整度

6．关于风管强度试验压力的说法，正确的有（　　　）。

A．低压风管为 1.5 倍的工作压力

B．中压风管为 1.4 倍的工作压力

C．高压风管为 1.2 倍的工作压力

D．排烟风管为 1.5 倍的工作压力

E．除尘风管为 1.4 倍的工作压力

7．关于洁净室空调风管制作的说法，正确的有（　　　）。

A．洁净度为 N1～N5 级的按中压系统风管制作

B．空调管道清洗后立即安装的风管可以不封口

C．内 表面清洗干净且检查合格的风管可不封口

D．镀锌钢板风管的镀锌层损坏时应做防腐处理

E．矩形风管长度为 600mm 时不得有纵向拼接缝

8．下列风管的制作材料，必须为不燃材料的是（　　　）。

A．低温送风空调风管　　　　　B．防排烟的柔性短管

C．净化空调送风风管　　　　　D．复合风管的覆面材料

E．高压系统送风风管

9．关于空调水管道安装的技术要求，正确的有（　　　）。

A．空调水系统管道试验合格后，应带设备进行系统冲洗

B．空调水系统安装完成后，再进行系统管道与设备的连接

C．空调冷冻、冷却水管道安装完毕后，应进行水压试验

D．制冷剂管道安装完毕后，应进行强度、气密性和抽真空试验

E．空调冷凝水系统安装完毕后，应进行通水试验

【答案与解析】

*1. B; 2. B; 3. D; 4. A; *5. D; 6. B; 7. B; 8. C;

9. C; 10. D; 11. D; 12. A; 13. A; 14. D; *15. A; 16. C;

17. A; *18. D; 19. B; 20. A

【解析】

1. 答案 B

防排烟系统包括的分项工程：风管与部件制作，风管系统安装，风机与空气处理设备安装，风管与设备防腐，排烟风阀（口）、正压送风口、防火风管安装，系统调试。

5. 答案 D

应采取加固措施的金属风管是：

（1）直咬缝圆形风管直径大于等于 800mm，且管段长度大于 1250mm 或总表面积大于 $4m^2$；用于高压系统的螺旋风管直径大于 2000mm。

（2）矩形风管边长大于 630mm 或矩形保温风管边长大于 800mm，管段长度大于 1250mm；或低压风管单边平面面积大于 $1.2m^2$，中、高压风管大于 $1.0m^2$。

（3）风管针对其工作压力等级、板材厚度、风管长度与断面尺寸，采取相应的加固措施。风管可采用管内或管外加固件、管壁压制加强筋等形式进行加固。矩形风管加固件宜采用角钢、轻钢型材或钢板折叠；圆形风管加固件宜采用角钢。

15. 答案 A

空调水系统的测定和调整。空调水系统的开机顺序为：冷却塔→冷却水泵→空调末端装置→冷冻水泵→制冷机组；空调水系统的关机顺序为：制冷机组→冷冻水泵→冷却水泵→冷却塔→空调末端装置。

18. 答案 D

风管系统安装完成后，应对安装后的主、干风管分段进行严密性试验，试验压力应采用系统工作压力，采用漏风量测试仪进行测试，矩形金属风管允许漏风量的标准按各系统工作压力选择相应低压、中压或高压系统的计算公式，但排烟、除尘、低温送风及变风量空调系统风管如为低压系统时，其严密性试验的允许漏风量应符合中压风管的标准。

二、多项选择题

*1. A、C、D、E; 2. A、D、E; 3. B、C; 4. A、C、D、E;

5. C、D; *6. A、C; 7. B、D、E; 8. B、D;

*9. B、C、D、E

【解析】

1. 答案 A、C、D、E

风管的支吊架不宜设置在风口、阀门、检查门及自控装置处；但消声器、静压箱安装时，应单独设置支吊架，固定牢固。

6.答案 A、C

风管批量制作前，对风管制作工艺进行检测或检验时，应进行风管强度与严密性试验。

强度试验压力：低压风管为 1.5 倍的工作压力；中压风管为 1.2 倍的工作压力，且不低于 750Pa；高压风管为 1.2 倍的工作压力。

排烟、除尘、低温送风及变风量空调系统风管的严密性试验应符合中压风管的标准，试验压力为风管系统的工作压力。

9.答案 B、C、D、E

空调水系统管道试验合格后进行系统冲洗，冲洗时应先不带各类空调设备，以免管道中的焊渣、污物堵塞或破坏设备接口。一般在空调循环水泵吸入口处加装临时过滤网，对杂物进行拦截，每冲洗一遍对该过滤网进行清理，将板式换热器、冷水机组、空调机组等设备的末端供回水管临时连接，冲洗水流跨越设备、通过旁通流走进行系统冲洗。系统冲洗合格后，再把临时管路拆除。故答案 A 不选。

3.4 智能化系统工程施工技术

复习要点

主要内容：智能化系统的分部分项工程和施工程序；智能化系统施工技术；智能化系统的调试和检测。

知识点 1.建筑智能化系统的分部分项工程

知识点 2.建筑智能化系统的施工程序

（1）建筑智能化系统一般施工程序：施工图深化→设备、材料采购→管线敷设→设备、元件安装→系统调试→系统试运行→系统检测→系统验收。

（2）安全技术防范系统施工程序：导管、槽盒安装→线缆敷设→设备安装→系统调试→试运行→系统检测→系统验收。

（3）建筑设备监控系统施工程序：导管、槽盒安装→监控箱安装→线缆敷设→监控设备安装接线→监控设备通电调试→系统试运行→系统验收。

知识点 3.施工准备

施工前应做好智能化系统工程与建筑结构、建筑装饰、建筑给水排水、建筑电气、通风空调与供暖和电梯等工程的工序交接和接口确认工作。

知识点 4.施工图深化

深化设计前，应先确定智能化设备的品牌、型号、规格。了解建筑的结构情况、机电设备及管线的位置、控制方式和技术要求等资料，进行施工图深化。

知识点 5.采购和验收

（1）明确建筑设备监控系统与机电工程的设备、材料的供应范围。

（2）设备、材料的品牌、产地、型号、规格、数量及外观，主要技术参数和性能等均能符合设计要求。

知识点 6.线缆施工要求

弱电线缆应单独穿管敷设。

知识点 7. 光缆施工要求

光缆敷设后，应检查光纤有无损伤，并对光缆敷设损耗进行抽测；测量通道的总损耗，并用光时域反射计观察光纤通道全程波导衰减特性曲线。

知识点 8. 建筑监控设备的安装技术

中央监控设备、现场控制器、主要输入设备、主要输出设备安装要求。

知识点 9. 安全防范系统的设备安装要求

入侵报警设备、视频监控设备、出入口控制设备、对讲设备、电子巡查设备、停车库（场）管理设备安装要求。

知识点 10. 综合布线系统设备安装要求

知识点 11. 建筑智能化系统调试检测程序

系统检测程序：分项工程→子分部工程→分部工程。

知识点 12. 有线电视系统检测

知识点 13. 公共广播系统检测

知识点 14. 安全技术防范系统调试检测

知识点 15. 建筑设备监控系统调试检测要求

变配电系统调试检测、锅炉机组调试检测、冷冻和冷却水系统调试检测、通风空调设备系统调试检测、公共照明控制系统调试检测、给水排水系统调试检测、电梯和自动扶梯监测系统检测。

一　单项选择题

1. 公共广播系统施工程序中，系统调试的紧后工序是（　　　）。

　　A. 人员培训　　　　　　　　　B. 设备安装

　　C. 试运行　　　　　　　　　　D. 系统验收

2. 设备监控系统施工前，对于管道上控制阀门应明确的是（　　　）。

　　A. 规格尺寸　　　　　　　　　B. 安装位置

　　C. 生产厂家　　　　　　　　　D. 阀门材质

3. 智能化施工图深化设计前，智能化设备无需优先确定的内容是（　　　）。

　　A. 品牌　　　　　　　　　　　B. 型号

　　C. 数量　　　　　　　　　　　D. 规格

4. 关于双绞线施工要求，正确的是（　　　）。

　　A. 线缆敷设至终端时可不设有余量

　　B. 线缆敷设的路由只能有 1 个接头

　　C. 弯曲半径不小于线缆外径的 4 倍

　　D. 信道水平缆线的长度不大于 100m

5. 下列光缆施工时的预留长度，正确的是（　　　）。

　　A. 路由盘留的预留长度宜为 5m　　B. 配线柜处的预留长度应为 2m

　　C. 楼层配线箱预留长度为 0.5m　　D. 房间配线箱预留长度为 0.3m

6. 室外同轴线缆施工线路宜选用外导体内径为（　　　）。

    A．3mm 的同轴电缆　　　　　　　　B．5mm 的同轴电缆

    C．7mm 的同轴电缆　　　　　　　　D．9mm 的同轴电缆

7. 国内生产的智能系统设备进场验收时，验收文件不包括（　　　）。

    A．合格证明　　　　　　　　　　　B．检测报告

    C．安装说明　　　　　　　　　　　D．商检证明

8. 关于智能系统机房设备的安装要求，正确的是（　　　）。

    A．监控设备之间的连接电缆应做好标识

    B．机柜基座高度应高于防静电地板 100mm

    C．监控设备在装饰工程完工前进行安装

    D．承重为 500kg/m² 的设备应单独制作设备基座

9. 下列建筑设备监控系统主要输入设备的安装要求，正确的是（　　　）。

    A．风管型传感器安装应在风管保温层完成后进行

    B．水管型传感器的管道开孔与焊接应在防腐后进行

    C．电磁流量计应安装在管道上流量调节阀的上游

    D．涡轮式流量传感器在管道上应垂直安装

10. 空气质量传感器适宜安装的位置是（　　　）。

    A．公共走廊　　　　　　　　　　　B．强电井内

    C．中水泵房　　　　　　　　　　　D．卫生间内

11. 被动红外探测器的探测背景内可以存在的物体是（　　　）。

    A．空调器的出风口　　　　　　　　B．档案资料柜

    C．电热水锅炉　　　　　　　　　　D．冰箱散热器

12. 被动红外探测器适宜安装的高度是（　　　）。

    A．1.0～1.7m　　　　　　　　　　B．1.7～2.1m

    C．2.2～2.7m　　　　　　　　　　D．3.0～3.7m

13. 室外安装的摄像机高度距地不宜低于（　　　）。

    A．1.5m　　　　　　　　　　　　　B．2.5m

    C．3.5m　　　　　　　　　　　　　D．4.5m

14. 建筑智能化系统的检测工作应在（　　　）。

    A．设备线路安装后　　　　　　　　B．系统的调试合格后

    C．系统安装验收后　　　　　　　　D．系统试运行合格后

15. 建筑智能化系统检测结论的填写人员是（　　　）。

    A．监理工程师　　　　　　　　　　B．项目专业技术负责人

    C．检测负责人　　　　　　　　　　D．专业分包技术负责人

16. 紧急广播中检测的内容不包括（　　　）。

    A．具有最高级别的优先权　　　　　B．广播音量自动调节功能

    C．实时指挥语声响应时间　　　　　D．广播系统声场不均匀度

17. 关于建筑智能化系统检测的程序，正确的是（　　　）。

    A．分部工程→子分部工程→分项工程

B．分项工程→子分部工程→分部工程

C．分项工程→分部工程→子分部工程

D．分项工程→子分部工程→单位工程

18．列入国家强制性认证产品目录的安全防范产品还应检查产品的（　　）。

A．技术标准　　　　　　　　　B．出厂日期

C．生产许可　　　　　　　　　D．认证证书

19．下列运行状态中，应报警的是（　　）。

A．电压显示低　　　　　　　　B．蓄电池充电

C．电流显示高　　　　　　　　D．变压器超温

20．安全技术防范系统调试检测要求中，属于报警系统检查及调试的内容是（　　）。

A．摄像机的监控范围　　　　　B．抗逆光效果

C．探测器的探测范围　　　　　D．图像清晰度

二　多项选择题

1．选择建筑智能化产品的主要考虑信息有（　　）。

A．产品的品牌和产地　　　　　B．产品支持的系统规模

C．产品的标准化程度　　　　　D．供货渠道和供货周期

E．产品的体积和尺寸

2．国内生产的建筑智能化监控设备到达施工现场，应检查的文件包括（　　）。

A．原产地证明　　　　　　　　B．商检证明

C．产品合格证　　　　　　　　D．质检报告

E．安装说明书

3．关于智能化工程中信号线缆的施工要求，正确的有（　　）。

A．信号线缆和电力电缆平行敷设时，其间距不得小于 0.3m

B．多芯铜质信号线缆的最小弯曲半径应大于其外径的 4 倍

C．低电压供电时，电源线与信号线、控制线可以同管敷设

D．明敷的信号线缆与具有强磁场的电气设备之间的净距离宜大于 1.5m

E．穿金属保护管的线缆与具有强磁场的电气设备之间的净距离宜大于 0.8m

4．关于综合布线系统的机柜安装要求，正确的有（　　）。

A．机柜单排安装时，前面净空不应小于 1000mm

B．机柜多排安装时，列间距不应小于 1200mm

C．机柜内设备安装的垂直偏差度不应大于 3mm

D．明装式箱体底面距地面不宜小于 1.5m

E．暗装式箱体底面距地面不宜小于 1.8m

5．同轴线缆施工中，同轴线缆产品应满足设计要求的性能有（　　）。

A．衰减　　　　　　　　　　　B．产地

C．品牌　　　　　　　　　　　D．防潮

E．屏蔽

6. 关于光缆敷设的要求，正确的有（　　　）。

    A. 牵引力应加在加强芯上　　　　B. 接头的预留长度不应小于 5m

    C. 直线牵引长度不超过 1km　　　D. 牵引力是光缆允许张力的 85%

    E. 牵引速度宜为 10m/min

7. 电动阀门安装前应进行的试验项目有（　　　）。

    A. 压力试验　　　　　　　　　　B. 行程试验

    C. 关紧力试验　　　　　　　　　D. 绝缘测试

    E. 模拟动作试验

8. 建筑智能化系统通电试运行前，应检查供电设备的电源参数有（　　　）。

    A. 电压　　　　　　　　　　　　B. 电流

    C. 极性　　　　　　　　　　　　D. 电阻

    E. 相位

9. 下列参数中，属于安防报警系统探测器检查及调试的参数有（　　　）。

    A. 灵敏度　　　　　　　　　　　B. 探测范围

    C. 误报警　　　　　　　　　　　D. 使用寿命

    E. 漏报警

10. 视频安防监控系统摄像机的调试检测内容有（　　　）。

    A. 监控范围　　　　　　　　　　B. 聚焦

    C. 图像切换　　　　　　　　　　D. 抗逆光效果

    E. 操作程序

【答案与解析】

一、单项选择题

1. C；　　2. B；　　3. C；　　*4. C；　　*5. A；　　*6. D；　　7. D；　　*8. A；

9. A；　　10. A；　　*11. B；　　12. C；　　13. C；　　14. D；　　15. C；　　*16. D；

17. B；　　*18. D；　　19. D；　　20. C

【解析】

4. 答案 C

双绞线施工要求：

（1）线缆敷设不得产生扭绞、打圈等现象，不应受外力挤压；线缆敷设路由中不得接头。屏蔽双绞线的屏蔽层端到端应保持完好的导通性，不应受到拉力。

（2）线缆敷设时应有余量以适应成端、终接、检测和变更，双绞线线缆在终接处，预留长度在工作区信息插座底盒内宜为 30～60mm，电信间宜为 0.5～2m，设备间宜为 3～5m。

（3）非屏蔽和屏蔽 4 对双绞线缆的弯曲半径不应小于线缆外径的 4 倍。

（4）布线系统信道水平缆线长度不大于 90m。

5. 答案 A

光缆施工要求：光缆敷设路由宜盘留，预留长度宜为 3～5m。光缆在大楼配线柜处预留长度应为 3～5m，楼层配线箱处预留光纤长度应为 1.0～1.5m，房间配线箱终接时预留长度应不小于 0.5m。

6．答案 D

同轴线缆施工要求：室外线路宜选用外导体内径为 9mm 的同轴电缆；室内线路宜选用外导体内径为 5mm 或 7mm 的同轴电缆；机房设备间的连接线，宜选用外导体内径为 3mm 或 5mm 的同轴电缆。

8．答案 A

中央监控设备的安装要求：

（1）中央监控设备应在控制室装饰工程完工后进行安装。

（2）设备之间的连接电缆型号和连接应正确整齐，做好标识。

（3）承重大于 600kg/m² 的设备应单独制作设备基座，不应直接安装在抗静电地板上，底座大小与控制台（柜）相同，用角钢制作，高度与防静电地板上标高一致。

11．答案 B

被动红外探测器安装应该充分注意探测背景的红外辐射情况，应避免有运动的物体，不能对着发热体的灯泡、火炉、冰箱散热器、空调器的出风口。

16．答案 D

紧急广播中包括火灾应急广播功能时还应检测的内容包括：紧急广播具有最高级别的优先权；紧急广播向相关广播区域播放警示信号、警报语声或实时指挥语声的响应时间；广播音量自动调节功能。

18．答案 D

列入国家强制性认证产品目录的安全防范产品，还应检查产品的认证证书或检测报告。

二、多项选择题

1．A、B、C、D；　　2．C、D、E；　　*3．A、C、D、E；　　*4．A、B、C；

5．A、D、E；　　6．A、C、E；　　7．A、E；　　*8．A、C、E；

9．A、B、C、E；　　*10．A、B、D

【解析】

3．答案 A、C、D、E

（1）信号线缆和电力电缆平行敷设时，其间距不得小于 0.3m；信号线缆与电力电缆交叉敷设时，宜成直角；多芯线缆的最小弯曲半径应大于其外径的 6 倍。

（2）电源线与信号线、控制线应分别穿管敷设；当低电压供电时，电源线与信号线、控制线可以同管敷设。

（3）明敷的信号线缆与具有强磁场、强电场的电气设备之间的净距离，宜大于1.5m，当采用屏蔽线缆或穿金属保护管或在金属封闭线槽内敷设时，宜大于 0.8m。

4．答案 A、B、C

（1）机柜单排安装时，前面净空不应小于 1000mm，后面及机列侧面净空不应小于 800mm；多排安装时，列间距不应小于 1200mm。

（2）在公共场所安装配线箱时，暗装式箱体底面距地面不宜小于 1.5m，明装式箱体底面距地面不宜小于 1.8m。

（3）机架、配线箱等设备的安装宜采用螺栓固定，设备安装的垂直偏差度不应大于 3mm。

8. 答案 A、C、E

调试前，按设计文件检查已安装的设备、线路。通电试运行前应对系统的外部线路进行检查，检查供电设备的电压、极性、相位等。

10. 答案 A、B、D

检查及调试摄像机的监控范围、聚焦、环境照度与抗逆光效果等，使图像清晰度、灰度等级达到系统设计要求。检查并调整视频切换控制主机的操作程序、图像切换、字符叠加等功能，保证工作正常，满足设计要求。

3.5 电梯工程安装技术

复习要点

主要内容： 电梯分部分项工程；电梯安装验收规定；电梯及自动扶梯安装技术。

知识点 1. 电梯分部分项工程

知识点 2. 电梯按机械驱动方式分类

曳引式电梯、强制式电梯、液压电梯和齿轮齿条电梯。

知识点 3. 曳引式电梯组成

从系统功能分：由曳引系统、导向系统、轿厢系统、门系统、重量平衡系统、驱动系统、控制系统、安全保护系统等组成。

知识点 4. 自动扶梯组成

主要部件有梯级、牵引链条及链轮、导轨系统、主传动系统（包括电动机、减速装置、制动器等）、驱动主轴、张紧装置、扶手系统、上下盖板、梳齿板、扶梯骨架安全装置和电气系统等。

知识点 5. 电梯制造厂提供的资料

制造许可证明文件，电梯整机型式检验合格证书或报告书，产品质量证明文件，主要部件型式检验合格证，调试证书，机房或井道布置图，电气原理图，安装使用维护说明书。

知识点 6. 安装单位提供的资料

安装许可证，安装告知书，施工方案，施工人员的特种设备作业证。

知识点 7. 电梯准用程序

电梯监督检验合格后方可交付使用。

知识点 8. 曳引式电梯安装程序

设备进场验收→土建交接检验→井道照明安装→井道测量放线→导轨安装→曳引机（驱动主机）安装→限速器安装→机房电气安装→轿厢、安全钳及导靴安装→轿厢电气安装→缓冲器安装→对重安装→曳引钢丝绳、悬挂装置及补偿装置安装→开门机、轿门和层门安装→层站电气安装→调试检验→试运行验收。

知识点 9. 自动扶梯（或自动人行道）安装程序

设备进场验收→土建交接检验→桁架吊装就位→轨道安装→扶手带等构配件安装→安全装置安装→机械调整→电气装置安装→调试检验→试运行验收。

知识点 10. 土建交接检验

建设单位、监理单位、土建施工单位、电梯安装单位共同参与交接验收。

知识点 11. 电梯设备安装

驱动主机、导轨、轿厢及对重（平衡重）系统、安全部件、门系统和电气装置安装。

知识点 12. 电梯整机验收

（1）限速器、安全钳、缓冲器、门锁装置必须与其型式试验证书相符。

（2）电梯安装后应进行运行试验。轿厢分别在空载、额定载荷工况下，按产品设计规定的每小时启动次数和负载持续率各运行 1000 次（每天不少于 8h），电梯应运行平稳、制动可靠、连续运行无故障。

知识点 13. 液压电梯安装

知识点 14. 自动扶梯（或自动人行道）设备进场验收

（1）设备技术资料必须提供梯级或踏板的型式试验报告复印件，扶手带、胶带的断裂强度证明文件复印件。

（2）随机文件应该有土建布置图，产品出厂合格证，装箱单，安装、使用维护说明书，动力电路和安全电路的电气原理图。

知识点 15. 自动扶梯（或自动人行道）土建交接检验

土建施工单位应提供明显的水平基准线标识；自动扶梯的梯级上方应有不小于2.3m 的垂直净通过高度。

知识点 16. 自动扶梯（或自动人行道）安装

桁架吊装，导轨、围裙板、内外盖板、梯级和梳齿板安装。

知识点 17. 自动扶梯（或自动人行道）整机安装验收

（1）当自动扶梯（或自动人行道）无控制电压、电路接地故障或过载时，自动扶梯必须自动停止运行。

（2）当自动扶梯（或自动人行道）超速，梯级、踏板或胶带的部件断裂或过分伸长，梯级或踏板下陷，梳齿板处有异物夹住且产生损坏梯级、踏板或胶带，自动扶梯必须通过安全触点或安全电路来完成控制装置动作或开关断开。

（3）自动扶梯、自动人行道应进行空载制动试验，制停距离符合规范要求。

一 单项选择题

1. 电梯安装工程是建筑安装工程的一个（　　　）。
   - A．单位工程
   - B．子单位工程
   - C．分部工程
   - D．子分部工程

2. 下列电梯中，属于中速电梯的是（　　　）。
   - A．$v = 2.5\text{m/s}$ 的电梯
   - B．$v = 3.5\text{m/s}$ 的电梯
   - C．$v = 4.5\text{m/s}$ 的电梯
   - D．$v = 5.5\text{m/s}$ 的电梯

3. 液压电梯的组成内容中不包括（　　　）。

    A．曳引系统   B．泵站系统

    C．导向系统   D．电气控制系统

4. 曳引式电梯施工程序中，轿厢组装的紧前工序是（　　　）。

    A．交接检验   B．导轨安装

    C．对重安装   D．主机安装

5. 电梯自检试运行结束后，负责进行校验和调试的单位是（　　　）。

    A．制造单位   B．安装单位

    C．监理单位   D．检验单位

6. 电梯安装前的厅门预留孔设置安全保护围封的要求，错误的是（　　　）。

    A．高度不小于 1200mm   B．采用可拆除的结构

    C．采用左右开启方式   D．采用上下开启方式

7. 关于电梯机房及井道内的电气照明要求，错误的是（　　　）。

    A．机房内设置电气照明   B．井道内照度不得小于 50lx

    C．照明电压宜采用 36V   D．照明电源开关在配电箱内

8. 关于电引式电梯驱动主机安装要求的说法，错误的是（　　　）。

    A．制作承重梁的钢板厚度不应小于 20mm

    B．驱动主机的旋转部件外侧均应涂成黄色

    C．手动释放制动器的操作部件应涂成红色

    D．曳引轮安装后的垂直度误差应在 3mm 内

9. 电梯轿厢缓冲器支座下的底坑地面应能承受的作用力是（　　　）。

    A．满载轿厢静载 4 倍   B．满载轿厢动载 4 倍

    C．空载轿厢静载 4 倍   D．空载轿厢动载 4 倍

10. 下列要求中，不符合导轨安装验收的有（　　　）。

    A．导轨安装位置必须符合土建布置图要求

    B．导轨支架在井道壁上的安装应固定可靠

    C．轿厢导轨工作面接头处不应有连续缝隙

    D．对重导轨工作面接头处可以有连续缝隙

11. 由动力操纵的水平滑动门在关门 1/3 行程后，阻止关门的力严禁超过（　　　）。

    A．150N   B．180N

    C．200N   D．250N

12. 关于轿厢对重（平衡重）系统安装要求，错误的是（　　　）。

    A．绳头组合必须安装防螺母松动的装置

    B．随行电缆严禁有打结和波浪扭曲现象

    C．轿厢的两根钢丝绳允许有少量的异常

    D．随行电缆应避免与井道内其他部件碰撞

13. 电梯电缆导体对地之间的绝缘电阻必须大于（　　　）。

    A．100Ω/V   B．200Ω/V

    C．500Ω/V   D．1000Ω/V

14. 电梯整机验收时，对渐进式安全钳的轿厢应载有均匀分布的（　　）。

    A．95% 额定载重量　　　　　　　B．100% 额定载重量

    C．115% 额定载重量　　　　　　　D．125% 额定载重量

15. 曳引式电梯轿厢在行程上部范围内空载上行时的做法，错误的是（　　）。

    A．轿厢分别停层 3 次　　　　　　B．上行制停平稳可靠

    C．轿厢快速向上提升　　　　　　D．空载上行平层准确

16. 液压电梯验收要求中，液压泵站上的溢流阀动作应设定在系统压力为满载压力的（　　）。

    A．100%～110% 时　　　　　　　B．110%～125% 时

    C．125%～140% 时　　　　　　　D．140%～170% 时

17. 自动扶梯进场验收的设备技术资料中，必须提供（　　）的型式检验报告复印件。

    A．踏板　　　　　　　　　　　　B．护壁板

    C．盖板　　　　　　　　　　　　D．围裙板

18. 自动扶梯的扶手带的运行速度相对梯级的速度允许偏差为（　　）。

    A．0～＋2%　　　　　　　　　　B．0～＋3%

    C．0～＋4%　　　　　　　　　　D．0～＋5%

19. 自动扶梯控制电路的导体对地绝缘电阻不得小于（　　）。

    A．0.25MΩ　　　　　　　　　　B．0.5MΩ

    C．1.0MΩ　　　　　　　　　　　D．2.0MΩ

20. 额定速度为 0.65m/s 自动扶梯的空载制动试验，其制停距离范围规定的要求是（　　）。

    A．0.20～1.00m　　　　　　　　B．0.30～1.30m

    C．0.35～1.50m　　　　　　　　D．0.40～1.70m

二 多项选择题

1. 曳引式电梯的主要组成包括（　　）。

    A．机房　　　　　　　　　　　　B．轿厢

    C．井道　　　　　　　　　　　　D．层站

    E．泵站

2. 下列部件中，属于自动扶梯的部件有（　　）。

    A．牵引链条　　　　　　　　　　B．张紧装置

    C．上下盖板　　　　　　　　　　D．轿厢系统

    E．液压系统

3. 下列工序中，属于自动扶梯的施工程序有（　　）。

    A．扶梯桁架吊装　　　　　　　　B．曳引绳安装

    C．设置临时盖板　　　　　　　　D．扶手带安装

    E．安全装置安装

4. 施工单位在电梯安装前，提交的资料包括（　　　）。

    A．安装许可证   B．安装告知书

    C．施工方案   D．特种设备作业证

    E．施工记录

5. 电梯出厂的随机文件包括（　　　）。

    A．设备制造验收记录   B．型式检验证书复印件

    C．机房及井道布置图   D．安装使用维护说明书

    E．电梯施工技术方案

6. 电梯工程的验收资料包括（　　　）。

    A．土建交接检验记录   B．设备制造验收记录

    C．设备进场验收记录   D．分项工程验收记录

    E．隐蔽工程验收记录

7. 关于电梯井道内设置永久性电气照明的要求，正确的有（　　　）。

    A．井道照明电压采用 220V 电压   B．井道照明照度不得小于 50lx

    C．井道最高点 0.5m 内装一盏灯   D．井道最低点 0.5m 内装一盏灯

    E．井道中间灯的间距不超过 7m

8. 下列电梯设备中，必须与其型式试验证书相符的有（　　　）。

    A．选层器   B．召唤器

    C．限速器   D．缓冲器

    E．安全钳

9. 自动扶梯的随机文件应该有（　　　）。

    A．土建布置图   B．电气原理图

    C．安装说明书   D．出厂合格证

    E．安装方案书

10. 下列情况中，自动扶梯开关的断开必须通过安全电路来完成的有（　　　）。

    A．异物夹住   B．接地故障

    C．胶带断裂   D．非操纵逆转

    E．梯级下陷

【答案与解析】

一、单项选择题

1. C;   2. A;   *3. A;   4. B;   5. A;   6. D;   *7. D;   8. D;

9. A;   *10. D;   11. A;   *12. C;   13. D;   14. D;   *15. C;   16. D;

17. A;   *18. A;   19. A;   20. B

【解析】

3. 答案 A

曳引式电梯通常由曳引系统、导向系统、轿厢系统、门系统、重量平衡系统、驱动系统、控制系统、安全保护系统组成。

液压电梯一般由泵站系统、液压系统、导向系统、轿厢系统、门系统、电气控制系统、安全保护系统组成。

7．答案 D

机房内应设置电气照明，在机房入口处设置照明电源开关。井道内应设永久性电气照明，照明电压宜采用 36V 安全电压，井道内照度不得小于 50lx，井道最高点和最低点 0.5m 内应各装一盏灯，中间灯间距不超过 7m，并分别在机房和底坑设置控制开关。

10．答案 D

导轨支架在井道壁上的安装应固定可靠。其连接强度与承受振动的能力应满足电梯产品设计要求，混凝土构件的压缩强度应符合土建布置图要求。

轿厢导轨和设有安全钳的对重导轨工作面接头处不应有连续缝隙，导轨接头处台阶不应大于 0.05mm。不设安全钳的对重导轨接头处缝隙不应大于 1.0mm，导轨工作面接头处台阶不应大于 0.15mm。

12．答案 C

轿厢对重（平衡重）系统安装要求：

（1）绳头组合必须安全可靠，且每个绳头组合必须安装防螺母松动和脱落的装置。

（2）钢丝绳严禁有死弯，当轿厢悬挂在两根钢丝绳或链条上，且其中一根钢丝绳或链条发生异常相对伸长时，装设的电气安全开关应动作。

（3）随行电缆严禁有打结和波浪扭曲现象。随行电缆在运行中应避免与井道内其他部件碰撞。当轿厢完全压在缓冲器上时，随行电缆不得与底坑地面接触。

15．答案 C

对曳引式电梯的曳引能力进行试验时，轿厢在行程上部范围内空载上行及行程下部范围内载有 125% 额定载重量下行，分别停层 3 次以上，轿厢必须可靠地制停（空载上行工况应平层）。轿厢载有 125% 额定载重量以正常运行速度下行时，切断电动机与制动器供电，电梯必须可靠制动。当对重完全压在缓冲器上，且驱动主机按轿厢上行方向连续运转时，空载轿厢严禁向上提升。

18．答案 A

自动扶梯在额定频率和额定电压下，梯级、踏板或胶带沿运行方向空载时的速度与额定速度之间的允许偏差为 ±5%；扶手带的运行速度相对梯级、踏板或胶带的速度允许偏差为 0～+ 2%。

二、多项选择题

1．A、B、C、D；　*2．A、B、C；　*3．A、D、E；　4．A、B、C、D；

5．B、C、D；　*6．A、C、D；　7．B、C、D、E；　8．C、D、E；

9．A、B、C、D；　*10．A、C、D、E

【解析】

2．答案 A、B、C

自动扶梯的主要部件有梯级、牵引链条及链轮、导轨系统、主传动系统（包括电动机、减速装置、制动器及中间传动环节等）、驱动主轴、张紧装置、扶手系统、上下盖板、梳齿板、扶梯骨架、安全装置和电气系统等。

3．答案 A、D、E

自动扶梯施工程序：设备进场验收→土建交接检验→桁架吊装就位→轨道安装→扶手带等构配件安装→安全装置安装→机械调整→电气安装→调试检验→试运行验收。

6．答案 A、C、D

电梯工程验收资料包括土建交接检验记录、设备进场验收记录、分项工程验收记录、子分部工程验收记录、分部工程验收记录。

10．答案 A、C、D、E

自动扶梯在无控制电压、电路接地故障或过载时，必须自动停止运行。下列情况中，自动扶梯的开关断开必须通过安全触点或安全电路来完成自动停止运行。

（1）控制装置在超速和运行方向非操纵逆转下动作。

（2）附加制动器动作。

（3）直接驱动梯级、踏板或胶带的部件（如链条）断裂或过分伸长。

（4）驱动装置与转向装置之间的距离（无意性）缩短。

（5）梯级、踏板下陷或胶带进入梳齿板处有异物夹住，且损坏梯级、踏板或胶带支撑结构。

（6）无中间出口的连续安装的多台自动扶梯中的一台停止运行。

（7）扶手带入口保护装置动作。

3.6 消防工程施工技术

复习要点

主要内容：消防系统的分部分项工程及施工程序；消防工程施工技术要求；消防工程验收与实施。

知识点 1．消防工程的分部分项工程

知识点 2．消防工程的施工程序

（1）消防水泵（稳压泵）施工程序：基础验收→泵体安装→吸水管安装→出水管安装→单机调试。

（2）消火栓系统施工程序：干管安装→立管、支管安装→箱体稳固→附件安装→强度和严密性试验→冲洗→系统调试。

（3）自动喷水灭火系统施工程序：干管安装→报警阀安装→立管安装→分层干、支管安装→喷洒头支管安装→管道试压→管道冲洗→减压装置安装→报警阀配件及其他组件安装→喷洒头安装→系统通水调试。

（4）细水雾灭火系统施工程序：储水储气瓶组的安装→泵组及控制柜安装→管道试压、冲洗、吹扫→细水雾喷头安装→系统调试。

知识点 3．消防给水及消火栓系统施工技术要求

知识点 4．自动喷水灭火系统安装要求

知识点 5．水喷雾系统安装要求

知识点 6．细水雾灭火系统安装要求

一 单项选择题

1. 下列分项工程中，不属于水喷雾灭火系统工程的是（　　）。

   A．雨淋报警阀安装　　　　　　　B．储水瓶组的安装

   C．水雾喷头安装　　　　　　　　D．消防水泵的安装

2. 消防水泵及稳压泵的施工程序中，泵体安装的紧后工序是（　　）。

   A．泵体稳固　　　　　　　　　　B．吸水管路安装

   C．单机调试　　　　　　　　　　D．压水管路安装

3. 消火栓系统施工程序中，箱体稳固的紧后工序是（　　）。

   A．支管安装　　　　　　　　　　B．系统调试

   C．管道试压　　　　　　　　　　D．附件安装

4. 火灾自动报警及联动控制系统施工程序中，线缆连接的紧后工序是（　　）。

   A．绝缘测试　　　　　　　　　　B．校线接线

   C．报警设备安装　　　　　　　　D．单机调试

5. 下列关于消防工程施工要求的描述，错误的是（　　）。

   A．雨淋报警阀组安装应在供水管网试压、冲洗合格后进行

   B．自动喷水系统喷头安装须在系统试压、冲洗合格后进行

   C．排烟风机设在混凝土或钢架基础上，可以不设减振装置

   D．火灾自动报警线可以与视频线或广播线穿入同一线管内

6. 下列消火栓系统的调试内容，不包括的是（　　）。

   A．减压阀调试　　　　　　　　　B．水源的调试

   C．给水泵调试　　　　　　　　　D．消火栓调试

7. 下列设备安装时，不应设置橡胶减振装置的是（　　）。

A. 冷水机组 　　　　　　　　　　B. 排烟的风机

C. 空调机组 　　　　　　　　　　D. 屋面冷却塔

8. 钢板制作的消防水箱的进出水管道的连接方式宜采用（　　　）。

A. 焊接连接 　　　　　　　　　　B. 法兰连接

C. 螺纹连接 　　　　　　　　　　D. 电热熔接

9. 特殊建设工程的消防验收的组织实施是（　　　）。

A. 建设单位 　　　　　　　　　　B. 监理单位

C. 设计单位 　　　　　　　　　　D. 消防设计审查验收主管部门

10. 排烟防火阀的安装方向应正确，阀门应（　　　）方向关闭。

A. 垂直气流 　　　　　　　　　　B. 逆气流

C. 平等气流 　　　　　　　　　　D. 顺气流

11. 不需要向消防设计审查验收主管部门申请消防验收的工程有（　　　）。

A. 国家机关办公大楼

B. 民用多层住宅建筑

C. 贮存易燃易爆危险物品的仓库

D. 大于 $15000m^2$ 的民用机场航站楼

12. 消防工程的验收应由（　　　）组织向消防设计审查验收主管部门申报。

A. 建设单位 　　　　　　　　　　B. 监理单位

C. 施工单位 　　　　　　　　　　D. 设计单位

13. 依法应经消防设计审查、消防验收的建设工程，未经验收的，建设工程所有者（　　　）。

A. 暂时接收使用 　　　　　　　　B. 可以接收使用

C. 不得投入使用 　　　　　　　　D. 让步接收使用

14. 室内消火栓系统进行试射试验，选取试验消火栓的位置不包括的是（　　　）。

A. 屋顶层消火栓 　　　　　　　　B. 标准层消火栓

C. 水箱间消火栓 　　　　　　　　D. 首层的消火栓

15. 下列工程，实行消防验收备案、抽查管理制度的是（　　　）。

A. 城市轨道交通工程 　　　　　　B. 其他建设工程

C. 国家机关办公楼 　　　　　　　D. 燃气调压站

16. 特殊建设工程消防验收应提交的资料中，不包括的是（　　　）。

A. 消防验收申请表 　　　　　　　B. 工程竣工验收报告

C. 消防验收备案表 　　　　　　　D. 涉及消防的工程竣工图纸

17. 储存锌粉、碳化钙、低亚硫酸钠等遇水燃烧物品的仓库，不得设置的消防系统是（　　　）。

A. 水喷雾灭火系统 　　　　　　　B. 防烟排烟系统

C. 气体灭火系统 　　　　　　　　D. 火灾自动报警

18. 石油库地上卧式储油罐的灭火系统宜设置（　　　）灭火系统。

A. 固定水炮 　　　　　　　　　　B. 消火栓给水

C. 自动喷洒 　　　　　　　　　　D. 低倍数泡沫

19. 排烟风管的严密性测试，允许漏风量应按（　　　）系统风管确定。

A．微压 　　　　　　　　　　B．中压

C．低压 　　　　　　　　　　D．高压

20. 防火分区隔墙两侧的排烟防火阀，距墙表面的最大距离是（　　　）。

A．200mm 　　　　　　　　　B．250mm

C．150mm 　　　　　　　　　D．300mm

二 多项选择题

1. 下列系统中，属于消防工程的有（　　　）。

A．防排烟系统 　　　　　　　B．通风系统

C．应急疏散系统 　　　　　　D．火灾自动报警系统

E．消防广播系统

2. 下列附件或设备中，属于消火栓灭火系统的有（　　　）。

A．水箱 　　　　　　　　　　B．报警阀组

C．消火栓泵 　　　　　　　　D．洒水喷头

E．水泵接合器

3. 下列器件中，属于自动喷水灭火系统的有（　　　）。

A．感温探测器 　　　　　　　B．洒水喷头

C．水流指示器 　　　　　　　D．报警阀组

E．手动报警按钮

4. 下列材料进场时，应提供燃烧性能检测报告的有（　　　）。

A．防排烟系统风管 　　　　　B．排风风管

C．防火风管的密封材料 　　　D．防火风管

E．自动喷淋系统的管道

5. 建设单位办理其他建设工程消防验收备案时，应提交的资料包括（　　　）。

A．消防验收备案表 　　　　　B．工程竣工验收报告

C．消防工程竣工图纸 　　　　D．排烟风机的型式检验报告

E．消防工程设计图纸

6. 消防验收现场评定的主要内容包括（　　　）。

A．屋顶消火栓试射测试 　　　B．消防车道的宽度测量

C．湿式报警阀的外观查看 　　D．消防实战演练情况

E．安全疏散通道的数量核对

7. 火力发电厂容量为90MV·A及以上的油浸变压器可以设置的消防系统有（　　　）。

A．火灾自动报警系统 　　　　B．水喷雾灭火系统

C．自动喷洒灭火系统 　　　　D．消防炮灭火系统

E．消火栓灭火系统

8. 单台发电机组容量为500MW及以上的火电厂的企业消防站，应设置不少于2辆消防车，消防车的类型包括（　　　）。

A．泵浦消防车　　　　　　　　B．水罐或泡沫消防车

C．云梯消防车　　　　　　　　D．干粉或干粉泡沫联用车

E．登高平台消防车

9．特殊建设工程消防验收应具备的条件包括（　　　　）。

A．完成消防工程合同规定的各项内容

B．有完整的工程消防技术档案和施工管理资料

C．施工单位已进行技术测试

D．与消防工程相关的分部分项工程验收合格

E．消防设施系统功能联调联试检测合格

10．关于消防水泵的选择和应用的说法，正确的有（　　　　）。

A．消防水泵应设置自动停泵功能

B．消防水泵应能采取自灌式吸水

C．消防水泵应满足消防给水系统流量和压力的要求

D．稳压水泵的公称流量不应小于消防给水系统管网的正常泄漏量

E．水泵流量扬程性能曲线应为起伏明显的陡峭曲线

【答案与解析】

一、单项选择题

*1. B；　　2. B；　　3. D；　　4. A；　　5. D；　　6. C；　　*7. B；　　*8. B；

9. D；　　10. D；　　11. B；　　12. A；　　13. C；　　14. B；　　*15. B；　　16. C；

*17. A；　　18. D；　　19. B；　　20. A

【解析】

1．答案 B

水喷雾灭火系统是由水源、供水设备、管道、雨淋阀组、过滤器、水雾喷头和火灾自动探测控制设备等组成；而细水雾灭火系统有别于水喷雾灭火系统，与一般水雾相比较，细水雾的雾滴直径更小，水量也更少，因此其灭火类似于二氧化碳等气体灭火系统。细水雾灭火系统一般又分为泵组式和瓶组式两种类型，故答案是：储水瓶组的安装。

7．答案 B

按《建筑防烟排烟系统技术标准》GB 51251—2017 第 6.5.3 条条文说明规定，排烟风机是特定情况下的应急设备，发生火灾紧急情况，并不需要考虑设备运行所产生的振动和噪声，而且橡胶减振装置在火灾高温情况下运行时，橡胶会变形熔化，影响排烟风机可靠运行，因此安装排烟风机时不宜设减振装置。当与通风空调系统合用风机时，也不应选用橡胶或含有橡胶的减振装置。其他空调机组、冷却塔、冷水机组均可采用橡胶或弹簧类减振装置，应根据设计要求或计算确定。

8．答案 B

按《消防给水及消火栓系统技术规范》GB 50974—2014 第 12.3.3 条第 5 款规定，钢板等制作的消防水池和消防水箱的进出水等管道宜采用法兰连接，对有振动的管道应加设柔性接头。

15．答案 B

按照《建设工程消防设计审查验收管理暂行规定》，除特殊建设工程以外的其他建设工程，均实行消防验收备案、抽查管理制度，其中 A、C、D 均为特殊建设工程。

17．答案 A

储存锌粉、碳化钙、低亚硫酸钠等遇水燃烧物品的仓库，不得设置室内外消防给水，而《水喷雾灭火系统技术规范》GB 50219—2014 第 1.0.4 条规定，水喷雾灭火系统不得用于扑救遇水能发生化学反应造成燃烧、爆炸的火灾，以及水雾会对保护对象造成明显损害的火灾。

二、多项选择题

*1．A、C、D、E；　　2．A、C、E；　　3．B、C、D；　　4．A、C、D；

5．A、B、C；　　*6．A、B、C、E；　　7．A、B；　　8．B、D；

9．A、B、D、E；　　*10．B、C、D

【解析】

1．答案 A、C、D、E

不限于机电系统，消防工程包括：消火栓灭火系统、自动喷水灭火系统、消防炮灭火系统、水喷雾灭火系统、干粉灭火系统、泡沫灭火系统、气体灭火系统、细水雾灭火系统、火灾自动报警系统、防排烟系统、应急疏散系统、消防通信系统、消防广播系统、防火分隔设施（防火门、防火卷帘）等。

6．答案 A、B、C、E

特殊建设工程消防验收的现场评定包括：对建筑物防（灭）火设施的外观进行现场抽样查看；通过专业仪器设备对涉及距离、高度、宽度、长度、面积、厚度等可测量的指标进行现场抽样测量；对消防设施的功能进行抽样测试、联调联试消防设施的系统功能等内容。

10．答案 B、C、D

《消防设施通用规范》GB 55036—2022 第 3.0.11 条及条文说明规定，消防水泵应采取自灌式吸水。消防水泵应确保其在火灾状态下持续运行和安全可靠，流量、压力、功率吸水方式等关键参数应满足实际运行的需要，并在零流量、小流量、额定流量以及过载流量等工况下不会发生损坏和故障。消防水泵不得设置自动停泵功能，其停止方式应根据火灾扑救和消防水源等情况由具有管理权限的人员确定。第 3.0.13 条规定，稳压水泵的公称流量不应小于消防给水系统管网的正常泄漏量，且应小于系统自动启动流量，公称压力应满足系统自动启动和管网充满水的需求。《消防给水及消火栓系统技术规范》GB 50974—2014 第 5.1.6 条第 4 款的规定，消防水泵的流量扬程性能曲线应为无驼峰、无拐点的光滑曲线，零流量时的压力不应大于设计工作压力的 140%，且宜大于设计工作压力的 120%。

第4章　工业机电工程安装技术

4.1　机械设备安装技术

微信扫一扫
在线做题+答疑

复习要点

主要内容：机械设备安装程序和方法；机械设备安装要求及精度控制；机械设备试运行。

知识点 1. 机械设备安装的一般程序

开箱检查→基础验收→测量放线→垫铁设置→吊装就位→安装调整→设备固定与灌浆→零部件清洗与装配→润滑与加油→试运行→工程验收。

知识点 2. 设备开箱检查

检查和记录的内容。

知识点 3. 测量放线

（1）设定基准线、点的依据。

（2）基准线和点设定的原则。

知识点 4. 垫铁设置

知识点 5. 吊装就位

知识点 6. 安装调整

设备找平、找正、找标高。

知识点 7. 设备灌浆与固定

一次灌浆，设备粗找正后，对地脚螺栓孔的灌浆；二次灌浆，设备精找平找正后及紧固地脚螺栓、检测项目合格后对设备底座和基础间的灌浆。

知识点 8. 零部件装配原则

由小到大、从简单到复杂进行装配；先零件再组件到部件；先主机后辅机，由部件进行总装配。

知识点 9. 润滑与加油

知识点 10. 设备试运行验收

知识点 11. 机械设备安装方法

（1）整体安装。

（2）解体安装。

知识点 12. 典型零部件的装配

（1）螺纹连接件装配。

（2）过盈配合件装配。

（3）齿轮装配。

（4）联轴器装配。

（5）轴承装配。

知识点 13. 机械设备固定

知识点 14. 机械设备安装要求

（1）设备进场要求。

（2）设备基础验收要求：

设备基础混凝土强度检查验收，设备基础位置、标高、几何尺寸检查验收，设备基础外观质量检查验收，预埋地脚螺栓检查验收。

（3）垫铁的设置要求。

（4）设备无垫铁安装要求。

（5）设备安装二次灌浆的技术要求。

知识点 15. 机械设备安装精度控制

（1）影响设备安装精度的因素。

（2）设备安装精度的控制。

（3）设备安装精度的偏差控制。

知识点 16. 机械设备试运行

（1）设备试运行前应完成的工作。

（2）设备单机试运行要求。

（3）单机试运行结束后应及时完成的工作。

知识点 17. 典型设备单机试运行要求

（1）风机试运行要求。

（2）压缩机试运行要求。

（3）泵试运行要求。

（4）输送设备试运行要求。

（5）起重设备试运行要求。

知识点 18. 设备负荷试运行

知识点 19. 设备试运行的验收

一 单项选择题

1. 根据机械设备安装程序，垫铁设置的紧后工序是（　　）。

　　A. 设备灌浆　　　　　　　　B. 吊装就位

　　C. 设备固定　　　　　　　　D. 设备安装调整

2. 机械设备开箱检查时，进行检查和记录的项目不包括（　　）。

　　A. 设备制造标准　　　　　　B. 设备名称、规格和型号

　　C. 随机技术文件　　　　　　D. 箱号、箱数以及包装情况

3. 下列装配方法中，不属于过盈配合件装配的是（　　）。

　　A. 压入装配法　　　　　　　B. 低温装配法

　　C. 焊接固定法　　　　　　　D. 加热装配法

4. 下列设备基础检查结果，属于外观质量检查的是（　　）。

　　A. 外表有裂纹和露筋　　　　B. 钢筋强度合格

　　C. 预留空洞位置正确　　　　D. 基础坐标合格

5. 关于垫铁组配置的说法，正确的是（　　　）。

    A. 一块斜垫铁配一块平铁　　　　B. 两块斜垫铁配一块平铁

    C. 一块斜垫铁配两块平铁　　　　D. 两块斜垫铁配四块平铁

6. 对开式滑动轴承装配时，轴颈与轴瓦的顶间隙测量常用的方法是（　　　）。

    A. 塞尺测量　　　　　　　　　　B. 压铅法检查

    C. 千分表测量　　　　　　　　　D. 游标卡尺测量

7. 关于垫铁定位焊接的说法，正确的是（　　　）。

    A. 垫铁之间不需要进行定位焊接

    B. 最上层垫铁与设备底座应焊接

    C. 最下层垫铁与基础之间应采用定位焊接

    D. 垫铁相互之间应采用定位焊接

8. 机械设备安装调整水平时，在设备精加工面上测量水平度的测量设备是（　　　）。

    A. 水平仪　　　　　　　　　　　B. 经纬仪

    C. 全站仪　　　　　　　　　　　D. 百分表

9. 将设备调整到设计或规范规定的水平状态的最好方法是（　　　）。

    A. 用千斤顶顶升　　　　　　　　B. 调整调节螺钉

    C. 调整垫铁高度　　　　　　　　D. 楔入专用斜铁器

10. 大型机械设备的一次灌浆应在（　　　）。

    A. 机座就位后　　　　　　　　　B. 设备粗找正后

    C. 地脚螺栓紧固后　　　　　　　D. 设备精找正后

11. 机械设备二次灌浆的部位是（　　　）。

    A. 地脚螺栓预留孔　　　　　　　B. 受力的地脚螺栓孔

    C. 垫铁与基础空隙　　　　　　　D. 设备底座与基础间

12. 下列材料中，不能作为设备安装二次灌浆材料的是（　　　）。

    A. 中骨料混凝土　　　　　　　　B. 无收缩混凝土

    C. 微膨胀混凝土　　　　　　　　D. CGM 高效无收缩灌浆料

13. 设备单机试运行考核的主要对象是（　　　）。

    A. 电气联锁装置　　　　　　　　B. 单台机械设备

    C. 生产线的联动　　　　　　　　D. 设备工艺流程

14. 关于对设备安装精度影响因素的说法，错误的是（　　　）。

    A. 设备制造对安装精度的影响主要是加工精度和装配精度

    B. 垫铁埋设对安装精度的影响主要是承载面积和接触情况

    C. 测量误差对安装精度的影响主要是仪器精度和基准精度

    D. 设备灌浆对安装精度的影响主要是二次灌浆层的水泥厚度

15. 设备基础对机械设备安装精度的影响，主要是（　　　）。

    A. 外形尺寸不合格　　　　　　　B. 基础上平面标高超差

    C. 基础强度不够　　　　　　　　D. 预埋地脚螺栓标高超差

16. 地脚螺栓对设备安装精度的影响，主要是（　　　）。

    A. 地脚螺栓紧固力不够　　　　　B. 地脚螺栓中心线偏移过大

C. 地脚螺栓标高超差　　　　　　　D. 预埋地脚螺栓孔深度不够

17. 联轴器装配时需测量的项目中，不包括（　　　）。

    A. 端面间隙　　　　　　　　　　　　B. 轴向间隙

    C. 两轴线倾斜　　　　　　　　　　　D. 两轴心径向位移

18. 为保证带悬臂转动机构设备的安装精度，安装后悬臂轴的状态应该是（　　　）。

    A. 水平　　　　　　　　　　　　　　B. 向前倾斜

    C. 上扬　　　　　　　　　　　　　　D. 向下倾斜

19. 设备安装调整时，控制相邻设备的水平度偏差方向相反，为的是（　　　）。

    A. 不产生偏差积累　　　　　　　　　B. 保证单体设备安装精度

    C. 排除影响安装精度的因素　　　　　D. 保证总偏差在允许范围内

20. 对参加试运行施工人员的要求不包括（　　　）。

    A. 熟知设备性能　　　　　　　　　　B. 了解设备技术文件

    C. 能实施设备检修　　　　　　　　　D. 掌握操作规程

21. 设备单体试运行时间宜为（　　　）。

    A. 1h　　　　　　　　　　　　　　　B. 2h

    C. 4h　　　　　　　　　　　　　　　D. 6h

22. 不同轴功率水泵在额定工况下的连续试运行时间，正确的是（　　　）。

    A. 轴功率为 55kW，运行时间 30min

    B. 轴功率为 110kW，运行时间 60min

    C. 轴功率为 450kW，运行时间 90min

    D. 轴功率为 630kW，运行时间 120min

二　多项选择题

1. 机械设备安装的一般程序中，设备吊装就位后的工序是（　　　）。

    A. 垫铁设置　　　　　　　　　　　　B. 安装调整

    C. 固定灌浆　　　　　　　　　　　　D. 清洗装配

    E. 润滑加油

2. 滑动轴承装配时，应重点检查的项目是（　　　）。

    A. 侧间隙　　　　　　　　　　　　　B. 材质

    C. 顶间隙　　　　　　　　　　　　　D. 承压角

    E. 轴肩间隙

3. 设备基础验收的项目应包括（　　　）。

    A. 基础结构外形尺寸、标高、位置的检查

    B. 基础外观质量检查

    C. 设计变更及材料代用证件

    D. 设备基础施工方案

    E. 设备基础质量合格证明书

4. 机电设备安装前，对设备基础测量检查的主要项目包括（　　　）。

A．基础的坐标位置　　　　　　　B．基础混凝土强度

C．不同平面的标高　　　　　　　D．基础立面的铅垂度

E．地脚螺栓预留孔内有无露筋、凹凸等缺陷

5. 机电设备运行中，垫铁组可以传递的有（　　　）。

A．振动力　　　　　　　　　　　B．设备重量

C．工作载荷　　　　　　　　　　D．运行能量

E．地脚螺栓预紧力

6. 关于设备找平的说法，正确的有（　　　）。

A．回转窑支承托轮的找正由度量水平的差值计算

B．通过调整垫铁组高度将其调整到规定的水平状态

C．在设备精加工面上选择测点，用水平尺进行测量

D．有垂直加工面的设备，是以设备水平度要求保证的

E．有立柱加工面的设备，设备水平度要求是以垂直度来保证的

7. 设备基础对安装精度的影响，主要有（　　　）。

A．沉降　　　　　　　　　　　　B．外形尺寸不合格

C．没有预压　　　　　　　　　　D．平面的平整度不合格

E．基础强度不够

8. 设备支承在垫铁和二次灌浆层上，影响设备安装精度的因素有（　　　）。

A．垫铁承载面积不够　　　　　　B．每组垫铁块数过多

C．二次灌浆层太厚　　　　　　　D．二次灌浆层不密实

E．二次灌浆强度不够

9. 某运转设备的安装水平度允许偏差为纵向 0.10/1000、横向 0.20/1000，满足检测要求的水平仪有（　　　）。

A．0.50/1000　　　　　　　　　B．0.20/1000

C．0.15/1000　　　　　　　　　D．0.10/1000

E．0.05/1000

10. 设备安装时合理确定其偏差及方向，有利于抵消（　　　）。

A．零部件磨损的影响　　　　　　B．设备附属件安装后重量的影响

C．摩擦面间油膜的影响　　　　　D．设备运转时产生作用力的影响

E．设备安装积累误差的影响

11. 设备找平、找正、找标高的测点位置宜选在（　　　）。

A．轴颈表面　　　　　　　　　　B．零部件间的主要结合面

C．部件浇筑表面　　　　　　　　D．支承滑动部件的导向面

E．设备的主要工作面

12. 有预紧力要求的螺纹连接常用的紧固方法有（　　　）。

A．定力矩法　　　　　　　　　　B．双螺母锁紧法

C．测量伸长法　　　　　　　　　D．液压拉伸法

E．防松销固定法

【答案与解析】

一、单项选择题

1. B；　　2. A；　　*3. C；　　*4. A；　　*5. B；　　6. B；　　7. D；　　8. A；

9. C；　　*10. B；　　11. D；　　*12. A；　　13. B；　　*14. D；　　15. C；　　16. A；

17. B；　　*18. C；　　19. A；　　20. C；　　21. B；　　22. D

【解析】

3. 答案 C

焊接是将两个或两个以上的被焊接件通过加压、加热等方式，使被焊件熔合，一旦机件中有损坏的情况，无法用简单替换受损件的方式修复。机械装配的过盈装配虽然需要将装配件牢固地结合在一起，但是一旦其中一个零件在使用中损坏，可方便地用配件替换受损零件而重新恢复部件的功能。一般采用压入装配、低温冷装配和加热装配法，而在安装现场主要采用加热装配法。

4. 答案 A

设备基础外表面应无裂纹、空洞、掉角、露筋。基础表面和预留孔应干净。预留孔洞内无露筋、凹凸等缺陷。

5. 答案 B

垫铁的配组原则是两块配对斜垫铁加一到两块平铁为一组，厚度30～70mm为宜，垫铁组不宜超过5块。

10. 答案 B

本题所提问的是进行一次灌浆的时间。一次灌浆是在设备粗找正后进行，对象（或位置）是地脚螺栓预留孔。二次灌浆是在设备精找正、地脚螺栓紧固、检测项目合格后进行，对象（或位置）是设备底座和基础间。从本题的具体选项看，机座就位在设备粗找正前，设备精找正、地脚螺栓紧固合格在设备粗找正后，A、C、D项均不是正确选项。

12. 答案 A

设备底座与基础之间的灌浆（二次灌浆）目的是使基础和设备之间充满混凝土（灌浆料），一方面可以起到固定垫铁和稳固设备的作用；另一方面也承受一部分设备重量，要求灌浆料要能够最大限度地充满设备底座和基础之间的间隙。A选项（中骨料混凝土）骨料粒度过大，不符合要求。二次灌浆料宜选用无收缩或微膨胀灌浆材料，故选项B、C、D三种都可选用。

14. 答案 D

在考试用书中，列举了影响设备安装精度的因素有设备基础等8个方面，各个方面都有其主要的因素。本题涉及的是垫铁埋设、设备灌浆、测量误差、设备制造4个方面的因素。垫铁承受载荷的有效面积不够，或垫铁与基础、垫铁与垫铁、垫铁与设备之间接触不好，会造成设备固定不牢引起安装偏差发生变化；选用的测量仪器和检测工具精度等级过低，划定的基准线、基准点实际偏差过大，会引起安装偏差发生变化；设备制造质量达不到设计要求，对安装精度产生最直接影响，且多数此类问题无法现场处理，因而A、B、C选项是正确的。设备灌浆对安装精度的影响主要是强度和密实度，因为灌浆的强度不够、不密实，会造成地脚螺栓和垫铁出现松动，引起安装偏差发生变化，而二次灌浆层的厚度发生偏差，不影响安装精度，不会引起安装偏差发生变化，因而不是影响设备安装精度的主要因素，是错误的说法。

18．答案 C

这是一个设备安装偏差方向的控制中补偿受力所引起的偏差的问题。机械设备安装通常仅在自重状态下进行，设备投入运行承载后，安装精度的偏差有的会发生变化。带悬臂转动机构的设备，受力后向下和向前倾斜，安装时就应控制悬臂轴水平度的偏差方向和轴线与机组中心线垂直度的方向，使其能补偿受力引起的偏差变化。本题安装带悬臂转动机构的设备时使其悬臂轴上扬（C 选项），是控制悬臂轴水平度偏差方向的措施，设备承载受力后向下倾斜，起到控制悬臂轴水平度偏差方向的作用，是正确选项。而 A 选项（水平）、D 选项（向下倾斜）两项，起不到控制悬臂轴水平度偏差方向的作用，甚至还加大了悬臂轴水平度偏差方向。B 选项（向前倾斜）造成了加大设备轴线与机组中心线垂直度方向的偏差的相反作用，均是错误的做法。

二、多项选择题

1．B、C、D、E；	*2．A、C；	3．A、B、E；	*4．A、C、D；
5．B、C、E；	6．A、B、E；	*7．A、E；	8．B、C、D、E；
*9．D、E；	10．A、B、C、D	11．A、B、D、E；	12．A、C、D

【解析】

2．答案 A、C

滑动轴承装配时应重点检查侧间隙和顶间隙，轴颈与轴瓦的侧向间隙可用塞尺检查，单侧间隙应为顶间隙的 1/2～2/3，轴颈和轴瓦的顶向间隙可用压铅法检查，铅丝直径不宜大于顶间隙的 3 倍，顶间隙计算值应符合《机械设备安装工程施工及验收通用规范》GB 50231—2009 的规定。

4．答案 A、C、D

基础的位置、几何尺寸测量检查主要包括基础的坐标位置，不同平面的标高，平面外形尺寸，凸台上平面外形尺寸和凹穴尺寸，平面的水平度，基础立面的铅垂度，预留孔的中心位置、深度和孔壁铅垂度等。A 选项基础的坐标位置、C 选项不同平面的标高、D 选项基础的铅垂度属于基础的位置、几何尺寸的内容。B 选项基础混凝土强度已在基础验收时确认，E 选项地脚螺栓预留孔内有无露筋、凹凸等缺陷是设备基础外观质量的内容，与地脚螺栓预留孔的中心位置、深度和孔壁铅垂度（位置、几何尺寸指标）是有区别的。

7．答案 A、E

设备基础对安装精度的影响主要是强度和沉降（A、E 选项）。基础的强度不够继续下沉或下沉不均匀会引起设备的偏差发生变化。基础的外形尺寸不合格和平面的平整度不符合要求，在设备安装前应该得到纠正，所以不影响设备安装的精度。不是每台设备的基础都要预压，只有那些设计规定要预压的基础才进行预压试验，所以 C 选项也不是正确选项。

9．答案 D、E

测量设备水平度仪器的选择，需选用不低于设备要求的水平度精度。本题运转设备的安装水平度允许偏差最低精度要求是 0.10/1000，所以要选择与其精度相同的选项 D 和精度高于其要求的选项 E。其余的都低于其要求的精度，不是正确选项。

4.2 工业管道施工技术

复习要点

主要内容： 工业管道种类与施工程序；工业管道工程施工技术要求；管道试压与吹扫技术。

知识点 1. 工业管道的种类

按设计压力、输送介质温度、输送介质的性质分类。

知识点 2. 工业管道施工程序

工业管道施工程序：测量定位→支架制作安装→管道加工（预制）、安装→管道试验→防腐绝热→管道吹扫、清洗→系统调试及试运行→竣工验收。

知识点 3. 工业管道的基本识别色、识别符号和危险标识

知识点 4. 工业管道安装前检验

（1）管道元件及材料的检验。

（2）阀门检验。

知识点 5. 工业管道安装

（1）管道加工。

（2）支吊架安装。

（3）管道敷设及连接。

（4）伴热管及夹套管安装。

（5）阀门安装。

（6）静电接地安装。

知识点 6. 管道试验应具备的条件

知识点 7. 管道压力试验

（1）管道压力试验技术要求，管道压力试验的替代，管道液压试验、管道气压试验。

（2）管道泄漏性试验。

（3）管道真空度试验。

知识点 8. 管道吹扫与清洗

水冲洗、空气吹扫、蒸汽吹扫、化学清洗、油清洗。

一 单项选择题

1. 设计压力为 1.6MPa $< P \leqslant$ 10MPa 的工业管道属于（　　）。

    A．低压管道   B．中压管道

    C．高压管道   D．超高压管道

2. 工业管道按设计温度分类，中温管道的工作温度范围是（   ）。

    A．$-40℃ < t ≤ 120℃$ B．$t ≤ -40℃$

    C．$120℃ < t ≤ 450℃$ D．$t > 450℃$

3. 关于管道吹扫与清洗的说法，正确的是（   ）。

    A．公称直径 600mm 的液体管道宜采用人工清理

    B．公称直径 600mm 的气体管道宜采用蒸汽吹扫

    C．公称直径 600mm 的液体管道宜采用净水冲洗

    D．公称直径 600mm 的气体管道宜采用空气吹扫

4. 关于法兰连接的钢制管道安装的说法，正确的是（   ）。

    A．法兰连接的同一规格螺栓安装方向正反相间

    B．法兰平面之间不平行可用楔形垫片进行调节

    C．法兰接头的歪斜不得用强紧螺栓的方法消除

    D．法兰的连接螺栓应该按顺时针方向依次拧紧

5. 当阀门与管道连接时，要求阀门在关闭状态下安装的连接方式是（   ）。

    A．热熔   B．气焊焊接

    C．法兰   D．电焊焊接

6. 管道与大型设备连接前，应在自由状态下检验法兰的（   ）。

    A．平行度   B．轴向跳动

    C．垂直度   D．径向跳动

7. 伴热管与主管的安装要求，正确的是（   ）。

    A．伴热管与主管应水平安装   B．伴热管与主管应平行安装

    C．伴热管与主管应交叉安装   D．伴热管与主管应垂直安装

8. 防腐蚀衬里管道安装施工中，做法错误的是（   ）。

    A．衬里管道组成件应避免阳光和热源辐射

    B．搬运衬里管段及管件时应避免强烈振动

    C．安装时采用硬质垫片

    D．安装过程中不可施焊

9. 工业管道施工程序中，管道防腐绝热的紧后工序是（   ）。

    A．管道试验   B．管道吹洗

    C．系统调试   D．试运行

10. 关于阀门与工业管道连接时的说法，正确的是（   ）。

    A．与金属管道采用螺纹连接的阀门应在开启状态下安装

    B．与金属管道采用法兰连接的阀门应在关闭状态下安装

    C．与金属管道采用焊接连接的阀门应在关闭状态下安装

    D．与非金属管道采用电熔连接的阀门应在关闭状态下安装

11. 安全阀的出口管道应接向安全地点，安全阀安装应满足（   ）。

    A．垂直安装   B．倾角 60° 安装

    C．水平安装   D．倾角 30° 安装

12. 管道系统压力试验前，不应完成的施工工序是（   ）。

A．焊缝防腐施工   B．焊缝热处理

C．膨胀节设置临时约束装置   D．拆除安全阀

13．关于管道系统液压试验要求的说法，正确的是（   ）。

A．不锈钢管道水压试验可以使用自来水

B．管道系统进行液压试验前应排尽气体

C．环境温度低于 0℃时应采取防冻措施

D．埋地钢管试验压力为设计压力的 1.15 倍

14．管道与设备作为一个系统进行液压试验时，当管道的试验压力等于或小于设备的试验压力时，试验压力应按（   ）。

A．管道的试验压力   B．设备的试验压力

C．管道试验压力的 1.15 倍   D．设备设计压力的 1.15 倍

15．管道系统泄漏性试验的做法，正确的是（   ）。

A．可燃介质管道应进行泄漏性试验

B．管道系统的试验压力为工作压力

C．泄漏性试验应在压力试验前进行

D．试验检查的重点是焊缝有无泄漏

16．管道吹洗的正确顺序是（   ）。

A．主管→支管→疏排管   B．疏排管→支管→主管

C．支管→主管→疏排管   D．主管→疏排管→支管

17．蒸汽管道系统应用蒸汽吹扫，吹扫前先（   ）。

A．用水冲洗   B．空气吹扫

C．进行暖管   D．排尽气体

18．不锈钢管油系统管道油清洗，错误的是（   ）。

A．宜采用蒸汽吹净后进行油清洗

B．油清洗应采用循环的方式进行

C．应在 40～70℃内反复升降油温

D．油清洗的过程中不得更换滤芯

二　多项选择题

1．根据管道所输送介质的一般性能，标识的基本识别色，表达正确的有（   ）。

A．水蒸气是艳绿色   B．空气是淡灰色

C．气体是中黄色   D．酸或碱是黑色

E．可燃液体是棕色

2．管道元件产品合格证一般包括的内容有（   ）。

A．耐压试验结果   B．产品名称

C．产品编号   D．规格型号

E．无损检测结果

3．关于阀门进行壳体压力试验和密封试验的说法，正确的有（   ）。

A. 密封试验应以洁净水为介质

B. 试验时温度宜为 5~40℃

C. 试验压力为阀门在 20℃时最大允许工作压力的 1.15 倍

D. 密封试验为阀门在 20℃时最大允许工作压力的 1.25 倍

E. 试验持续时间不得少于 5min

4. 关于钢管制作加工的说法，正确的有（　　　）。

A. 不锈钢管段及时用钢印做好标识

B. 不锈钢管应使用离子弧方法切割

C. 锆合金的修磨应使用专用砂轮片

D. 镀锌钢管可以采用火焰方法切割

E. 碳素钢管道宜采用机械方法切割

5. 关于管道与汽轮机连接要求的说法，正确的有（　　　）。

A. 汽轮机已安装定位并紧固了地脚螺栓

B. 连接时不应使汽轮机承受附加的外力

C. 与汽轮机连接前管道内部应清理干净

D. 在管道上架设百分表监视设备的位移

E. 连接时都不应使汽轮机承受附加外力

6. 关于管道支吊架安装的要求，正确的有（　　　）。

A. 滑动支架的滑动面不得有歪斜和卡涩

B. 无热位移的管道，其吊杆应垂直安装

C. 支架弹簧应调整至热态值并做好记录

D. 两根有热位移管道不得使用同一吊杆

E. 热管道直管段上可安装 3 个固定支架

7. 管道吹扫与清洗的方法应根据管道的（　　　）确定。

A. 材料质量　　　　　　　　B. 使用要求

C. 工作介质　　　　　　　　D. 系统回路

E. 现场条件

8. 关于管道系统气压试验的说法，正确的有（　　　）。

A. 采用的气体为干燥洁净的空气

B. 试验压力应为设计压力的 1.15 倍

C. 真空管道的试验压力应为 1.0MPa

D. 压力泄放装置的压力不得高于试验压力 1.15 倍

E. 在试验压力下稳压 10min 再将压力降至设计压力

9. 关于工业管道试验中压力表设置的要求，正确的有（　　　）。

A. 压力表的精度不小于 2.0 级

B. 压力表的设置不得少于 2 块

C. 满刻度值为被测压力的 2 倍

D. 至少 1 块安装于液位最高点

E. 压力表经校验在检验周期内

一、单项选择题

1. B；　2. C；　3. A；　4. C；　5. C；　6. A；　7. B；　8. C；
*9. B；　10. B；　11. A；　*12. A；　13. B；　14. A；　15. A；　16. A；
17. C；　*18. D

【解析】

9. 答案 B

工业管道施工程序：测量定位→支架制作安装→管道加工（预制）、安装→管道试验→防腐绝热→管道吹扫、清洗→系统调试及试运行→竣工验收。

12. 答案 A

管道系统进行压力试验时，管道承受压力，试验压力比正常运行压力大。如果管道上有膨胀节，可能在压力试验过程中膨胀节过度伸缩超出极限范围而造成损坏，为防止这类事故发生，需设置临时约束装置。待试压合格后，该临时约束装置应拆除。

18. 答案 D

油清洗：

（1）润滑、密封、控制系统的油管道，应在设备及管道酸洗合格后、系统试运行前进行油清洗。不锈钢管油系统管道，宜采用蒸汽吹净后再进行油清洗。

（2）油清洗应采用循环的方式进行。每 8h 应在 40～70℃内反复升降油温 2～3 次，并及时清洗或更换滤芯。

（3）当设计文件或产品技术文件无规定时，管道油清洗后应采用滤网检验。

（4）油清洗合格的管道，采取封闭或充氮保护措施。

二、多项选择题

1. B、C、E；　　2. B、C、D；　　*3. A、B、E；　　4. B、C、E；
*5. A、B、C、E；　6. A、B、D；　　*7. B、C、D、E；　8. A、B、E；
9. B、D、E

【解析】

3. 答案 A、B、E

阀门的壳体压力试验和密封试验：

（1）阀门壳体试验压力和密封试验应以洁净水为介质，不锈钢阀门试验时，水中的氯离子含量不得超过 25ppm（25×10^{-6}）。

（2）阀门的壳体试验压力为阀门在 20℃时最大允许工作压力的 1.5 倍，密封试验为阀门在 20℃时最大允许工作压力的 1.1 倍，试验持续时间不得少于 5min，无特殊规定时，试验温度为 5～40℃，低于 5℃时，应采取升温措施。

5. 答案 A、B、C、E

管道与大型设备或动设备连接（如空压机、制氧机、汽轮机等），应在设备安装定位并紧固地脚螺栓后进行。无论是焊接还是法兰连接，连接时都不应使动设备承受附加外力。管道与动设备连接前，管道内部应清理干净；自由状态下法兰的平行度和同轴度，应符合设计要求。管道与动设备最终连接时，应在联轴器上架设百分表监视动设备的位移。管道试压、吹扫和清洗合格后，应对该管道与机器的接口进行复位检验。管道安装完成、检验合格后，不得承受设计以外的附加荷载。

7. 答案 B、C、D、E

管道吹扫与清洗的方法，应根据管道的使用要求、工作介质、系统回路、现场条件及管道内表面的脏污程度确定。

4.3　电气装置安装技术

复习要点

主要内容： 变配电装置、电动机设备安装技术；输配电线路、防雷与接地装置施工技术。

知识点1. 变配电设备安装程序

（1）油浸式电力变压器施工程序：开箱检查→二次搬运→设备就位→吊芯检查→附件安装→滤油、注油→交接试验→验收。

（2）真空断路器安装程序：开箱检查→真空断路器就位→操作机构检查→检查调整→机械及电气性能试验。

（3）六氟化硫断路器安装程序：开箱检查→本体安装→充加六氟化硫→操作机构安装→检查调整→机械及电气性能试验。

知识点2. 变压器安装技术

（1）机械牵引变压器时，牵引着力点应在变压器重心以下，运输倾斜角不得超过15°，牵引速度不应超过 2m/min。

（2）变压器吊装时，钢丝绳必须挂在油箱的吊钩上，变压器顶盖上部的吊环仅作吊芯检查用，严禁用此吊环吊装整台变压器。

（3）变压器的低压侧中性点必须直接与接地装置引出的接地干线连接。

知识点3. 变压器交接试验

变压器交接试验：绝缘油试验，SF_6 气体含水量检验，绕组连同套管的直流电阻测量，绕组连同套管的绝缘电阻、吸收比测量，绕组连同套管的交流耐压试验，铁芯及夹件的绝缘电阻测量，分接开关电压比检查，变压器三相连接组别检查。

知识点4. 变压器送电试运行

变压器第一次投入时，可全压冲击合闸，冲击合闸宜由高压侧投入。变压器应进行 5 次空载全压冲击合闸，每次间隔时间宜为 5min，应无异常情况。

知识点5. 真空断路器安装要求

真空断路器安装应垂直牢固，相间支持瓷套应在同一水平面上。三相联动连杆的拐臂应在同一水平面上，拐臂角度应一致。安装完毕后，应先进行手动缓慢分、合闸操作，手动操作正常，方可进行电动分、合闸操作。

知识点6. 六氟化硫断路器安装要求

柱式六氟化硫断路器由于其内部结构紧凑，为避免发生六氟化硫气体没有到达并充满所有气室，充入的六氟化硫气体应进行计量。六氟化硫气体漏气率和含水量，应符合产品技术文件的规定。

知识点 7. GIS（气体绝缘金属封闭开关设备）安装要求

（1）GIS 密度继电器和压力表应有产品合格证和检验报告。密度继电器应满足可与设备本体管路系统隔离，以便于对密度继电器进行现场校验。

（2）GIS 预充氮气的箱体应先经排氮，然后充干燥空气，箱体内空气中的氧气含量必须达到 18% 以上时，安装人员才允许进入内部进行检查或安装。

（3）GIS 设备充气时，应复检六氟化硫湿度，确认合格后方可使用。充气后，对设备密封，对焊缝以及管路接头进行全面检漏，无泄漏为充装完毕。充装完毕 24h 后，对设备中气体进行湿度测量，若超过标准，必须进行处理，直到合格。

知识点 8. 干式电抗器安装要求

干式空心电抗器应按其编号进行安装，三相垂直排列时，中间一相线圈的绕向应与上、下两相相反，各相中心线应一致。两相重叠一相并列时，重叠的两相绕向应相反，另一相应与上面的一相绕向相同。三相水平排列时，三相绕向应相同。

知识点 9. 电容器安装要求

电容器组安装时，三相电容量的差值宜调配到最小，其最大与最小的差值，不应超过三相平均电容值的 5%。

知识点 10. 电器设备的交接试验

（1）真空断路器交接试验内容：测量绝缘电阻，测量每相导电回路电阻，交流耐压试验，测量断路器的分合闸时间，测量断路器的分合闸同期性，测量断路器合闸时触头弹跳时间，测量断路器的分合闸线圈绝缘电阻及直流电阻，测量断路器操动机构试验。

（2）六氟化硫断路器交接试验内容：测量绝缘电阻，测量每相导电回路电阻，交流耐压试验，测量断路器的分合闸时间，测量断路器的分合闸速度，测量断路器的分合闸线圈绝缘电阻及直流电阻，测量断路器操动机构试验，测量断路器内六氟化硫气体含水量。

知识点 11. 电动机开箱检查

定子、转子的空气间隙不均匀度应符合该产品的技术规定。当无规定时，各点空气间隙和平均空气间隙之差值与平均空气间隙之比宜为 ±5%。

知识点 12. 电动机干燥处理

电动机干燥处理可采用外部加热干燥法或电流加热干燥法。根据电动机受潮情况制定干燥方法及有关技术措施。干燥时不允许用水银温度计测量温度，应用酒精温度计、电阻温度计或温差热电偶。

知识点 13. 电动机试运行

电动机第一次启动一般在空载情况下进行，空载运行时间一般为 2h，并记录电动机空载电流。

知识点 14. 电杆线路施工程序

现场勘察→测量定位→基础施工→电杆、横担组装→立杆→拉线制作安装→放线、架线、紧线、连线→送电运行→验收。

知识点 15. 电杆组立与横担安装

（1）水泥杆立杆方法：汽车起重机立杆、三脚架立杆、人字抱杆立杆、架杆（顶、叉）立杆等。

（2）横担安装。10kV及以下直线杆的单横担应安装在负荷侧，90°转角杆、分支杆和终端杆采用单横担，应安装在拉线侧。

知识点16. 导线连接要求

（1）导线或架空地线应使用配套接续管或耐张线夹进行连接。

（2）导线采用螺栓式耐张线夹或钳压管连接时，其试件应分别制作。应由具有资质的检测单位对试件进行连接后的握着强度试验，握着强度试验的试件不得少于3组。

（3）液压握着强度不得小于导线设计使用拉断力的95%；螺栓式耐张线夹的握着强度不得小于导线设计使用拉断力的90%；钳压管直线连接的握着强度不得小于导线设计使用拉断力的95%。架空地线的连接强度应与导线相对应。

（4）66kV及以下架空输电线路，在一个档距内每根导线或架空地线上不应超过一个接续管和三个补修管，当张力放线时不应超过两个补修管；110kV架空输电线路，在一个档距内每根导线或架空地线上不应超过一个接续管和两个补修管。

知识点17. 架空线路试验

（1）用红外线测温仪，测量导线接头的温度，来检验接头的连接质量。

（2）检查架空线各相的两侧相位应一致；额定电压下对空载线路进行冲击合闸试验3次。

知识点18. 电缆排管施工要求

电缆管埋地可采用开挖埋管法，非开挖埋管法：顶管、定向钻管。排管施工内容：沟底处理、管口处理、包封（混凝土灌注）、夯土回填。

知识点19. 电缆支架安装要求

支架应安装在结构体上，不应安装在轻质墙体上。金属支架全长均应良好接地。

知识点20. 电缆（本体）敷设要求

（1）并联使用的电力电缆其长度、型号、规格应相同。敷设前应按设计和实际路径计算每根电缆的长度，合理安排每盘电缆。

（2）电缆应在切断后4h之内进行封头；塑料绝缘电力电缆应有防潮的封端；油浸纸质绝缘电力电缆必须铅封；充油电缆切断处必须高于邻近两侧电缆。

（3）电缆应从电缆盘上端拉出施放。从电缆布置集中点（配电室、控制室）向电缆布置分散点（车间、设备）敷设。

知识点21. 电缆直埋敷设要求

电缆沟深一般为0.9m，电缆埋深应不小于0.7m。沟底是松软土层时，可直接敷设电缆；如果沟底有石块或杂物要铺设100mm厚的软土或细沙。电缆敷设后，上面要铺100mm厚的软土或细沙，再盖上混凝土保护板或警示带，覆盖宽度应超过电缆两侧以外各50mm，覆土分层夯实。

知识点22. 电缆头制作要求

（1）电缆头制作必须连续进行。室外制作时应在晴天、气候干燥的条件下进行，并有防尘措施。

（2）电缆头的金属护套及铠装层均应良好接地，接地线应采用铜编织线。电缆的屏蔽层和铠装层应锡焊接地线。

知识点 23．电力电缆交接试验

电力电缆交接试验：测量绝缘电阻、交流耐压试验、测量直流电阻、直流耐压试验及泄漏电流测量、线路相位检查等。

知识点 24．裸母线施工技术

（1）母线弯曲有立弯、平弯及扭弯三种，弯曲应采用冷弯，不得热弯。

（2）母线螺孔间中心距离误差允许为 ±0.5mm，螺孔直径不应大于螺栓直径 1mm。

（3）母线平置时的安装连接，螺栓应由下向上穿；必须采用力矩扳手紧固。

知识点 25．防雷装置安装

（1）接闪器采用瓷外套时，瓷件与金属法兰胶装部位应结合牢固、密实，并应涂有性能良好的防水胶；瓷套外观不得有裂纹、损伤。采用硅橡胶外套时，外观不得有裂纹、损伤和变形。

（2）并列安装的接闪器三相中心应在同一直线上，相间中心距离允许偏差为 10mm；接闪器安装应垂直，其垂直度应符合制造厂的要求。

（3）接闪器的检测。测量接闪器的绝缘电阻；测量接闪器的泄漏电流、磁吹接闪器的交流电导电流、金属氧化锌接闪器的持续电流。

知识点 26．接地装置安装

金属接地极采用镀锌角钢、镀锌钢管、铜棒或铜排等金属材料制作。接地干线与接地极的连接、接地支线与接地干线的连接应采用焊接。

知识点 27．爆炸和火灾危险环境接地安装

（1）在有爆炸性气体环境 1 区内的所有电气设备以及 2 区内除照明灯具外的其他电气设备，应采用专门的接地线。

（2）接地干线应在爆炸危险区域内不同的方向不少于两处与接地体连接。

知识点 28．防静电装置安装

设备、储罐、管道等的防静电接地线，应单独与接地体或接地干线相连。固定接地端子的连接螺栓不应小于 M10，并有防松装置。

一 单项选择题

1．油浸电力变压器安装程序中，吊芯检查的紧前工作是（   ）。

    A．设备就位   B．绝缘测试

    C．附件安装   D．二次搬运

2．六氟化硫断路器的安装程序中，断路器本体安装的紧后工序是（   ）。

    A．操作机构安装   B．充加六氟化硫

    C．调整检查   D．调整试验

3．三相油浸式电力变压器的交接试验项目不包括（   ）。

    A．绕组连同套管的直流电阻测量

    B．铁芯连同夹件的直流电阻测量

    C．绕组连同套管的绝缘电阻测量

    D．绕组连同套管的交流耐压试验

4. 关于变压器送电试运行的说法，正确的是（　　　）。
    A. 冲击合闸宜由低压侧投入　　　B. 第 1 次投入时可全压冲击合闸
    C. 空载运行 8h 无异常为合格　　D. 应进行 3 次空载全压冲击合闸

5. 关于真空断路器安装要求，错误的是（　　　）。
    A. 真空断路器安装应水平牢固　　B. 相间支持瓷套应在同一水平面上
    C. 三相联动连杆拐臂角度一致　　D. 先手动分合闸再电动分合闸操作

6. 关于 GIS 设备充装六氟化硫的说法，错误的是（　　　）。
    A. GIS 设备可充高纯氮气来进行检漏
    B. GIS 设备可抽真空来进行内部的净化
    C. GIS 设备的充气管路可用浓盐酸冲洗
    D. GIS 设备充气时应复检六氟化硫湿度

7. 跌落式熔断器的熔管轴线与铅垂线的夹角应为（　　　）。
    A. 10°～15°　　　　　　　　　B. 15°～30°
    C. 30°～45°　　　　　　　　　D. 45°～60°

8. 电容器组安装后，三相电容量的差值不应超过三相平均电容值的（　　　）。
    A. 5%　　　　　　　　　　　　B. 10%
    C. 15%　　　　　　　　　　　 D. 20%

9. 10kV 高压设备试验时，未设置防护栏的操作人员与其最小安全距离为（　　　）。
    A. 0.5m　　　　　　　　　　　B. 0.7m
    C. 0.9m　　　　　　　　　　　D. 1.0m

10. 电动机吸收比（R60/R15）的试验中，必须进行干燥处理的是（　　　）。
    A. 吸收比为 1.0　　　　　　　 B. 吸收比为 1.5
    C. 吸收比为 1.8　　　　　　　 D. 吸收比为 2.0

11. 10kV 架空线路的直线杆单横担应安装在（　　　）。
    A. 卡盘侧　　　　　　　　　　 B. 供电侧
    C. 拉线侧　　　　　　　　　　 D. 负荷侧

12. 关于导线采用钳压管直线连接的要求，正确的是（　　　）。
    A. 不同规格的导线可在一个耐张段内连接
    B. 导线应使用配套的接续管进行连接
    C. 握着强度不得小于导线设计使用拉断力的 90%
    D. 钳压管握着强度试验的试件不得少于 2 组

13. 采用定向钻管进行电缆排管埋地时，可采用的管道材料是（　　　）。
    A. 塑料复合管　　　　　　　　 B. 玻璃钢管
    C. 石棉水泥管　　　　　　　　 D. 混凝土管

14. 油浸纸质绝缘电力电缆在切断后的封头应在（　　　）。
    A. 9h 之内　　　　　　　　　　B. 8h 之内
    C. 6h 之内　　　　　　　　　　D. 4h 之内

15. 电力电缆交接试验的内容不包括（　　　）。
    A. 测量绝缘电阻　　　　　　　 B. 交流耐压试验

C. 测量直流电阻 D. 测量水分含量

16. 关于电缆敷设顺序的说法，错误的是（   ）。

A. 先敷设线路长的后敷设线路短的

B. 先敷设截面大的后敷设截面小的

C. 先敷设控制电缆后敷设电力电缆

D. 先敷设动力电缆后敷设通信电缆

17. 母线的螺孔间中心距离误差允许为（   ）。

A. ±0.2mm B. ±0.3mm

C. ±0.5mm D. ±1.0mm

18. 关于裸母线连接紧固的说法，正确的是（   ）。

A. 必须采用规定的螺栓规格 B. 平置时螺栓应由上往下穿

C. 螺母侧可以不装弹簧垫圈 D. 连接紧固可采用套筒扳手

19. 关于并列安装的三相接闪器的说法，错误的是（   ）。

A. 三相中心应在同一直线上 B. 相间中心距离允许偏差为 10mm

C. 可以水平安装 D. 铭牌应位于易于观察的同一侧

20. 关于室外接地线安装的要求，正确的是（   ）。

A. 沟的深度不得小于 0.5m B. 接地线连接应采用焊接

C. 接地线应采用螺栓连接 D. 接地线应露出地面 0.3m

二 多项选择题

1. 下列工序中，属于隔离开关的安装工序有（   ）。

A. 开箱检查 B. 检查调整

C. 本体安装 D. 操作机构安装

E. 框架验收

2. 绝缘油经过滤处理后，注入设备前还需试验的内容有（   ）。

A. 击穿电压 B. 体积电阻率

C. 界面张力 D. 绝缘电阻值

E. 色谱分析

3. 真空断路器的交接试验内容包括（   ）。

A. 测量六氟化硫气体含水量 B. 测量断路器分合闸的时间

C. 测量每相导电回路的电阻 D. 测量断路器分合闸同期性

E. 测量断路器合闸时触头弹跳时间

4. 高压电气设备交接试验时注意的事项有（   ）。

A. 试验设备周围应装设遮拦并悬挂警示牌

B. 直流试验结束后应对设备进行多次放电

C. 设备交流耐压试验应在合闸状态下进行

D. 成套设备应分离开来单独进行耐压试验

E. 试验电压按 0.25 倍额定电压分阶段升高

5. 10kV 电动机绝缘电阻测试的合格要求包括（　　　）。

    A. 使用 2500V 摇表　　　　　　　B. 定子绕组绝缘电阻不小于 1MΩ/kV

    C. 使用 1000V 摇表　　　　　　　D. 转子绕组绝缘电阻不小于 0.5MΩ/kV

    E. 吸收比大于 1.3

6. 关于电杆检查的合格规定，正确的有（　　　）。

    A. 水泥电杆不能有横向裂纹

    B. 水泥电杆不应出现纵向裂纹

    C. 横向裂纹的宽度不超过 0.1mm

    D. 横向裂纹长度不超过电杆的 1/3 周长

    E. 杆长弯曲值不应超过杆长的 1/1000

7. 关于电缆敷设注意事项的说法，正确的有（　　　）。

    A. 电缆应在切断后 4h 之内进行封头

    B. 并联电缆的型号、规格相同

    C. 油浸电力电缆头可以不采用铅封

    D. 电缆终端处留有备用长度

    E. 有中间接头时宜将接头位置错开

8. 10kV 交联聚乙烯电力电缆施放前的试验内容包括（　　　）。

    A. 绝缘电阻测量　　　　　　　　B. 测量屏蔽层电阻

    C. 直流耐压试验　　　　　　　　D. 电缆绝缘油试验

    E. 泄漏电流测量

9. 关于母线安装的要求，正确的有（　　　）。

    A. 母线接触面应涂以电力复合脂

    B. 母线的弯曲应采用冷弯

    C. 母线螺孔中心误差允许值为 0.5mm

    D. 螺栓两侧均应有弹簧垫圈

    E. 母线连接处不能进行锉磨加工

10. 关于接闪器并列安装的说法，正确的有（　　　）。

    A. 接闪器三相中心应在同一直线上

    B. 接闪器安装应垂直

    C. 相间中心距离允许偏差为 10mm

    D. 接闪器安装宜水平

    E. 铭牌应位于易于观察的同一侧

【答案与解析】

一、单项选择题

1. A；　　2. B；　　3. B；　　4. B；　　5. A；　　*6. C；　　7. B；　　8. A；

9. B；　　*10. A；　11. D；　*12. B；　*13. A；　14. D；　*15. D；　16. C；

*17. C；　18. A；　19. C；　　20. B

【解析】

6. 答案 C

GIS 设备可采用充高纯氮气（纯度为 99.999%）或抽真空来进行内部的净化和检漏。抽真空设备可采用带有逆止阀或电磁阀的抽真空机组或六氟化硫回收装置。充气管路、连接部件可用稀盐酸或稀碱冲洗，冲净后加热干燥。

GIS 设备充气时，应复检六氟化硫湿度，确认合格后方可使用。充气后，对设备密封、焊缝以及管路接头进行全面检漏，无泄漏为充装完毕。

10. 答案 A

1kV 及以下电动机使用 500～1000V 兆欧表，绝缘电阻值低于 1MΩ/kV 的；1kV 以上电动机使用 2500V 摇表，定子绕组绝缘电阻值低于 1MΩ/kV，转子绕组绝缘电阻值低于 0.5MΩ/kV，并做吸收比（R60/R15）试验，吸收比小于 1.3 的；电动机必须进行干燥处理。

12. 答案 B

导线连接要求：

（1）不同金属、不同规格、不同绞制方向的导线或架空地线严禁在一个耐张段内连接。

（2）导线或架空地线应使用配套接续管或耐张线夹进行连接。

（3）导线采用螺栓式耐张线夹或钳压管连接时，其试件应分别制作。应由具有资质的检测单位对试件进行连接后的握着强度试验，握着强度试验的试件不得少于 3 组。

（4）液压握着强度不得小于导线设计使用拉断力的 95%；螺栓式耐张线夹的握着强度不得小于导线设计使用拉断力的 90%；钳压管直线连接的握着强度不得小于导线设计使用拉断力的 95%。架空地线的连接强度应与导线相对应。

13. 答案 A

电缆排管埋地施工方法：开挖埋管法，非开挖埋管法：顶管（适用于钢管）、定向钻管（适用于热熔连接的塑料复合管）。

15. 答案 D

电力电缆的交接试验内容：测量绝缘电阻、交流耐压试验、测量直流电阻、直流耐压试验及泄漏电流测量、线路相位检查等。

17. 答案 C

母线钻孔的位置及孔径的大小和数量都必须符合规范规定；螺孔间中心距离误差允许为 ±0.5mm，螺孔直径不应大于螺栓直径 1mm。

二、多项选择题

1. A、B、C、D;   *2. A、B、C;   *3. B、C、D、E;   4. A、B、D;

*5. A、B、D、E;   *6. B、C、D、E;   7. A、B、D、E;   8. A、C、E;

9. A、B、C;   *10. A、B、C、E

【解析】

2. 答案 A、B、C

绝缘油的试验项目包括外状、水溶性酸值、闪点、水含量、界面张力、介质损耗因数、击穿电压、体积电阻率、油中含气量、油中颗粒度限值等。

3. 答案 B、C、D、E

真空断路器的交接试验内容：测量绝缘电阻，测量每相导电回路电阻，交流耐压试验，测量断路器的分合闸时间，测量断路器的分合闸同期性，测量断路器合闸时触头弹跳时间，测量断路器的分合闸线圈绝缘电阻及直流电阻，测量断路器操动机构试验。

5. 答案 A、B、D、E

1kV 以上电动机使用 2500V 摇表，定子绕组绝缘电阻不应小于 1MΩ/kV，转子绕组绝缘电阻不应小于 0.5MΩ/kV，并做吸收比（R60/R15）试验，吸收比大于 1.3。

6. 答案 B、C、D、E

水泥电杆材料要求：表面光洁平整，内外壁厚度均匀，不应有露筋、跑浆现象；水泥电杆按规定检查时，不应出现纵向裂纹，横向裂纹的宽度不应超过 0.1mm，长度不应超过电杆的 1/3 周长；杆长弯曲值不应超过杆长的 1/1000。

10. 答案 A、B、C、E

并列安装的接闪器三相中心应在同一直线上，相间中心距离允许偏差为 10mm；铭牌应位于易于观察的同一侧。接闪器安装应垂直，其垂直度应符合制造厂的要求。

4.4 自动化仪表工程安装技术

复习要点

主要内容： 自动化仪表设备与管线施工技术；自动化仪表系统调试要求。

知识点 1. 自动化仪表施工的原则

先土建后安装；先地下后地上；先安装设备再配管布线；先两端后中间。

知识点 2. 自动化仪表安装施工程序

取源部件安装→仪表设备单体校验、安装→仪表线路安装→仪表管道安装→脱脂→仪表系统试验→工程交接验收。

知识点 3. 自动化仪表安装内容

（1）仪表设备安装。

（2）仪表线路、管道安装。

（3）中央控制设备安装。

（4）交接验收。

知识点 4. 自动化仪表取源部件的安装要求

（1）取源部件安装的一般规定。

（2）温度取源部件的安装要求。

（3）压力取源部件安装要求。

（4）流量取源部件安装要求。

（5）物位取源部件的安装要求。

（6）分析取源部件的安装要求。

知识点 5. 自动化仪表设备安装要求

（1）温度检测仪表安装。

（2）压力检测仪表安装。

（3）流量检测仪表安装。

（4）物位检测仪表安装。

（5）成分分析和物性检测仪表安装。

知识点 6. 自动化仪表线路安装要求

（1）电缆导管安装。

（2）线缆及光缆敷设。

知识点 7. 自动化仪表管道安装要求

（1）测量管道安装。

（2）气动信号管道。

（3）气源管道。

（4）液压管道。

知识点 8. 自动化仪表系统调试要求

（1）单台仪表的校准和试验。

（2）仪表电源设备的试验。

（3）综合控制系统的试验。

（4）回路试验和系统试验。

一 单项选择题

1. 仪表调校应遵循的原则，正确的是（　　　）。

    A. 先校验后取证　　　　　　　B. 先单校后联校

    C. 先复杂回路后单回路　　　　D. 先网络后单点

2. 关于在氧气管道上安装压力取源部件的说法，正确的是（　　　）。

    A. 取压点的方位应在管道的下半部

    B. 取源部件不得参与管道脱脂工序

    C. 安装取源部件不应在焊缝上开孔

    D. 在压力试验后开孔安装取源部件

3. 料面计安装完成后，进行校准时模拟的参数是（　　　）。

    A. 液位　　　　　　　　　　　B. 物位

    C. 料位　　　　　　　　　　　D. 水位

4. 仪表工程具备交接验收的条件，是开通后连续正常运行（　　　）。

    A. 72h　　　　　　　　　　　B. 48h

    C. 36h　　　　　　　　　　　D. 24h

5. 温度取源部件正确的安装位置是（　　　）。

    A. 介质温度变化灵敏的地方　　B. 阀门部件的附近

    C. 振动较大的地方　　　　　　D. 孔板的下游附近

6. 物位取源部件的安装位置，除考虑物位变化灵敏外，还应考虑（　　　）。

A. 检测元件固定牢靠   B. 介质流束呈现死角

C. 振动较大   D. 检测元件不受物料冲击

7. 温度取源部件与管道呈倾斜角度安装时，取源部件轴线与管道轴线应（   ）。

A. 垂直   B. 相交

C. 重合   D. 平行

8. 压力取源部件与温度取源部件在同一管段上时，压力取源部件应安装在温度取源部件的（   ）。

A. 上游侧   B. 下游侧

C. 相邻位置   D. 0.5m 以内

9. 插入深度大于1m的测温元件安装在易受被测物料强烈冲击的位置时，还应采取的措施是（   ）。

A. 防高温   B. 防磨损

C. 防振动   D. 防弯曲

10. 在水平管道上安装分析取源部件时，与其安装方位要求相同的点是（   ）。

A. 压力取源部件的取压点   B. 温度取源部件的取温点

C. 流量取源部件的层流点   D. 液位取源部件的液位点

11. 作为确定可燃气体检测器和有毒气体检测器的安装位置依据的气体特性参数，正确的是（   ）。

A. 压力   B. 密度

C. 燃点   D. 温度

12. 温度取源部件在合金管道拐弯处安装时，错误的是（   ）。

A. 在防腐、衬里、吹扫和压力试验前安装

B. 用机械加工方法开孔

C. 逆着物料流向安装

D. 取源部件轴线与管道轴线垂直相交

13. 分析取源部件取样点周围应是（   ）。

A. 紊流区   B. 层流区

C. 涡流区   D. 非生产过程的化学反应区

14. 电源设备的带电部分与金属外壳之间的绝缘电阻最小值应满足（   ）。

A. 50MΩ   B. 10MΩ

C. 5MΩ   D. 0.5MΩ

15. 关于仪表管道安装要求的说法，错误的是（   ）。

A. 埋地敷设中的仪表管道应先试压和进行防腐处理

B. 埋地敷设的仪表管道在连接时必须采用焊接

C. 仪表管道的接头不应敷设在穿墙保护套管内

D. 测量压差的正、负压管应在不同的温度位置

16. 气动信号管道设置中间接头时，应采用的接头方式是（   ）。

A. 卡套式   B. 焊接式

C. 螺纹式   D. 铰接式

1. 关于自动化仪表安装的说法，正确的有（　　）。

    A．涡轮流量计的信号线应使用屏蔽线

    B．自动化仪表的接线盒引入口宜朝上

    C．节流件必须在管道吹洗前进行安装

    D．仪表绝缘电阻测量时应有防止电子元件被损坏的措施

    E．在易受被测物料强烈冲击的位置，应采取防弯曲措施

2. 工艺管道必须在取源部件开孔安装后施工的工序有（　　）。

    A．压力试验   B．预制

    C．防腐   D．衬里

    E．吹扫

3. 自动化仪表调校应遵循的原则有（　　）。

    A．先取证后校验   B．先单校后联校

    C．先就地后中央   D．先单点后网络

    E．先单回路后复杂回路

4. 浮筒式液位计的校准方法包括（　　）。

    A．干校法   B．电阻法

    C．湿校法   D．正校法

    E．反校法

5. 就地仪表安装位置的要求有（　　）。

    A．无腐蚀性气体   B．操作和维护方便

    C．无强电磁场干扰   D．能真实反映输入变量的位置

    E．仪表的中心距操作地面的高度宜为 1.6～1.8m

6. 关于分析取源部件的安装位置，正确的有（　　）。

    A．压力稳定   B．周围有层流、涡流

    C．取得有代表性的分析样品   D．能灵敏反映真实成分变化

    E．附近有非生产过程的化学反应

7. 下列自动化仪表调试要求，正确的是（　　）。

    A．仪表安装前的校准和试验可在室外进行

    B．仪表回路试验的电源宜由正式电源供给

    C．仪表回路试验的气源应由正式气源供给

    D．用于仪表校准的标准仪器应有计量检定合格证明

    E．试验标准仪器准确度应比被校准仪表高一个等级

8. 气动信号管采用的材质包括（　　）。

    A．紫铜   B．不锈钢

    C．合金钢   D．聚乙烯

    E．尼龙

【答案与解析】

一、单项选择题

*1. B；   2. C；   3. B；   4. B；   5. A；   6. D；   *7. B；   8. A；

9. D；   10. A；   11. B；   *12. D；   13. A；   14. C；   15. D；   16. A

【解析】

1. 答案 B

必须取得仪表校验资格证才能校验仪表，其校验结果才能被认可。而整个系统的回路分成若干个小的系统，针对每一个小的系统进行测试，最终完成整个系统的回路测试。当每个点的测试都合格，那么在进行网络测试时就能更快捷地判断出是哪一条网络连线的故障，提高工作效率。

7. 答案 B

本题考核温度取源部件与管道安装要求。温度取源部件与管道垂直安装时，取源部件轴线应与管道轴线垂直相交；在管道的拐弯处安装时，宜逆着物料流向，取源部件轴线应与管道轴线相重合；与管道呈倾斜角度安装时，宜逆着物料流向，取源部件轴线应与管道轴线相交。

12. 答案 D

取源部件安装的一般规定：安装取源部件的开孔与焊接必须在工艺管道或设备的防腐、衬里、吹扫和压力试验前进行。在高压、合金钢、有色金属的工艺管道和设备上开孔时，应采用机械加工的方法。温度取源部件安装要求：温度取源部件与管道垂直安装时，取源部件轴线应与管道轴线垂直相交；在管道的拐弯处安装时，宜逆着物料流向，取源部件轴线应与管道轴线相重合；与管道呈倾斜角度安装时，宜逆着物料流向，取源部件轴线应与管道轴线相交。所以正确选项为 D。

二、多项选择题

1. A、D、E；   2. A、C、D、E；   3. A、B、D、E；   4. A、C；

*5. A、B、C、D；   6. A、C、D；   7. B、D、E；   8. A、B、D、E

【解析】

5. 答案 A、B、C、D

就地仪表的安装位置应按设计文件规定施工。当设计文件未具体明确时，应符合下列要求：光线充足，操作和维护方便；仪表的中心距操作地面的高度宜为 1.2～1.5m；显示仪表应安装在便于观察示值的位置；仪表不应安装在有振动、潮湿、易受机械损伤、有强电磁场干扰、高温、温度变化剧烈和有腐蚀性气体的位置；检测元件应安装在能真实反映输入变量的位置。

4.5　防腐蚀与绝热工程施工技术

复习要点

主要内容： 防腐蚀工程施工技术；绝热工程施工技术。

知识点 1. 防腐蚀方法

介质处理、涂料涂层、金属涂层、电化学保护、衬里、缓蚀剂。

知识点 2. 防腐蚀施工技术

（1）表面处理的方法及技术要点。

（2）涂装施工技术要点。

知识点 3. 衬里施工

（1）水泥砂浆衬里。

（2）橡胶衬里。

（3）块材衬里。

知识点 4. 绝热层施工技术要求

厚度、宽度、接缝、捆扎、缠绕、铺覆的施工要求。

知识点 5. 防潮层施工技术要点

（1）胶泥涂抹结构。

（2）玻璃纤维布复合胶泥涂抹结构。

（3）聚氨酯或聚氯乙烯卷材结构。

知识点 6. 保护层施工技术要求

（1）金属保护层（设备、管道）施工技术要求。

（2）非金属保护层施工技术要求。

一 单项选择题

1. 关于防腐工程中介质处理的说法，错误的是（　　）。

   A．除去介质中促进腐蚀的有害成分

   B．调节介质的 pH 值

   C．改变介质的湿度

   D．改变介质的稠度

2. 防腐蚀的覆盖层常采用的形式不包括（　　）。

   A．涂料涂层　　　　　　　　B．金属涂层

   C．隔热保温层　　　　　　　D．衬里

3. 宜选择采用阳极保护技术的金属设备是（　　）。

   A．储罐　　　　　　　　　　B．蒸汽管网

   C．硫酸设备　　　　　　　　D．石油管道

4. 不适宜作金属热喷涂热源的是（　　）。

   A．电弧　　　　　　　　　　B．等离子弧

   C．过热蒸汽　　　　　　　　D．燃烧火焰

5. 关于绝热层施工的做法，正确的是（　　）。

   A．保温层厚度达到 60mm，应分为两层逐层施工

   B．保冷层厚度达到 80mm 时，应分为两层逐层施工

   C．保温层采用硬质制品的拼缝宽度不应大于 15mm

D．保冷层采用半硬质制品的拼缝宽度不应大于 5mm

6．保温施工伸缩缝留设的做法，错误的是（　　）。

A．两固定管架间水平管道绝热层可不留设伸缩缝

B．立式设备应在支承件下面留设保温层伸缩缝

C．直管段长度较小时应根据介质温度确定伸缩缝

D．管道保温结构伸缩缝留设的宽度宜为 20mm

7．设备保冷施工的做法，错误的是（　　）。

A．保冷设备裙座、支座必须进行保冷

B．保冷设备裙座保冷层敷设至垫块处

C．保冷层厚度应为邻近保冷层厚度的 1/2

D．设备裙座里侧可不进行保冷

8．管道绝热保护层施工，做法正确的是（　　）。

A．水平管道金属保护层的环向接缝应沿管道坡向逆水搭接

B．水平管道金属保护层纵向接缝宜布置在水平中心线正上方

C．管道金属保护层采用金属抱箍固定时，间距宜为 250～300mm

D．垂直主管保护层应插入水平支管保护层开口内

9．锅炉给水的除氧其防腐蚀方法属于（　　）。

A．介质处理　　　　　　　　　　B．覆盖层

C．电化学保护　　　　　　　　　D．添加缓蚀剂

10．外防腐层补口补伤施工后进行的工序是（　　）。

A．组对和焊接施工　　　　　　　B．管段无损探伤试验

C．管段严密性试验　　　　　　　D．水泥砂浆衬里施工

11．管道采用加热硫化橡胶衬里时，其要求不包括（　　）。

A．加热工艺　　　　　　　　　　B．硫化温度

C．冷却速度　　　　　　　　　　D．硫化时间

12．采用捆扎法将软质绝热材料捆扎在管道上，捆扎间距应为（　　）。

A．400mm　　　　　　　　　　B．300mm

C．250mm　　　　　　　　　　D．200mm

13．酸洗液中溶入铁的含量不超过（　　）。

A．40%　　　　　　　　　　　　B．30%

C．20%　　　　　　　　　　　　D．10%

14．下列质量等级中，属于工具除锈质量等级的是（　　）。

A．Sa3 级　　　　　　　　　　　B．Sa2 级

C．Sa1 级　　　　　　　　　　　D．St2 级

15．防腐前，焊缝表面处理正确的有（　　）。

A．可用防腐层覆盖焊缝夹渣

B．焊缝高度应小于 2mm 且平滑过渡

C．焊缝毛刺有助于防腐层的附着

D．棱角不得打磨

16. 涂料产品的质量证明文件内容，不包括（　　）。

A．产品质量合格证　　　　　　B．产品配方文件

C．质量的检测方法　　　　　　D．材料检测报告

17. 关于涂料施工的说法，错误的是（　　）。

A．温度宜为 5～40℃　　　　　B．基体表面温度比露点温度高 3℃

C．相对湿度小于 85%　　　　　D．前后两遍间隔时间应小于 2h

18. 使用硬质绝热制品施工的水平管道保冷结构，下列要求正确的是（　　）。

A．保冷层拼缝宽度宜为 5mm　　B．同层保冷结构拼缝应对齐

C．上下层保冷结构应压缝　　　　D．纵缝应在管道中心线位置

19. 管道保冷层的伸缩缝，不符合技术要求的是（　　）。

A．应采用软质绝热制品填塞严密

B．挤入发泡型粘结剂

C．外面用 50mm 宽不干性胶带密封

D．伸缩缝不进行保冷

20. 采用玻璃纤维布复合胶泥涂抹结构施工防潮层，错误的是（　　）。

A．垂直管道的环向接缝应为上下搭接施工

B．水平管道的纵向搭接缝应在管道的两侧

C．环向和纵向缝的搭接宽度不应小于 50mm

D．待第一层胶泥干燥后再涂抹第二层胶泥

二　多项选择题

1. 防腐作业中，清理防腐面的工具处理等级有（　　）。

A．Sa1 级　　　　　　　　　　B．Sa2 级

C．Sa2.5 级　　　　　　　　　D．St2 级

E．St3 级

2. 防腐作业前对焊缝表面的处理要点，正确的有（　　）。

A．对接焊缝高度应小于或等于 2mm，并平滑过渡

B．设备接管部位的焊缝应饱满、圆滑，不得有毛刺

C．设备转角应将棱角打磨成锐角以增加涂料结合力

D．角焊缝的圆角部位和内角的焊接圆弧半径应满足要求

E．切除组装卡具时，不得损伤基体母材

3. 关于保温结构捆扎法施工的做法，正确的有（　　）。

A．对硬质绝热制品捆扎间距不应大于 600mm

B．对半硬质绝热制品捆扎间距不应大于 300mm

C．对软质绝热制品捆扎间距宜为 200mm

D．每块绝热制品上的捆扎件不得少于两道

E．不得采用螺旋式缠绕捆扎

4. 下列防潮层施工技术要求，正确的有（　　）。

A．室外施工不宜在雨雪天进行

B．室外施工宜在阳光暴晒中施工

C．防潮层外不得用钢丝捆扎

D．防潮层外不得用钢带捆扎

E．管道上的防潮层应连续施工

5．关于玻璃纤维布复合胶泥涂抹结构施工的做法，正确的有（　　　）。

A．立式设备的环向接缝应为上下搭接、缝口向下

B．垂直管道的环向接缝应为上下搭接、缝口向上

C．卧式设备的纵向接缝位置应在两侧搭接，并应缝口朝下

D．水平管道的纵向接缝位置应在两侧搭接，并应缝口朝上

E．玻璃纤维布环向、纵向缝的搭接宽度不应小于 50mm

6．保温结构金属保护层施工技术要求，正确的有（　　　）。

A．金属保护层的接缝可选用搭接、咬接等形式

B．保护层安装应紧贴保温层或防潮层

C．已安装的金属护壳具有强度，可以适量堆放物品

D．垂直设备金属保护层的敷设，应由下而上进行施工

E．垂直管道金属保护层的敷设，接缝应逆水搭接

7．采用覆盖层保护的防腐方式，主要有（　　　）。

A．阴极保护　　　　　　　　B．涂料涂层

C．金属涂层　　　　　　　　D．衬里

E．加缓蚀剂

8．一般情况下，可作为衬里使用的金属有（　　　）。

A．铅　　　　　　　　　　　B．钛

C．铜　　　　　　　　　　　D．铝

E．镁

9．属于金属防腐前表面化学处理的有（　　　）。

A．浸泡脱脂　　　　　　　　B．喷射除锈

C．喷淋脱脂　　　　　　　　D．铬酸盐钝化

E．磷酸盐磷化

10．金属表面喷射处理质量等级有（　　　）。

A．Sa1 级　　　　　　　　　B．Sa1.5 级

C．Sa2 级　　　　　　　　　D．Sa2.5 级

E．Sa3 级

【答案与解析】

一、单项选择题

*1. D；　2. C；　3. C；　4. C；　5. B；　6. A；　7. D；　8. C；

9. A；　10. D；　11. C；　12. D；　13. D；　14. D；　15. B；　16. B；

17. A；　　18. C；　　19. D；　　20. B

【解析】

1. 答案 D

介质处理的内容包括：除去介质中促进腐蚀的有害成分、调节介质的 pH 值、改变介质的湿度，因为不符合规定的介质中促进腐蚀的有害成分、介质的 pH 值及介质的湿度均可能对基体产生腐蚀，与改变介质的稠度关系甚微。故此题应选 D。

二、多项选择题

1. D、E；　　　　2. A、B、D、E；　3. B、C、D、E；　4. A、C、D、E；

5. A、C、E；　　*6. A、B、D；　7. B、C、D；　　8. A、B、C、D；

9. A、B、C；　　　10. A、C、D、E

【解析】

6. 答案 A、B、D

金属保护层搭接的原则是"顺水"搭接，起到防止雨水灌入金属保护层内部的作用。垂直设备金属保护层的敷设，应由下而上进行施工，接缝顺水搭接。

4.6　石油化工设备安装技术

复习要点

主要内容：塔器设备安装技术；金属储罐制作与安装技术；设备钢结构的制作与安装技术。

知识点 1. 塔器设备到货验收

知识点 2. 塔器设备安装

整体安装，分段、分片到货塔器的现场组焊及安装。

知识点 3. 塔器设备耐压试验

（1）水压试验。

（2）气压试验。

知识点 4. 塔器内件安装、清洗、封闭和气密

知识点 5. 金属储罐制作

金属拱顶罐制作：底板、壁板、顶板、包边角钢的制作。

知识点 6. 金属储罐安装

（1）正装法安装：外搭脚手架正装法、内挂脚手架正装法、水浮正装法。

（2）倒装法安装：中心柱组装法、边柱倒装法（液压顶升、葫芦提升等）、充气顶升法和水浮顶升法。

知识点 7. 金属拱顶储油罐倒装法施工

知识点 8. 钢结构的制作

知识点 9. 钢结构安装

1. 塔器安装时的垫铁设置，正确的是（　　　）。
   A. 垫铁可不超过地脚螺栓中心
   B. 每组垫铁的块数不宜超过 7 块
   C. 垫铁组的高度可以小于 30mm
   D. 斜垫铁搭接不应小于 3/4 全长

2. 关于储罐充水试验规定的说法，错误的是（　　　）。
   A. 充水试验采用洁净水
   B. 试验水温不低于 5℃
   C. 充水试验的同时进行基础沉降观测
   D. 放水过程中应关闭透光孔

3. 关于塔器安装过程的说法，错误的是（　　　）。
   A. 调整垫铁使塔标高达到要求
   B. 分两次对称地拧紧地脚螺栓
   C. 可用 0.25kg 的小锤敲击垫铁组
   D. 48h 内进行垫铁层间点焊

4. 关于塔器二次灌浆的做法，错误的是（　　　）。
   A. 清理基础上的油污及焊药渣等杂物
   B. 用水充分浸润基础
   C. 采用与基础同一个等级的细石混凝土灌浆
   D. 充分捣实后进行面层抹平压光

5. 塔器水压试验，压力表设置错误的是（　　　）。
   A. 塔器最高与最低点各设置一块量程相同并经检定合格的压力表
   B. 设计压力大于等于 1.6MPa 时，压力表精度等级不低于 1.6 级
   C. 压力表量程不低于 1.5 倍且不高于 3 倍试验压力
   D. 压力表的直径不应小于 100mm

6. 关于塔器气压试验时的做法，错误的是（　　　）。
   A. 试压方案经审批且现场采取了相应的安全措施后才可进行气压试验
   B. 缓慢升至试验压力的 20% 且不超过 0.05MPa，保压时间为 5min
   C. 泄漏检查合格后，继续升压至试验压力的 50% 时观察有无异常现象
   D. 对所有焊接接头和连接部位进行全面检查

7. 钢制压力容器产品焊接试件的力学性能试验检验项目是（　　　）。
   A. 扭转试验　　　　　　　　　B. 射线检测
   C. 疲劳试验　　　　　　　　　D. 拉伸试验

8. 罐底与罐壁连接的角焊缝焊接，正确的是（　　　）。
   A. 先焊外侧环形角缝再焊内侧环形角缝
   B. 焊工集中一个区域施焊

C. 焊工相向进行分段焊接

D. 初层角焊缝采用分段退焊

9. 储罐焊接，正确的是（　　　）。

　　A. 罐底板铺设后，最后完成底板边缘板外侧 300mm 对接焊缝的焊接

　　B. 罐底与罐壁连接角焊缝应先焊外侧环形角缝，再焊内侧环形角缝

　　C. 拱顶焊接由拱顶中心向外分段退焊

　　D. 中幅板焊接时先焊长焊缝、后焊短焊缝

10. 钢结构的 H 型钢拼接的做法，正确的是（　　　）。

　　A. 翼缘板拼接缝和腹板拼接缝的间距，不宜小于 100mm

　　B. 翼缘板拼接长度不应小于 300mm

　　C. 腹板拼接宽度不应小于 200mm

　　D. H 型钢端头到拼接缝的长度不应小于 600mm

11. 高强度螺栓安装前，安装单位应进行（　　　）。

　　A. 贴合系数试验　　　　　　　　　B. 扭矩试验

　　C. 抗剪切系数试验　　　　　　　　D. 抗滑移系数试验

12. 储罐的严密性试验采用注水到设计要求的充水高度后应静止（　　　）。

　　A. 12h　　　　　　　　　　　　　　B. 24h

　　C. 36h　　　　　　　　　　　　　　D. 48h

13. 关于塔器现场组焊的说法，错误的是（　　　）。

　　A. 塔器的组焊可采用卧式组焊和立式组焊

　　B. 卧式组焊须设置滚轮架（托辊）等组装

　　C. 立式组焊可采用倒装法

　　D. 现场施焊的焊缝无损检测可在全部组焊完成后进行

14. 塔器水压试验之前必须完成的工作是（　　　）。

　　A. 塔盘安装　　　　　　　　　　　B. 塔保温

　　C. 塔防腐　　　　　　　　　　　　D. 内件支撑结构与塔体焊接的部分

15. 金属储罐安装方法，不正确的是（　　　）。

　　A. 外搭脚手架正装法　　　　　　　B. 内挂脚手架正装法

　　C. 液压提升倒装法　　　　　　　　D. 水浮倒装法

16. 金属储罐包边角钢预制后，用弦长为 2m 的弧形样板检查，间隙不大于（　　　）。

　　A. 2mm　　　　　　　　　　　　　B. 3mm

　　C. 5mm　　　　　　　　　　　　　D. 8mm

17. 倒装法进行储罐的施工，工序靠后的是（　　　）。

　　A. 基础验收　　　　　　　　　　　B. 底板安装

　　C. 顶层壁板安装　　　　　　　　　D. 第一层壁板安装

18. 金属拱顶储油罐倒装法施工罐底安装，不正确的是（　　　）。

　　A. 底板铺设前，底面应涂刷沥青防腐漆二道，每板留出边缘 50mm 不刷

　　B. 底板由外向中心铺设

　　C. 罐底板任意相邻两个焊接接头之间的距离不应小于 300mm

D．底板边缘板外侧 300mm 的对接焊缝应先行组焊并进行射线探伤检测

19．金属结构制作中，错误的是（　　　　）。

　　A．低合金结构钢在加热矫正后应自然冷却

　　B．低合金结构钢在温度低于 −16℃时不应进行冷矫正

　　C．矫正后的钢材表面，不应有明显的凹面或损伤

　　D．长焊缝采用分段退焊、跳焊法或多人对称焊接法焊接

20．钢结构高强度螺栓连接的要求，正确的是（　　　　）。

　　A．摩擦面采用手工砂轮打磨时，打磨方向应与受力方向平行

　　B．摩擦面打磨范围不应大于螺栓孔径的 2 倍

　　C．高强度大六角头螺栓连接副应由一个螺栓、一个螺母和两个垫圈组成

　　D．扭剪型高强度螺栓连接副应由一个螺栓、一个螺母和两个垫圈组成

二 多项选择题

1．分段到货的塔器，其组对安装方式主要有（　　　　）。

　　A．卧式组焊　　　　　　　　B．立式组焊

　　C．散装　　　　　　　　　　D．倒装

　　E．顶升法组对安装

2．塔器的到货状态主要有（　　　　）。

　　A．整体　　　　　　　　　　B．部件

　　C．分段　　　　　　　　　　D．分片

　　E．模块

3．塔器的"塔起灯亮"指在吊装前，以下应完成的工作有（　　　　）。

　　A．梯子平台安装　　　　　　B．照明灯具安装

　　C．塔盘安装　　　　　　　　D．附塔管线安装

　　E．防腐保温

4．塔器安装后的二次灌浆，说法正确的是（　　　　）。

　　A．灌浆前，清理基础　　　　B．用水充分浸润基础

　　C．灌浆应充分捣实　　　　　D．面层抹平压光

　　E．采用与基础同等级的灌浆料

5．下列垫铁设置符合规范的是（　　　　）。

　　A．塔类设备每组垫铁不宜超过 5 块

　　B．放置平垫铁时，薄的在底下，厚的在中间

　　C．斜垫铁应成对相向使用，搭接长度不应小于全长的 3/4

　　D．设备调平后，每组垫铁均应压紧

　　E．检查合格后，48h 内进行垫铁层间点焊

6．金属储罐的安装方法主要有（　　　　）。

　　A．外搭脚手架正装法　　　　B．内挂脚手架正装法

　　C．水浮正装法　　　　　　　D．倒装法

E．滑模法

7．金属浮顶罐充水试验的检验内容主要有（　　）。

A．罐壁强度　　　　　　　　B．浮顶升降试验

C．储罐容积　　　　　　　　D．排水管严密性

E．罐底严密性

8．关于金属结构制作要求，正确的有（　　）。

A．碳素结构钢在环境温度低于 −16℃时，不应进行冷弯曲

B．低合金结构钢在环境温度低于 −12℃时，不应进行冷矫正

C．碳素结构钢在加热矫正时，加热温度应为 700～800℃

D．低合金结构钢在加热矫正时最高温度严禁超过 800℃

E．低合金结构钢在加热矫正后应自然冷却

9．关于高强度螺栓连接紧固的说法，正确的有（　　）。

A．紧固用的扭矩扳手在使用前应校正

B．高强度螺栓安装的穿入方向应一致

C．高强度螺栓的拧紧宜在 24h 内完成

D．施拧宜由螺栓群一侧向另一侧拧紧

E．高强度螺栓的拧紧应一次完成终拧

10．塔器水压试验压力表的要求，正确的有（　　）。

A．在塔器最高与最低点且便于观察的位置，各设置一块压力表

B．两块压力表的量程应相同、校验合格且在校验有效期内

C．压力表精度不低于 2.5 级

D．压力表量程不低于 1.5 倍且不高于 3 倍试验压力

E．试验压力以装设在设备最低处的压力表读数为准

【答案与解析】

一、单项选择题

*1．D；　2．B；　*3．D；　4．C；　5．B；　6．B；　7．C；　8．D；

9．D；　10．D；　11．D；　12．D；　13．C；　14．D；　*15．D；　16．A；

17．D；　18．B；　19．B；　20．C

【解析】

1．答案 D

设置垫铁：设备每个地脚螺栓近旁至少设置一组垫铁，设置在加强筋下；每组垫铁的块数不宜超过 5 块，放置平垫铁时，厚的宜放在下面，薄的宜放在中间；斜垫铁应成对相向使用，搭接长度不应小于全长的 3/4；垫铁组高度宜为 30～80mm，平垫铁宜露出 10～30mm，斜垫铁宜露出 10～50mm；垫铁端面应露出设备底面外缘，垫铁组伸入设备底座底面的长度应超过设备地脚螺栓的中心；每组垫铁应放置整齐平稳，接触良好；设备调平后，每组垫铁均应压紧。

3. 答案 D

检查合格后，应在 24h 内进行垫铁层间点焊。因为塔器是户外安装，受日光照射、风载影响等，会产生轻微摇动，不及时固定调整好的垫铁，有产生误差的风险。

15. 答案 D

金属储罐的安装方法主要有正装法和倒装法两种，其中正装法主要有外搭脚手架正装法、内挂脚手架正装法、水浮正装法。

二、多项选择题

*1. A、B；　　　　2. A、C、D；　　　*3. A、B、D、E；　　4. A、B、C、D；

5. A、C、D；　　　6. A、B、C、D；　　　7. B、C、D；　　　8. A、B、C、E；

9. A、B、D、E；　　10. A、B、D

【解析】

1. 答案 A、B

分段、分片到货塔器的组焊可采用卧式组焊和立式组焊，其中卧式组焊须在组装场地搭设临时道木支墩或设置滚轮架（托辊）等组装胎具，将各段塔体组对焊接成整体，进行塔内固定件和其他配件安装焊接，并对现场施焊的焊缝进行无损检测和热处理（根据设计文件要求），然后按整体到货塔器安装就位；立式组焊是在基础上先安装下段，由下至上逐段组对焊接，现场施焊的焊缝的无损检测可在塔器各段全部组焊完成后进行。

3. 答案 A、B、D、E

由于起重设备的快速发展，起吊吨位越来越大，塔器设备普遍采用在地面完成水压试压、防腐保温、梯子平台安装、照明灯具安装、就地仪表安装、附塔管线安装、电缆保护套管安装等工作后，进行整体吊装就位，基本做到"塔起灯亮"。

4.7 发电设备安装技术

复习要点

主要内容： 锅炉与汽轮发电机设备安装技术；太阳能与风力发电设备安装技术。

知识点 1. 锅炉的主要设备

包括本体设备、燃烧设备和辅助设备，其中锅炉本体设备主要由锅和炉两大部分组成。

知识点 2. 汽包、水冷壁的结构及其作用

知识点 3. 锅炉系统主要设备的安装技术要求

基础检查放线；设备零部件验收；钢架安装；汽包、集箱安装；链条炉排安装；锅炉焊接受热面组合安装；锅炉水压试验等。

知识点 4. 电站锅炉主要设备的安装技术要求

知识点 5. 锅炉热态调试与试运行

烘炉、煮炉及化学清洗、蒸汽管路的冲洗与吹洗、锅炉试运行。

知识点 6. 汽轮机的分类和组成

汽轮机本体主要由静止部分和转动部分组成。

知识点 7. 发电机类型和组成

汽轮发电机主要由定子和转子两部分组成。

知识点 8. 汽轮机设备安装程序

基础和设备的验收、汽轮机本体的安装、其他系统安装。

知识点 9. 工业小型汽轮机的安装技术要求

整装和散装。整装汽轮机安装的施工重点及难点；工业小型汽轮机的一般程序；安装质量控制点和主要设备的安装技术要点。

知识点 10. 电站汽轮机的安装技术要求

低压缸组合安装和高、中压缸安装技术要点，轴系对轮中心找正的技术要点。

知识点 11. 发电机安装技术要求

发电机安装程序；主要设备的安装技术要点；定子吊装技术，转子穿装。

知识点 12. 太阳能发电设备的分类和组成

包括光伏发电、光热发电。光热发电又分为槽式光热发电、塔式光热发电。

知识点 13. 太阳能发电设备的安装程序

光伏发电设备的安装程序，塔式光热、槽式光热发电设备的安装程序。

知识点 14. 太阳能发电设备安装技术要求

光伏发电设备安装技术要求，塔式光热、槽式光热发电设备安装技术要求。

知识点 15. 风力发电设备安装技术要求

一 单项选择题

1. 热力发电厂中，汽轮机的作用是（　　）。
    A. 热能转变为电能　　　　　　B. 热能转变为机械能
    C. 机械能转变为电能　　　　　D. 机械能转变为热能

2. 汽轮机中属于静止部分的是（　　）。
    A. 主轴　　　　　　　　　　　B. 叶轮
    C. 止推盘　　　　　　　　　　D. 喷嘴组

3. 大型汽轮机发电机组轴系对轮中心找正时，应以（　　）为基准。
    A. 低压转子　　　　　　　　　B. 中压转子
    C. 高压转子　　　　　　　　　D. 电机转子

4. 汽轮机凝汽器内部管束进行穿管和连接的时间点是（　　）。
    A. 低压缸就位前　　　　　　　B. 低压缸就位后
    C. 低压加热器安装前　　　　　D. 凝汽器壳体管板安装前

5. 下列关于汽轮机汽缸扣盖安装技术要点的表述中，错误的是（　　）。
    A. 汽缸紧固一般采用冷紧
    B. 扣盖全程工作应连续进行，不得中断
    C. 试扣空缸要求在自由状态下 0.10mm 塞尺不入
    D. 正式扣盖之前应将内部零部件全部装齐后进行试扣

6. 汽轮机低压外下缸组合时，汽缸找中心的基准，目前多采用的方法是（　　）。

A. 激光法　　　　　　　　　　B. 拉钢丝法

C. 假轴法　　　　　　　　　　D. 转子法

7. 对于凝汽器组装完毕后进行灌水试验，下列说法错误的是（　　）。

A. 水侧应进行灌水试验

B. 维持 24h 无渗漏

C. 灌水试验完成后及时把水放净

D. 灌水试验高度宜在汽封洼窝以下 100mm

8. 整体到货的汽轮机高、中压缸，测量运输环节轴向和径向的定位尺寸，并以制造厂的装配记录校核，是在汽缸（　　）。

A. 进场前进行　　　　　　　　B. 就位前进行

C. 就位后进行　　　　　　　　D. 吊装前进行

9. 风力发电设备的安装程序中，机舱安装的紧后工序是（　　）。

A. 发电机安装　　　　　　　　B. 塔筒安装

C. 叶轮安装　　　　　　　　　D. 轮毂组合

10. 发电机设备安装的下述几个工序中，符合发电机安装一般程序的是（　　）。

A. 定子就位→定子及转子水压试验→发电机穿转子→氢冷器安装

B. 定子及转子水压试验→定子就位→发电机穿转子→氢冷器安装

C. 定子就位→定子及转子水压试验→氢冷器安装→发电机穿转子

D. 定子就位→发电机穿转子→定子及转子水压试验→氢冷器安装

11. 在锅炉系统安装程序中集箱安装的紧后工作是（　　）。

A. 汽包安装　　　　　　　　　B. 受热面的安装

C. 梯子平台安装　　　　　　　D. 燃烧器的安装

12. 锅炉钢架组件就位找正时，一般用水准仪检查大板梁的（　　）。

A. 中心位置　　　　　　　　　B. 垂直度

C. 挠度　　　　　　　　　　　D. 对角线

13. 锅炉汽包内部装置的安装，应在（　　）合格后进行。

A. 水压试验　　　　　　　　　B. 炉墙砌筑

C. 化学清洗　　　　　　　　　D. 绝热施工

14. 下列设备中，不属于光伏发电设备的是（　　）。

A. 汇流箱　　　　　　　　　　B. 逆变器

C. 变频器　　　　　　　　　　D. 电气设备

15. 下列关于锅炉受热面安装质量控制的说法，错误的是（　　）。

A. 水冷壁燃烧器喷口及吹灰孔应符合设计图纸要求

B. 受热面之间热膨胀间隙符合图纸要求并做出记录

C. 水冷壁、包墙管与刚性梁之间应保留一定量间隙

D. 管屏吊装时应有加固结构并用专用起吊工具吊装

16. 锅炉炉墙砌筑完毕后要进行烘炉，其目的是（　　）。

A. 在使用时不致损裂　　　　　B. 缩短使用时温升时间

C．避免受热面结垢而影响传热　　　D．清除锅内的铁锈、油脂和污垢

17．关于锅炉试运行的说法，错误的是（　　　）。

A．锅炉在煮炉前应完成试运行工作

B．锅炉在试运行启动时应缓慢升压

C．发现锅炉法兰有泄漏时及时处理

D．观察锅筒热膨胀及位移是否正常

18．锅炉整体水压试验压力是（　　　）。

A．过热器设计工作压力的 1.25 倍

B．汽包设计工作压力的 1.25 倍

C．省煤器设计工作压力的 1.25 倍

D．水冷壁设计工作压力的 1.25 倍

19．下列设备中，属于塔式光热发电设备的是（　　　）。

A．塔筒　　　　　　　　　　　　　B．定日镜

C．逆变器　　　　　　　　　　　　D．光伏组件

20．槽式光热发电设备驱动装置的旋转角度为（　　　）。

A．90°　　　　　　　　　　　　　 B．180°

C．120°　　　　　　　　　　　　　D．360°

二 多项选择题

1．汽轮机本体安装的主要内容包括（　　　）。

A．凝汽器的安装

B．汽缸的就位和找中

C．检查汽缸、转子、主汽阀等零部件

D．蒸汽管道吹扫、液压油系统冲洗

E．转子就位、通流间隙调整、上下汽缸闭合安装

2．汽轮机台板、汽缸、轴承座安装的质量控制点有（　　　）。

A．二次灌浆强度　　　　　　　　　B．垫铁安装位置合理

C．汽缸纵横中心线、标高　　　　　D．二次灌浆密实情况

E．油系统管道清洁、畅通

3．发电机由定子和转子两部分组成，其中定子主要的组成部分有（　　　）。

A．机座　　　　　　　　　　　　　B．端盖

C．护环　　　　　　　　　　　　　D．激磁绕组

E．定子铁芯

4．关于小型汽轮机转子安装技术要求的说法，正确的有（　　　）。

A．低压缸排汽口与凝汽器采用刚性中间连接段连接

B．转子安装可以分为转子吊装、转子测量和转子、汽缸找中心等

C．转子应进行轴颈圆度、圆柱度、水平度等的测量

D．汽轮机正式扣盖前应在内部零部件全部装齐后进行

E．转子吊装应使用由制造厂提供的专用横梁和吊索

5．发电机转子穿装，不同的机组有不同的穿转子方法，常用的方法有（　　　）。

A．滑道式方法　　　　　　　B．接轴方法

C．液压顶升方法　　　　　　D．用两台跑车的方法

E．用后轴承座作平衡重量的方法

6．锅炉本体设备主要由锅和炉两大部分组成，其中的"炉"包括（　　　）。

A．炉膛　　　　　　　　　　B．省煤器

C．预热器　　　　　　　　　D．燃烧器

E．烟道

7．汽包将锅炉各部分受热面连接在一起，其受热面设备包括（　　　）。

A．下降管　　　　　　　　　B．水冷壁

C．过热器　　　　　　　　　D．省煤器

E．预热器

8．水冷壁的主要作用包括（　　　）。

A．可以保护炉墙　　　　　　B．保证蒸汽品质

C．使烟气得到冷却　　　　　D．比采用对流管束节省钢材

E．吸收炉膛内的高温辐射热量以加热工质

9．锅炉在运行前，利用化学药剂进行煮炉的目的是（　　　）。

A．防止蒸汽品质恶化　　　　B．减轻受热面的自重

C．避免受热面被烧坏　　　　D．检查蒸汽管路是否泄漏

E．避免受热面结垢影响传热

10．下列属于槽式光热发电设备安装技术要求的是（　　　）。

A．吸热器管屏单面安装应不多于 2 组

B．定日镜镜面调整角度符合图纸设计要求

C．集热器旋转试验转动角度偏差在 10° 之内

D．集热器单元应达到设计旋转极限点 ±120°，误差值≤10°

E．驱动装置将集热器开口调整到 0° 位置时，测量倾斜高差值≤3mm

【答案与解析】

一、单项选择题

*1．B；　2．D；　3．A；　4．B；　5．C；　*6．B；　7．A；　*8．B；
9．A；　10．A；　11．B；　12．C；　13．C；　14．C；　15．C；　16．A；
*17．A；　18．B；　19．B；　20．C

【解析】

1．答案 B

热力发电厂就是由锅炉产生高压蒸汽通过管道输送到汽轮机，由蒸汽作动力推动叶轮高速旋转，这就是将热能转变为机械能。再通过轴带动发电机转子高速旋转而产生电磁感应，这就是将机械能转变为电能。

6.答案 B

低压缸组合时,汽缸找中心的基准可以用激光、拉钢丝、假轴、转子等。目前多采用拉钢丝法。根据题干"目前多采用"的提示,所以正确选项应为 B。

8.答案 B

汽轮机高、中压缸是整体到货,现场不需要组合装配。要保证安装后的高、中压缸与制造厂的装配精度,主要是缸内的转子的通流间隙不变。必须检查运输过程中是否引起装配精度的变化。吊装就位前是检查的恰当时机,B 是正确选项。而过早可能在检查之后还可能有移动或变化,过晚影响安装精度。检查的方式是测量运输环轴向和径向的定位尺寸,如果与制造厂的装配记录对照不变,说明检查缸内的转子在运输过程中没有移动,通流间隙不变。

17.答案 A

根据锅炉试运行的要求回答。烘、煮炉合格后,才能使水在锅炉内正常运行以及生成蒸汽,达到锅炉运行时的条件。锅炉试运行在煮炉前进行,锅炉内的铁锈、油脂、污垢和水垢未能清除,通水后锅炉受热面可能结垢而影响传热,甚至烧坏,是不对的。锅炉试运行必须是在烘、煮炉合格后进行。

二、多项选择题

*1. B、E;　　　　2. A、C、D;　　　*3. A、B、E;　　　*4. B、C、E;

5. A、B、D、E;　　6. A、C、D、E;　　*7. A、B、C、D;　　8. A、C、D、E;

9. A、C、E;　　　10. C、D、E

【解析】

1.答案 B、E

汽轮机本体安装包括:汽轮机本体的汽缸、台板和轴承座的就位,汽缸找中,内部套就位和找中,转子就位及联轴器找中心,滑销系统检查及安装,通流间隙调整,上下汽缸闭合安装,对汽缸几何尺寸、轴系中心、通流间隙、轴封间隙有影响的热力管道安装等。

3.答案 A、B、E

汽轮发电机主要由定子和转子两部分组成。发电机定子主要由机座、定子铁芯、定子绕组、端盖等部分组成;发电机转子主要由转子锻件、励磁绕组、护环、中心环和风扇等组成。

4.答案 B、C、E

工业小型汽轮机转子安装,分为转子吊装、转子测量和转子、汽缸找中等项目。因此凡超出这个范围的,均应视为错误选项。分析上述选项,选项 B 是说明转子安装的正确范围,选项 E 是转子吊装的具体要求,选项 C 是转子测量的项目,符合转子安装范围的规定。选项 A、D 不在该范围之内,是错误选项。

7.答案 A、B、C、D

锅炉的功能是把水变成高温高压蒸汽,则水通过省煤器加热进入汽包,再由下降管到下联箱,再由下联箱进入水冷壁管,受热后变成蒸汽回到汽包,经过汽包的汽水分离后,把蒸汽送到过热器过热成高温高压蒸汽。由水变成蒸汽的每个环节都是由汽包连接起来的。

4.8 冶炼设备安装技术

复习要点

主要内容： 炼铁与炼钢设备安装技术；轧机设备安装技术；炉窑砌筑施工技术。

知识点 1. 高炉炼铁设备

高炉本体、原料系统设备、送风系统设备、煤气系统设备、渣铁系统设备等。

知识点 2. 高炉炼铁设备安装

（1）高炉炉体框架安装。

（2）高炉炉壳安装。可采用正装法、倒装法、上部倒装和下部正装法、线外拼装整体滑移法等安装工艺。

（3）炉体冷却设备安装。

（4）风口装置安装。

（5）炉喉钢砖安装。

知识点 3. 转炉炼钢设备

（1）原料供应系统。

（2）吹炼、精炼与出钢系统。

（3）供氧系统。

（4）烟气净化与煤气回收系统。

知识点 4. 转炉设备安装程序

基础交接验收→基准线、点的设置→坐浆垫板设置→转炉支撑装置安装→托圈与轴承座装配→炉体安装就位→倾动装置安装→炉体附属管道配管→调整、试车。

知识点 5. 转炉设备安装方法

基础交接和验收；基准线、基准点的设置；垫板安设；转炉支撑装置安装找正；托圈与轴承座装配。炉壳现场组装和安装采用台车法或滑移法。

知识点 6. 轧机设备的组成

知识点 7. 轧钢机的分类

（1）轧机按用途分类。

（2）按轧辊在机座中的布置形式分类。

（3）按轧机布置形式分类。

（4）按轧机设备安装精度等级分类。

知识点 8. 轧机机架吊装

（1）行车吊装法。

（2）移动式起重机吊装法。

（3）专用起重装置吊装法。

知识点 9. 主机列设备安装程序

基础验收→基准点、线设置→垫板安装→轧机底座安装→机架安装→上下横梁安装→轧辊调整装置安装→轧辊平衡装置安装→换辊装置安装→轧机主传动装置安装→设备机体配管→二次灌浆→支撑辊、工作辊安装→试运行。

知识点 10. 主机列设备安装要求

知识点 11. 辅助设备安装要求

（1）卷取机、开卷机。

（2）剪切设备：钢坯剪切机、飞剪机。

知识点 12. 工业炉窑的分类

按其生产过程可分为两大类：动态炉窑和静态炉窑。

知识点 13. 炉窑砌筑前工序交接要求

炉窑的砌筑应经检查合格并签订交接证明书后，才可进行施工。

知识点 14. 炉窑砌筑工序交接证明书的内容

知识点 15. 炉窑砌筑工序交接技术要求

炉窑砌筑一般是工业炉窑系统工程中最后一道工序，在工序交接时，对上一工序及时进行质量检查验收并办理工序交接手续。

知识点 16. 动态炉窑的施工程序

（1）动态炉窑砌筑必须在炉窑单机无负荷试运行合格并验收后方可进行。

（2）动态炉窑施工程序：从热端向冷端（从低端向高端）→分段作业划线→选砖→配砖→锚固钉或托砖板焊接（若有）→隔热层铺设（若有）→灰浆泥调制（若是湿砌）→分段砌筑→分段修砖及锁砖→膨胀缝预留及填充（若有膨胀缝）。

知识点 17. 静态炉窑的施工程序

知识点 18. 耐火砖砌筑施工技术要求

（1）底和墙砌筑技术要求。

（2）拱和拱顶砌筑技术要求。

知识点 19. 耐火浇注料施工技术要求

耐火浇注料施工程序：材料检查验收→施工面清理→锚固钉焊接→模板制作安装→防水剂涂刷→浇注料搅拌→浇注并振捣→拆除模板→膨胀缝预留及填充→成品养护。

知识点 20. 耐火喷涂料施工技术要求

知识点 21. 耐火陶瓷纤维施工技术要求

耐火陶瓷纤维施工的主要方法：层铺法、叠铺法、层叠混合法及耐火纤维喷涂法。

知识点 22. 冬期施工的技术要求

砌筑应在供暖环境中进行。工作地点和砌体周围温度均不应低于5℃。耐火砖和预制块在砌筑前应预热至0℃以上。

知识点 23. 烘炉的技术要求

烘炉应在机电设备联合试运行及调整合格后进行。耐火浇注料内衬应该按规定养护后，才可进行烘炉。烘炉必须按烘炉曲线进行。

一　单项选择题

1. 高炉炼铁设备中，炉体框架属于（　　　）。

    A. 高炉本体设备　　　　　　B. 原料系统设备

    C. 煤气系统设备　　　　　　D. 渣铁系统设备

2. 高炉炉壳安装时，炉壳安装与框架安装同步进行的施工方案适用于（　　）。

    A．正装法　　　　　　　　　　　B．上部吊装和下部正装法

    C．倒装法　　　　　　　　　　　D．线外拼装整体滑移法

3. 关于高炉炉壳焊接的说法，错误的是（　　）。

    A．先焊内侧焊缝再焊外侧焊缝

    B．内外侧焊缝同时同向焊接

    C．先焊各带立焊缝、后焊横焊缝

    D．采用对称方向、多层多焊道、分段退焊的方法进行焊接

4. 高炉风口带水冷装置的大套、中套及小套安装前应进行的试验是（　　）。

    A．通球试验　　　　　　　　　　B．通水试验

    C．压力试验　　　　　　　　　　D．气密试验

5. 下列设备中，属于吹炼、精炼与出钢系统的设备是（　　）。

    A．烟气冷却设备　　　　　　　　B．转炉本体

    C．铁水预处理设备　　　　　　　D．氧枪

6. 转炉托圈水冷系统的水压试验压力是（　　）。

    A．1.25 倍工作压力　　　　　　　B．1.5 倍工作压力

    C．1.0 倍设计压力　　　　　　　D．0.6MPa

7. 转炉倾动装置切向键安装的常用方法是（　　）。

    A．液氮冷装法　　　　　　　　　B．压装法

    C．加热法　　　　　　　　　　　D．液氧冷装法

8. 轧机机架吊装方法中，不受机组行车、厂房结构等情况影响的是（　　）。

    A．行车单机吊装法　　　　　　　B．行车双机抬吊法

    C．移动式起重机吊装法　　　　　D．横向滑移液压顶升法

9. 轧机地脚螺栓常用的紧固方法是（　　）。

    A．热紧固法　　　　　　　　　　B．转角法

    C．定力矩法　　　　　　　　　　D．液压螺母拉伸法

10. 下列轧机中，属于按用途分类的是（　　）。

    A．单机架轧机　　　　　　　　　B．水平轧辊轧机

    C．钢管轧机　　　　　　　　　　D．半连续式轧机

11. 轧机机架垂直度的检查测量时，可选用的测量工具有（　　）。

    A．内径千分尺　　　　　　　　　B．游标卡尺

    C．钢板尺　　　　　　　　　　　D．外径千分尺

12. 冷轧带钢卷取机安装精度允许偏差分为Ⅰ级和Ⅱ级的根据是（　　）。

    A．卷取重量　　　　　　　　　　B．卷取速度

    C．卷取机的大小　　　　　　　　D．卷取机电机频率

13. 关于静态炉窑砌筑施工的说法，错误的是（　　）。

    A．砌筑的顺序必须自下而上进行　B．需要采用拱胎压紧固定

    C．起拱部位应从两侧向中间砌筑　D．必须进行无负荷试运行

14. 烘炉时，烘炉体前应先烘（　　）。

A. 烟囱及烟道　　　　　　　　　　B. 进风管道

C. 物料输入系统　　　　　　　　　　D. 物料输出系统

15. 炉底砌筑反拱底时，下列有关砌筑说法正确的是（　　　　）。

A. 从两侧向中心对称砌筑　　　　　B. 从拱脚向拱顶砌筑

C. 从低处向高处逐层砌筑　　　　　D. 从中心向两侧对称砌筑

16. 以下工业炉窑中，属于动态炉窑的是（　　　　）。

A. 水泥回转窑　　　　　　　　　　B. 焦炉炭化室

C. 锅炉燃烧室　　　　　　　　　　D. 玻璃蓄热室

二 多项选择题

1. 关于炉体冷却壁设备的安装，下列说法正确的是（　　　　）。

A. 安装前，须进行通球试验

B. 应进行压力试验，试验压力应为工作压力的 2 倍

C. 高炉内部冷却设备主要有冷却壁和冷却板

D. 合门冷却壁应最先安装

E. 焊接封罩后，再依次均匀紧固冷却壁的螺栓

2. 转炉炼钢设备的原料供应系统包括（　　　　）。

A. 铁水预处理　　　　　　　　　　B. 混铁炉

C. 铁水倒罐站　　　　　　　　　　D. 氧气管

E. 石灰供应设备

3. 转炉炉壳现场组装安装方法有（　　　　）。

A. 台车法　　　　　　　　　　　　B. 线外组装行车吊装就位法

C. 滑移法　　　　　　　　　　　　D. 大型起重机械吊装就位法

E. 液压滑移提升安装法

4. 轧钢设备中的运输设备包括（　　　　）。

A. 辊道　　　　　　　　　　　　　B. 升降台

C. 锯机　　　　　　　　　　　　　D. 拉钢机

E. 回转台

5. 下列轧机安装中，需满足 I 级精度要求的有（　　　　）。

A. 焊管轧机　　　　　　　　　　　B. 管材连轧机

C. 板带轧机　　　　　　　　　　　D. 中厚板成品轧机

E. 棒材轧机

6. 拱和拱顶的砌筑要点中，正确的有（　　　　）。

A. 可用加厚砖缝方法找平拱脚　　　B. 拱和拱顶的砖面应错缝砌筑

C. 锁砖深度不超过砖长度的 1/3　　D. 拱顶内锁砖砌入深度应一致

E. 跨度不同的拱和拱顶宜环砌

7. 耐火陶瓷纤维施工的主要方法有（　　　　）。

A. 层铺法　　　　　　　　　　　　B. 叠铺法

C. 层叠混合法　　　　　　　D. 干挂法

E. 耐火纤维喷涂法

8. 冬期施工期间水泥耐火浇注料可采用的养护方法有（　　　）。

A. 蓄热法　　　　　　　　　B. 干热法

C. 加热法　　　　　　　　　D. 蒸汽养护法

E. 负温养护法

【答案与解析】

一、单项选择题

*1. A;　　*2. A;　　*3. B;　　4. C;　　5. B;　　6. A;　　7. A;　　8. D;

9. D;　　10. C;　　11. A;　　12. B;　　*13. D;　　14. A;　　15. D;　　16. A

【解析】

1. 答案 A

高炉炼铁主要设备由高炉本体及原料系统、送风系统、煤气系统、渣铁系统设备组成。

（1）高炉本体设备包括：炉体框架、炉壳、冷却设备、炉喉钢砖、炉顶保护板、炉顶装料设备等主要部件。

（2）原料系统设备包括：矿槽设备、焦槽设备、中间料仓设备、料车上料设备、上料主皮带机等。

（3）送风系统设备包括：鼓风设备、热风炉设备、风口装置等。

（4）煤气系统设备包括：煤气除尘器设备、环缝洗涤塔设备等。

（5）渣铁系统设备包括：炉前设备、铸铁机、水力冲渣设备等。

2. 答案 A

本题考查的是高炉炉壳安装工艺。采用正装法时，炉壳安装与框架安装应同步进行。

3. 答案 B

本题考查的是高炉炉壳焊接。炉壳应先焊内侧焊缝再焊外侧焊缝，并应先焊各带立焊缝、后焊横焊缝。应由多名焊工均布圆周，采用对称方向、多层多焊道、分段退焊的方法进行焊接。

13. 答案 D

静态炉窑的施工程序与动态炉窑基本相同，不同之处是：不必进行无负荷试运行；砌筑顺序必须自下而上进行；起拱部位应从两侧向中间砌筑，并需采用拱胎压紧固定，锁砖完成后，拆除拱胎。

二、多项选择题

1. A、C;　　　　2. A、B、C、E;　　3. A、C;　　　　4. A、B、D;

*5. B、C、D、E;　　*6. B、D、E;　　7. A、B、C、E;　　8. A、C

5. 答案 B、C、D、E

按轧机设备安装精度等级可分为Ⅰ、Ⅱ两级：Ⅰ级精度项目应包含板带轧机、粗轧与精轧的带材连轧机、平整机、管材连轧机、高速线材轧机、棒材轧机、型材连轧机、中厚板成品轧机等；Ⅱ级精度项目应包含开坯机、钢坯轧机、穿孔机、焊管轧机等。

6. 答案 B、D、E

拱和拱顶砌筑：

（1）拱脚表面应平整，不得用加厚砖缝的方法找平拱脚；拱脚砖应紧靠拱脚梁砌筑。

（2）拱和拱顶的砖面应错缝砌筑，并应沿纵向缝拉线砌筑，保持砖面平直。拱或拱顶上部找平层的加工砖，可用相应材质的耐火浇注料代替。

（3）跨度不同的拱和拱顶宜环砌，且环砌拱和拱顶的砖环应保持平整垂直。拱和拱顶必须从两侧拱脚同时向中心对称砌筑。

（4）锁砖应按拱和拱顶的中心线对称均匀分布。锁砖砌入拱和拱顶内的深度宜为砖长的 2/3～3/4，拱和拱顶内锁砖砌入深度应一致。

第2篇　机电工程相关法规与标准

第5章　相关法规

5.1　计量的规定

复习要点

　　主要内容： 施工计量器具的管理规定；施工计量器具的使用要求。

　　知识点1. 建立计量器具管理制度

　　知识点2. 计量器具选择

　　知识点3. 实施计量器具检定

　　知识点4. 分类管理计量器具

　　知识点5. A类计量器具

　　（1）A类计量器具范围。

　　（2）A类计量器具管理办法。

　　知识点6. B类计量器具

　　（1）B类计量器具范围：用于工艺控制、质量检测及物资管理的计量器具。

　　（2）B类计量器具管理办法。

　　知识点7. C类计量器具

　　（1）C类计量器具范围。

　　（2）C类计量器具管理办法。

　　知识点8. 施工现场计量器具管理程序

　　计量器具的管理程序：收集信息→确定所需器具计划→确定购置、租赁计划→采购、租赁、验收→送检→入库、建档、保管→发到班组→调校及使用→现场检测、对比→退库、保管→第二次使用。

　　知识点9. 项目部对计量器具的管理

　　（1）施工现场计量器具的使用要求。

　　（2）施工现场计量器具的保管、维护和保养制度。

　　（3）计量器具使用人员的要求。

　　知识点10. 施工计量器具检定划分

　　（1）强制检定。

　　（2）非强制检定。

　　（3）施工计量器具检定范畴。

　　知识点11. 施工计量器具管理基本要求

知识点 12. 施工计量器具使用的管理规定

知识点 13. 施工计量器具的等级与检定标记

（1）计量器具检定印、证包括的内容。

（2）检定或校准证书的信息。

（3）计量器具准确度等级。

一 单项选择题

1.《中华人民共和国计量法》是实施计量监督管理的（   ）。

    A．标准   B．规范

    C．最高准则   D．基本法规

2. 工作计量器具中的精密天平可用于（   ）。

    A．贸易结算   B．安全防护

    C．医疗卫生   D．环境监测

3. 下列工作计量器具中，属于非强制检定的是（   ）。

    A．兆欧表   B．声级计

    C．电压表   D．绝缘电阻表

4. 强制检定与非强制检定均属于（   ）。

    A．重要检定   B．最高检定

    C．常用检定   D．法制检定

5. 施工企业使用强制检定的计量器具，应向指定的计量检定机构申请（   ）。

    A．后续检定   B．使用检定

    C．周期检定   D．仲裁检定

6. 计量器具级别的确定是根据（   ）。

    A．示值误差大小   B．扩展不确定大小

    C．器具类型   D．检测内容

7. 计量器具经检定机构检定，证明计量器具不符合有关法定要求出具的文件是（   ）。

    A．检定证书   B．检定结果通知书

    C．封印标记   D．钳印

8. 下列计量器具中，属于企业最高计量标准器具的是（   ）。

    A．水平仪检具   B．焊接检验尺

    C．超声波测厚仪   D．直流电位差计

9. 计量器具的选择应与工程项目的（   ）相适应。

    A．施工进度   B．施工成本

    C．施工方法   D．施工安全

10. 施工企业使用的 A 类计量器具只包括（   ）的计量器具。

    A．用于工艺控制   B．用于量值传递

    C．用于质量检测   D．用于物资管理

11. 计量器具修理委托的单位应取得（　　　）。
   A. 修理计量器具许可证　　　　　B. 授权
   C. 计量器具合格供应方　　　　　D. 计量器具修理资质

12. 施工企业租用的计量器具，应附带该设备有效期内的（　　　）。
   A. 批准生产编号　　　　　　　　B. 出厂合格证
   C. 检定合格印　　　　　　　　　D. 生产许可证标志

13. 计量检测设备应有明显的（　　　）标志，标明计量器具所处的状态。
   A. "可用""禁用""储存"　　　　B. "合格""禁用""保存"
   C. "可用""禁用""封存"　　　　D. "合格""禁用""封存"

14. 重新启用被封存的计量检测设备，必须（　　　）方可使用。
   A. 确认其有合格证后　　　　　　B. 经检定合格后
   C. 经主管领导同意后　　　　　　D. 确认封存前是合格的

15. 根据施工方案对检测器具的施工需要，编制检测器具配备计划书的单位是
（　　　）。
   A. 施工单位　　　　　　　　　　B. 项目部
   C. 建设单位　　　　　　　　　　D. 监理单位

16. 在实际使用中，安排每种计量器具检定周期的依据是（　　　）。
   A. 计量检定规程　　　　　　　　B. 设计制造要求
   C. 计量器具种类　　　　　　　　D. 计量精度等级

17. 非强制检定的计量器具未经检定的以及经检定不合格继续使用的处以罚款和
（　　　）。
   A. 责令停止使用　　　　　　　　B. 没收检定印、证
   C. 没收计量器具　　　　　　　　D. 追究刑事责任

18. 下列钢卷尺中，在设备定位放线中必须进行校准的是（　　　）。
   A. 1m 钢卷尺　　　　　　　　　B. 2m 钢卷尺
   C. 3m 钢卷尺　　　　　　　　　D. 5m 钢卷尺

19. 企业中心试验室无权检定的 B 类计量器具可（　　　）。
   A. 请计量检定人员来施工现场进行校验
   B. 提交社会法定计量检定机构就近检定
   C. 由仓库管理人员验证合格后发放使用
   D. 由企业计量管理人员到现场检查检定

20. 施工单位所选用的计量器具必须具有产品合格证或（　　　）。
   A. 制造许可证　　　　　　　　　B. 产品说明书
   C. 技术鉴定书　　　　　　　　　D. 使用规范

二　多项选择题

1. 依法实施强制检定的工作计量器具是用于（　　　）。
   A. 环境监测　　　　　　　　　　B. 医疗卫生

C．贸易结算　　　　　　　　　D．安全防护

E．建筑安装

2．下列属于环境监测的工作计量器具是（　　　）。

A．血压计　　　　　　　　　　B．噪声声级计

C．接地电阻仪　　　　　　　　D．声级频谱仪

E．用电计量装置

3．下列计量器具中，计量器具不得流入工作岗位的有（　　　）。

A．精度低的　　　　　　　　　B．等级低的

C．未经检定的　　　　　　　　D．经检定不合格的

E．超过检定周期的

4．工程项目部执行所属企业有关计量器具的管理制度中的内容有（　　　）。

A．借用　　　　　　　　　　　B．操作

C．保养　　　　　　　　　　　D．搬运

E．出售

5．评定计量器具的性能和质量是否符合法定要求的检定印、证有（　　　）。

A．检定证书　　　　　　　　　B．检定结果通知书

C．检定标记　　　　　　　　　D．检定规程

E．检定项目

6．下列施工计量器具中，属于 B 类计量器具范围的有（　　　）。

A．与设备配套的计量器具　　　B．5m 钢卷尺

C．水准仪　　　　　　　　　　D．经纬仪

E．焊接检验尺

7．下列施工计量器具中，属于 C 类计量器具的有（　　　）。

A．游标塞尺　　　　　　　　　B．弯尺

C．钢直尺　　　　　　　　　　D．压力表

E．温度计

8．新购入的钢卷尺必须有（　　　）。

A．CMC 计量器具生产许可证标志　B．批准生产编号

C．尺盒应无残缺　　　　　　　D．出厂合格证

E．生产日期

9．施工现场需管理的计量器具范围包括（　　　）。

A．企业自有的计量器具　　　　B．项目部租用的计量器具

C．由建设方提供的计量器具　　D．分包方自带的计量器具

E．检测单位的计量器具

10．计量器具检定印、证的内容不包括（　　　）。

A．检定证书　　　　　　　　　B．不合格通知书

C．合格通知书　　　　　　　　D．检定标记

E．封印标记

【答案与解析】

1. C;　　2. C;　　*3. C;　　4. D;　　5. C;　　6. A;　　*7. D;　　*8. A;

9. C;　　10. B;　　11. A;　　12. C;　　13. D;　　*14. B;　　15. B;　　*16. A;

17. A;　　18. D;　　*19. B;　　20. C

【解析】

3. 答案 C

施工计量器具的检定范畴，属于强制检定范畴的是：用于贸易结算、安全防护、医疗卫生、环境监测等方面；被列入《中华人民共和国强制检定的工作计量器具目录》的工作计量器具，如用电计量装置、兆欧表、绝缘电阻表、接地电阻测量仪、声级计等。除列入强制检定的计量器具外，都属于非强制检定的范围，如电压表、电流表、电阻表等。

7. 答案 D

计量器具检定印、证包括的内容：

（1）检定证书：证明计量器具已经过检定，并符合相关法定要求的文件。

（2）不合格通知书（检定结果通知书）：说明计量器具被发现不符合或不再符合相关法定要求的文件。

（3）检定标记：施加于测量仪器上证明其已经检定并符合要求的标记。

（4）封印标记：用于防止对测量仪器进行任何未经授权的修改、再调整或拆除部件等的标记。

8. 答案 A

A 类计量器具范围：一级平晶、零级刀口尺、水平仪检具、直角尺检具、百分尺检具、百分表检具、千分表检具、自准直仪、立式光学计、标准活塞式压力计等。

14. 答案 B

检测器具应分类存放、标识清楚，针对不同要求采取相应的防护措施，如防火、防潮、防振、防尘、防腐、防外磁场干扰等，确保其处于良好的技术状态。封存的计量器具重新启用时，必须经检定合格后，方可使用。

16. 答案 A

计量器具投入使用后，就进入依法使用的阶段。为保证使用中的计量器具的量值准确可靠，施工单位应严格按照《中华人民共和国计量法》相关规定进行检定，并根据计量检定规程，结合实际使用情况，合理安排好每种计量器具的检定周期。

19. 答案 B

B 类计量器具可由工程项目部按《计量器具管理目录》规定，送交所属企业中心试验室定期检定校准。中心试验室无权检定的项目，可提交社会法定计量检定机构就近检定。

二、多项选择题

*1. A、B、C、D;　　2. B、D;　　3. C、D、E;　　*4. B、C、D;

5. A、B、C;　　*6. B、C、D、E;　　*7. A、B、C、D;　　*8. A、B、C、D;

9. A、B、C;　　10. A、D、E

【解析】

1. 答案 A、B、C、D

强制检定是指计量标准与工作计量器具必须按检定周期送由法定或授权的计量检定机构检定。强制检定的计量器具范围有：

（1）社会公用计量标准器具。

（2）部门和企业、事业单位使用的最高计量标准器具。

（3）用于贸易结算、安全防护、医疗卫生、环境监测等方面的列入计量器具强制检定的工作计量器具。

4. 答案 B、C、D

计量器具是施工中判断安装质量是否符合规定的重要工具，直接影响工程质量。工程项目部应认真执行所属企业有关计量器具的使用、操作、管理、保养、搬运和储存的控制程序和管理制度，保证所承揽工程在施工中所获得的检测数值或结果都是符合相关规定或要求且准确无误的，为工程产品质量符合规定要求提供必要的保证和有效的证据。

6. 答案 B、C、D、E

B 类计量器具范围：用于工艺控制、质量检测及物资管理的计量器具。如：卡尺、千分尺、百分尺、千分表、水平仪、直角尺、塞尺、水准仪、经纬仪、焊接检验尺、超声波测厚仪、5m 以上（不含 5m）卷尺；温度计、温度指示仪；压力表、测力计、转速表、衡器、硬度计、材料试验机、天平；电压表、电流表、欧姆表、电功率表、功率因数表；电桥、电阻箱、检流计、万用表、标准电阻箱、校验信号发生器；示波器、图示仪、直流电位差计、超声波探伤仪、分光光度计等。

7. 答案 A、B、C、D

C 类计量器具范围：（1）计量性能稳定，量值不易改变，低值易耗且使用要求精度不高的计量器具。如：钢直尺、弯尺、5m 以下的钢卷尺等。（2）与设备配套，平时不允许拆装指示用计量器具。如：电压表、电流表、压力表等。（3）非标准计量器具。如：垂直检测尺、游标塞尺、对角检测尺、内外角检测尺等。

8. 答案 A、B、C、D

按计量器具管理办法，新购入的钢卷尺属于 C 类计量器具。对新购入的钢卷尺，按规定必须有 CMC 计量器具生产许可证标志及批准生产编号；备有出厂合格证；钢卷尺的尺盒或尺带上有标明制造厂（或厂商）、全长和型号；尺带两边必须平滑，不得有锋口或毛刺，分度线均匀明晰，不得有垂线现象，尺盒应无残缺等。

5.2 建设用电及施工的规定

复习要点

主要内容： 建设用电的规定；电力设施保护区施工作业的规定。

知识点 1. 新装、增容与变更用电规定

任何单位需新装用电或增加用电容量、变更用电都必须事先到供电企业用电营业场所提出申请，办理手续。

知识点2．用户办理用电手续的规定

工程项目的用电申请由承建单位负责或仅施工临时用电由承建单位负责申请，则施工总承包单位需携带建设项目受电工程设计文件和有关资料，到工程所在地管辖的供电部门，依法按程序、制度和收费标准办理用电申请手续。

知识点3．用电计量装置使用规定

用电计量装置的量值指示是电费结算的主要依据；用电计量装置的设计应征得当地供电部门认可；供电企业在新装、换装及现场校验后应对用电计量装置加封，并请用户在工作凭证上签章。

知识点4．用电计量与电费计收规定

临时用电的用户，应安装用电计量装置。用电计量装置原则上应装在供电设施的产权分界处。

知识点5．用电安全规定

用户用电不得危害供电、用电安全和扰乱供电、用电秩序。

知识点6．临时用电的安全管理

包括临时用电的准用程序、临时用电施工组织设计的编制、临时用电的检查验收、临时用电安全技术要求等方面的内容。

知识点7．电力设施保护主体

电力设施保护的主体有：电力管理部门、公安部门、电力企业等。

知识点8．电力设施保护主体的职责

知识点9．发电设施、变电设施的保护范围

发电厂、变电站、换流站、开关站等厂、站内的设施；站外各种专用的设施及其有关辅助设施；发电厂使用的通信设施及其有关辅助设施。

知识点10．电力线路设施的保护范围

架空电力线路、电力电缆线路、电力线路上的电器设备、电力调度设施。

知识点11．电力线路保护区

架空电力线路保护区、电力电缆线路保护区。

知识点12．电力设施保护范围和保护区内作业准许规定

在电力电缆沟内禁止同时埋设其他管道；不得在距电力设施周围500m范围内（指水平距离）进行爆破作业；不得取土的范围、取土的坡度等。

知识点13．电力设施保护区内或附近施工作业的要求

认真进行图纸会审、编制施工方案。

一 单项选择题

1．供电企业的用电营业机构统一归口办理用户的（　　）。

    A．用电安全检查   B．用电计划制订

    C．用电维修人员审定   D．用电申请和报装接电工作

2．用户办理申请用电手续时要明确双方的（　　）。

    A．用电时间界限   B．维护检修界限

C．用电区域管理界限　　　　　　D．用电设备使用界限

3．施工单位应协助业主向当地电业部门（　　　）。

   A．申请用电许可　　　　　　　　B．申报用电方案

   C．申报用电额度　　　　　　　　D．申请用电安全评审

4．临时用电安全技术档案的建立与管理应由（　　　）负责。

   A．项目主管经理　　　　　　　　B．现场档案管理人员

   C．现场安全监督人员　　　　　　D．主管现场的电气技术人员

5．施工用电转入建设项目电力设施供电，总承包单位应及时向供电部门办理（　　　）。

   A．变更用电手续　　　　　　　　B．新装用电手续

   C．终止用电手续　　　　　　　　D．总承包单位正式用电手续

6．总承包单位用自备电源（柴油发电机组）时，总承包单位应（　　　）。

   A．上报供电部门备案　　　　　　B．通过有关专家评定

   C．告知供电部门并征得同意　　　D．确保自备电源工作安全可靠

7．用电计量装置原则上应装在供电设施的（　　　）。

   A．公共位置　　　　　　　　　　B．高压用户侧

   C．产权分界处　　　　　　　　　D．用户商定的位置

8．用于电力线路上的电器设备是（　　　）。

   A．金具　　　　　　　　　　　　B．集箱

   C．叶栅　　　　　　　　　　　　D．断路器

9．破坏电力设施或哄抢、盗窃电力设施器材的案件由（　　　）负责依法查处。

   A．公安部门　　　　　　　　　　B．甲方安保部门

   C．行政主管部门　　　　　　　　D．电力管理部门

10．在依法划定的电力设施保护区内进行可能危及电力设施安全的作业必须（　　　）方可进行作业。

   A．设置标志牌后

   B．采取相应安全措施后

   C．经电力管理部门批准后

   D．经电力管理部门批准并采取安全措施后

11．未经批准在电力设施保护范围和保护区内作业的，责令其停止作业的部门是（　　　）。

   A．电力管理部门　　　　　　　　B．安全管理部门

   C．当地司法部门　　　　　　　　D．当地公安部门

12．高压供电方案以及低压供电方案的有效期分别为（　　　）。

   A．1年、3个月　　　　　　　　B．1年、6个月

   C．1.5年、3个月　　　　　　　D．2年、3个月

13．下列文件中，不属于受电工程设计及说明书的是（　　　）。

   A．用电负荷分布图　　　　　　　B．隐蔽工程设计资料

   C．配电网络布置图　　　　　　　D．安全用具试验报告

14．向供电企业提供工程竣工报告的内容不包括（　　　）。

A．隐蔽工程的施工记录　　　　B．设计单位资质证明材料

C．隐蔽工程的试验记录　　　　D．试验单位资质证明材料

15．施工现场临时供电系统的相导体截面面积为 50mm² 时，保护接地导体的最小截面面积应为（　　　）。

A．10mm²

B．16mm²

C．25mm²

D．35mm²

二　多项选择题

1．用户申请用电时，应向供电企业提供用电工程项目批准的资料包括（　　　）。

A．电力用途　　　　　　　　　B．用电性质

C．用电路径　　　　　　　　　D．用电规划

E．用电设备清单

2．《中华人民共和国电力法》对用电计量装置的使用规定有（　　　）。

A．用电计量装置由授权的检定机构进行检定合格

B．用电计量装置的设计应征得当地供电部门认可

C．施工单位安装的用电计量装置由供电部门确认

D．用户在新装及现场校验后对用电计量装置加封

E．用电计量装置应由供电企业在工作凭证上签章

3．临时用电施工组织设计的主要内容包括（　　　）。

A．用电工程总平面图　　　　　B．配电装置布置图

C．配电系统接线图　　　　　　D．制定安全用电措施

E．编制用电经费预算

4．临时用电工程的检查验收，正确的说法是（　　　）。

A．临时用电工程应定期检查

B．临时用电工程必须由技术人员施工

C．检查情况应做好记录，并由相关人员签字确认

D．临时用电工程安装完毕，由相关部门组织检查验收

E．临时用电工程安全技术档案由资料员建立并保管

5．在电力设施保护区内进行大件吊装，要摸清周边电力设施实情的有（　　　）。

A．地下电缆的位置　　　　　　B．地下电缆的标高

C．空中架空线路的高度　　　　D．空中架空线路的电压等级

E．该电力保护区的主管单位

6．制定在电力设施保护区内安装作业的施工方案前，应摸清周边情况的有（　　　）。

A．地质情况　　　　　　　　　B．架空线路的高度

C．爆破点离设施的距离　　　　D．架空线路的电压等级

E．地下电缆的位置和标高

7．关于杆塔周围禁止取土的说法，正确的有（　　　）。

A．35kV 禁止取土范围为 3m　　B．110kV 禁止取土范围为 4m

C．220kV 禁止取土范围为 5m　　　D．330kV 禁止取土范围为 6m

E．500kV 禁止取土范围为 8m

8. 用户需变更用电时，应事先提出申请，并携带有关证明文件，到供电企业用电营业场所办理手续，变更供用电合同。符合变更用电的规定有（　　）。

A．改变用电类别　　　　　　　　B．增加三级配电箱

C．变更用户的名称　　　　　　　D．暂时停止全部用电并拆表

E．停止全部受电设施用电容量

【答案与解析】

一、单项选择题

1．D；　　2．B；　　3．B；　　4．D；　　5．C；　　6．C；　　*7．C；　　*8．D；

9．A；　　10．D；　　11．A；　　12．A；　　13．D；　　14．B；　　*15．C

【解析】

7．答案 C

用电计量装置原则上应装在供电设施的产权分界处。如产权分界处不适宜装表的，对专线供电的高压用户，可在供电变压器出口装表计量；对公用线路供电的高压用户，可在用户受电装置的低压侧计量。当用电计量装置不安装在产权分界处时，线路与变压器损耗的有功与无功电量均须由产权所有者负担。

8．答案 D

电力线路上的电器设备有：变压器、电容器、电抗器、断路器、隔离开关、避雷器、互感器、熔断器、计量仪表装置、配电室、箱式变电站及其有关辅助设施。

15．答案 C

TN–S 供电系统中，保护接地导体（PE）应与中性导体（N）分开敷设。保护接地导体（PE）材质与相导体（L）、中性导体（N）材质相同时，其最小截面面积应符合表 5–1 的规定。

表 5–1　保护接地导体（PE）最小截面面积

相导体截面面积 S（mm^2）	保护接地导体最小截面面积（mm^2）
$S < 25$	S
$25 \leqslant S \leqslant 50$	25
$S > 50$	$S/2$

二、多项选择题

*1．A、B、D、E；　　*2．A、B、C；　　*3．A、B、C、D；　　4．A、C；

5．A、B、C、D；　　6．B、C、D、E；　　7．C、E；　　　　8．A、C、D、E

【解析】

1．答案 A、B、D、E

用户申请新装或增加用电时，应向供电企业提供用电工程项目批准的文件及有关用

电资料。包括用电地点、电力用途、用电性质、用电设备、用电设备清单、用电负荷、保安电力、用电规划等，并依照供电企业规定如实填写用电申请书及办理所需手续。

2. 答案 A、B、C

《中华人民共和国电力法》对用电计量装置的使用规定：

（1）用电计量装置的量值指示是电费结算的主要依据，依照有关法规规定，该装置属于强制检定范畴，应由省级计量行政主管部门依法授权的检定机构进行检定合格，方为有效。

（2）用电计量装置的设计应征得当地供电部门认可，施工单位应严格按施工设计图纸进行安装，并符合相关现行国家标准或规范。安装完毕应由供电部门检查确认。

（3）供电企业在新装、换装及现场校验后应对用电计量装置加封，并请用户在工作凭证上签章。

3. 答案 A、B、C、D

临时用电施工组织设计的主要内容：

（1）临时用电应编制临时用电施工组织设计，或编制安全用电技术措施和电气防火措施。

（2）临时用电施工组织设计应由电气工程技术人员组织编制，项目部技术负责人审核，经相关部门审核及具有法人资质的企业技术负责人批准后实施。

（3）临时用电施工组织设计的主要内容应包括：现场勘测；确定电源进线、变电所、配电室、配电装置、用电设备位置及线路走向；进行负荷计算；选择变压器；设计配电系统：设计配电线路，选择导线或电缆，设计配电装置、选择电器，设计接地装置；绘制临时用电工程图纸，包括用电工程总平面图、配电装置布置图、配电系统接线图、接地装置设计图；设计防雷装置；确定防护措施；制定安全用电措施和电气防火措施。

5.3 特种设备的规定

复习要点

主要内容： 特种设备的分类；特种设备制造、安装、改造维修及许可的规定。

知识点 1. 特种设备

特种设备是指对人身和财产安全有较大危险性的锅炉、压力容器（含气瓶）、压力管道、电梯、起重机械、客运索道、大型游乐设施、场（厂）内专用机动车辆，以及法律、行政法规规定的其他特种设备。

知识点 2. 特种设备种类

锅炉、压力容器、压力管道、电梯、起重机械、客运索道、大型游乐设施、压力管道元件、安全附件、场（厂）内专用机动车辆。

知识点 3. 锅炉的定义及界定范围

知识点 4. 压力容器的定义及界定范围

知识点 5. 压力管道的定义及界定范围

特种设备生产（包括设计、制造、安装、改造、修理）实行许可制度。

特种设备安装、改造、维修的施工单位应当在施工前将拟进行的特种设备安装、改造、维修情况书面告知直辖市或者设区的市的特种设备安全监督管理部门，告知后即可施工。

一 单项选择题

1. 下列设备中，属于承压类特种设备的是（　　　）。

   A. 公用燃气管道　　　　　　　B. 原油储罐

   C. 循环水管道　　　　　　　　D. 大型 LNG 罐

2. 下列特种设备安装，不需要单独申请安装许可的是（　　　）。

   A. 客运索道　　　　　　　　　B. 门式起重机

   C. 城市热力管道　　　　　　　D. 固定式压力容器

3. 特种设备的生产包括（　　　）。

   A. 使用　　　　　　　　　　　B. 设计

   C. 检验　　　　　　　　　　　D. 检测

4. 下列特种设备安装资质中，可进行 GC2 级压力管道施工的是（　　　）。

   A. GA2　　　　　　　　　　　B. GB2

   C. GB1　　　　　　　　　　　D. GCD

5. 下列特种设备安装资质中，可进行 GCD 级压力管道施工的是（　　　）。

   A. GC1　　　　　　　　　　　B. GC2

   C. A 级锅炉　　　　　　　　　D. B 级锅炉

6. 压力容器本体中的主要受压元件，包括（　　　）。

   A. DN200 法兰　　　　　　　　B. DN150 接管

C. M36 及以上螺栓　　　　　　　D. 换热器管板 M25 连接螺栓

7. 下列管道中，属于 GB2 的是（　　　）。

    A. 城市燃气管道　　　　　　　B. 厂区动力管道

    C. 工艺制冷管道　　　　　　　D. 城市热力管道

8. 下列特种设备安装资质中，可进行压力容器安装的是（　　　）。

    A. 电梯　　　　　　　　　　　B. 起重机械

    C. 锅炉　　　　　　　　　　　D. 游乐设施

9. 下列特种设备作业，无须取得许可的是（　　　）。

    A. 车用气瓶充装　　　　　　　B. 电梯安装

    C. 城市热力管道　　　　　　　D. 客运索道安装

10. 从事 200t 以上起重机械安装的公司，其特种设备安装许可证的发证单位是
（　　　）。

    A. 国家局　　　　　　　　　　B. 省局

    C. 县局　　　　　　　　　　　D. 市局

11. 下列起重机械中，不按特种设备进行监管的是（　　　）。

    A. 全地面起重机　　　　　　　B. 轮胎起重机

    C. 履带起重机　　　　　　　　D. 桅杆起重机

12. 对电梯质量以及安全运行涉及的质量问题的负责单位是（　　　）。

    A. 电梯制造单位　　　　　　　B. 电梯安装单位

    C. 电梯使用单位　　　　　　　D. 电梯维护单位

13. 高耗能特种设备在进行技术资料移交时，还应当提交有关的（　　　）。

    A. 安全技术要求　　　　　　　B. 质量管理要求

    C. 能效测试报告　　　　　　　D. 节能运行报告

14. 特种设备安装单位应当具备的条件中不包括（　　　）。

    A. 法定资质　　　　　　　　　B. 生产速度

    C. 技术能力　　　　　　　　　D. 资源条件

15. 由省级市场监督管理部门实施许可的是（　　　）。

    A. 长输管道安装（GA1）　　　B. 压力容器设计

    C. 工业管道安装（GC1）　　　D. 超高压容器制造

16. 下列管道中，属于 GCD 类管道的是（　　　）。

    A. 动力管道　　　　　　　　　B. 公用管道

    C. 工业管道　　　　　　　　　D. 长输管道

17. 关于省内跨市长输管道施工告知的说法，正确的是（　　　）。

    A. 向省级质量技术监督部门告知

    B. 向市级特种设备安全监督管理部门告知

    C. 向管线穿越的市级特种设备安全监督管理部门告知

    D. 向国家市场监督管理总局告知

18. 关于省外跨市长输管道施工告知的说法，正确的是（　　　）。

    A. 向施工单位所在地省级特种设备监督管理部门告知

B．向管线穿越的省级特种设备安全监督管理部门告知

C．向国家市场监督管理总局告知

D．向管线穿越的市级特种设备安全监督管理部门告知

19．取得 A2 级压力容器制造许可的单位可制造（　　　）。

    A．第一类压力容器　　　　　　　　B．高压容器

    C．超高压容器　　　　　　　　　　D．球形储罐

20．下列施工内容中，不属于特种设备监督检验范围的是（　　　）。

    A．电梯设备安装　　　　　　　　　B．起重机械安装

    C．压力管道安装　　　　　　　　　D．锅炉风道改造

二 多项选择题

1．压力容器的类别包括（　　　）。

    A．固定式压力容器　　　　　　　　B．移动式压力容器

    C．撬装式承压系统　　　　　　　　D．气瓶

    E．氧舱

2．按照安装许可类别划分，压力管道安装许可包括（　　　）。

    A．长输管道　　　　　　　　　　　B．地下管道

    C．工业管道　　　　　　　　　　　D．公用管道

    E．动力管道

3．特种设备的制造、安装、改造单位应当具备的条件包括（　　　）。

    A．建立并且有效实施与许可范围相适应的质量保证体系

    B．有相适应的充足的资金

    C．具有法定资质

    D．有相适应的制造施工业绩

    E．具有保障特种设备安全性能的技术能力

4．特种设备安装单位在施工前进行书面告知时，应提交的材料有（　　　）。

    A．特种设备安装改造维修告知书　　B．工程合同

    C．三年内的经营财务状况　　　　　D．安装改造维修监督检验约请书

    E．加盖单位公章的特种设备许可证的复印件

5．电梯制造单位委托其他单位进行电梯安装的，制造单位应对委托单位的安装活动进行安全指导和监控，具体工作内容包括（　　　）。

    A．检查　　　　　　　　　　　　　B．调试

    C．校验　　　　　　　　　　　　　D．部件抽查

    E．施工人员资格审查

6．特种设备出厂移交的安全技术档案中应包括（　　　）。

    A．特种设备的设计文件　　　　　　B．产品质量合格证明

    C．监督检验证明文件　　　　　　　D．安装技术文件和资料

    E．特种设备的日常维护保养记录

7. 特种设备的生产包括（　　）。

　　A. 设计　　　　　　　　　　　B. 制造

　　C. 安装　　　　　　　　　　　D. 改造

　　E. 检验

8. 下列特种设备安装资质中，可进行 GC2 级压力管道施工的有（　　）。

　　A. GC1　　　　　　　　　　　B. 锅炉 A 级

　　C. GB1　　　　　　　　　　　D. 锅炉 B 级

　　E. GCD

9. 下列特种设备安装资质中，可进行固定式压力容器安装的有（　　）。

　　A. 锅炉安装 A 级　　　　　　　B. 电梯安装 B 级

　　C. 压力容器安装 1 级　　　　　D. 起重机械安装 A 级

　　E. GC2 级压力管道安装

10. 下列特种设备生产许可中，由国家市场监督管理总局实施的项目有（　　）。

　　A. 锅炉安装 A 级　　　　　　　B. 压力管道设计 GA1 级

　　C. 压力容器制造 A6 级　　　　　D. 压力管道安装 GA1 级

　　E. 压力管道安装 GC1 级

【答案与解析】

一、单项选择题

1. A；　　2. D；　　3. B；　　4. D；　　5. C；　　*6. C；　　7. D；　　8. C；

9. A；　　10. B；　　*11. A；　　12. A；　　13. C；　　14. B；　　15. C；　　16. D；

17. A；　　18. C；　　19. A；　　20. D

【解析】

6. 答案 C

压力容器本体中的主要受压元件，包括筒节（含变径段）、球壳板、非圆形容器的壳板、封头、平盖、膨胀节、设备法兰，热交换器的管板和换热管，M36 及以上螺栓以及公称直径大于或等于 250mm 的接管和管法兰等。

11. 答案 A

全地面起重机属于流动式起重机，因特种设备目录中取消了"流动式起重机"，按特种设备目录管理的要求，流动式起重机不纳入特种设备管理范畴。

二、多项选择题

1. A、B、D、E；　　2. A、C、D；　　3. A、C、E；　　*4. A、E；

*5. B、C；　　6. A、B、C、D；　　7. A、B、C、D；　　*8. A、B、D、E；

*9. A、E；　　10. C、D

【解析】

4. 答案 A、E

根据质检总局办公厅《关于进一步规范特种设备安装改造维修告知工作的通知》（质检办特函〔2013〕684 号），施工单位办理特种设备安装改造维修告知，只需填写"特种设备安装改造维修告知书"，提交给办理使用登记的特种设备安全监督管理部门，同时抄送给实施监督检验的特种设备检验机构。接收告知的特种设备安全监督管理部门不得要求施工单位补充告知书内容以外的其他信息，不得要求提供除特种设备许可证书复印件以外的其他材料。所以办理特种设备安装告知只需提供"特种设备安装改造维修告知书"及加盖单位公章的特种设备许可证的复印件。

5．答案 B、C

电梯的安装、改造、修理，必须由电梯制造单位或者其委托的依照《中华人民共和国特种设备安全法》取得相应许可的单位进行。电梯制造单位委托其他单位进行电梯安装、改造、修理的，应当对其安装、改造、修理活动进行安全指导和监控，并按照安全技术规范的要求对电梯进行校验和调试。电梯制造单位对校验和调试的结果、电梯安全性能负责。

8．答案 A、B、D、E

根据特种设备的许可级别的覆盖规定：A 级、B 级锅炉安装均覆盖 GC2 级压力管道安装；GC1 级、GCD 级覆盖 GC2 级。所以正确选项为 A、B、D、E。

9．答案 A、E

固定式压力容器的安装不单独许可，选项 C 错误。任一级别安装资格的锅炉安装单位或压力管道安装单位均可进行压力容器的安装，所以选项 A、E 正确。选项 B、D 与题干无关。

第6章 相 关 标 准

6.1 建筑机电工程设计与施工标准

微信扫一扫
在线做题+答疑

复习要点

主要内容： 建筑电气及智能化系统工程、建筑给水排水与供暖工程、通风与空调工程、消防和人防工程设计与施工标准。

知识点1. 建筑电气及智能系统工程设计标准有关内容

《建筑电气与智能化通用规范》GB 55024—2022、《民用建筑电气设计标准》GB 51348—2019、《建筑照明设计标准》GB/T 50034—2024、《入侵报警系统工程设计规范》GB 50394—2007、《智能建筑设计标准》GB 50314—2015 的有关条款内容。

知识点2. 建筑电气及智能系统工程施工标准有关内容

《建筑电气工程施工质量验收规范》GB 50303—2015、《智能建筑工程质量验收规范》GB 50339—2013 的有关条款内容。

知识点3. 建筑给水排水与供暖工程设计标准有关内容

《建筑给水排水与节水通用规范》GB 55020—2021、《建筑给水排水设计标准》GB 50015—2019 的有关条款内容。

知识点4. 建筑给水排水与供暖工程施工标准有关内容

《建筑给水排水与节水通用规范》GB 55020—2021、《建筑给水排水及采暖工程施工质量验收规范》GB 50242—2002、《绿色建筑评价标准（2024 年版）》GB/T 50378—2019、《装配式建筑评价标准》GB/T 51129—2017 的有关条款内容。

知识点5. 通风与空调工程设计标准有关内容

《民用建筑供暖通风与空气调节设计规范》GB 50736—2012、《锅炉房设计标准》GB 50041—2020、《建筑碳排放计算标准》GB/T 51366—2019 的有关条款内容。

知识点6. 通风与空调工程施工标准有关内容

《通风与空调工程施工规范》GB 50738—2011、《建筑节能与可再生能源利用通用规范》GB 55015—2021 的有关条款内容。

知识点7. 消防和人防工程设计标准有关内容

《建筑防火通用规范》GB 55037—2022、《消防设施通用规范》GB 55036—2022、《人民防空工程设计规范》GB 50225—2005 的有关条款内容。

知识点8. 消防和人防工程施工标准有关内容

《建筑防火通用规范》GB 55037—2022、《火灾自动报警系统施工及验收标准》GB 50166—2019、《自动喷水灭火系统施工及验收规范》GB 50261—2017、《气体灭火系统施工及验收规范》GB 50263—2007、《人民防空工程施工及验收规范》GB 50134—2004 的有关条款内容。

单项选择题

1. 关于供配电系统设计的说法，正确的是（　　）。

    A．应急电源与非应急电源之间，可以并列运行

    B．消防和非消防负荷可以共用柴油发电机组

    C．多层建筑的低压配电系统不宜采用放射式

    D．备用电源可低于用电设备供电容量的要求

2. 建筑周界设置入侵探测器时，每个独立防区的最大长度是（　　）。

    A．100m　　　　　　　　　　B．300m

    C．200m　　　　　　　　　　D．400m

3. 装配式建筑的装配率评分项不包括（　　）。

    A．主体结构　　　　　　　　B．围护墙和内隔墙

    C．绿色建造　　　　　　　　D．装修和设备管线

4. 集中热水循环供应系统，居住建筑热水配水点达到最低出水温度的最长时间不应超过（　　）。

    A．10s　　　　　　　　　　B．15s

    C．20s　　　　　　　　　　D．25s

5. 下列位置，不适合设置锅炉房的是（　　）。

    A．疏散通道旁边　　　　　　B．首层靠建筑外墙部位

    C．室外独立建筑　　　　　　D．地下一层建筑外墙处

6. 事故排风的室外排风口与机械送风系统进风口的水平距离应超过（　　）。

    A．10m　　　　　　　　　　B．6m

    C．20m　　　　　　　　　　D．15m

7. 通风机采用变速时，其额定压力值应是（　　）。

    A．1.1倍系统压力损失　　　B．工作压力的1.5倍

    C．等于系统总压力损失　　　D．最不利风口的压头

8. 民用建筑中的消防水泵房不应设置在建筑的（　　）。

    A．首层　　　　　　　　　　B．地下一层

    C．室外　　　　　　　　　　D．地下三层

9. 消防水泵从接到火警到水泵正常运转的启动时间最长是（　　）。

    A．1min　　　　　　　　　　B．2min

    C．5min　　　　　　　　　　D．6min

10. 气体灭火系统灭火剂储存容器宜涂的标识色是（　　）。

    A．黄色　　　　　　　　　　B．绿色

    C．蓝色　　　　　　　　　　D．红色

11. 下列场所，一般不采用细水雾灭火系统的是（　　）。

    A．油浸变压器室　　　　　　B．柴油发电机房

    C．图书资料库房　　　　　　D．体育馆观众席

12. 下列竖井，应在每层楼板处采取防火分隔措施的是（　　　）。

    A．排烟管道井
    B．送风管道竖井

    C．电气的竖井
    D．燃气管道竖井

13. 灯具安装高度较低的房间宜采用（　　　）。

    A．LED 灯
    B．高压钠灯

    C．金卤灯
    D．高压贡灯

14. 当移动式和手提式灯具采用防电击类别为Ⅲ类的灯具时，应采用安全特低电压供电，在潮湿场所电压不大于（　　　）。

    A．DC60V
    B．DC100V

    C．DC120V
    D．DC200V

二 多项选择题

1. 入侵报警系统应设置监控摄像机设防的位置有（　　　）。

    A．办公区域
    B．首层大堂

    C．主要通道
    D．电梯轿厢

    E．停车库出入口

2. 下列管道的标识色，符合规范要求的有（　　　）。

    A．中水管道为蓝色环
    B．给水管道为蓝色环

    C．雨水回用管道为淡绿色环
    D．热水供水管道为黄色环

    E．排水管道为淡绿色环

3. 建筑给水系统的供水方式及供水分区的合理确定，应考虑的因素有（　　　）。

    A．供水水质
    B．材料设备性能

    C．水流流速
    D．运营能耗

    E．管道支架

4. 建筑运行期间，碳排放计算范围包括的有（　　　）。

    A．材料运输的碳排放量
    B．锅炉生产的碳排放量

    C．暖通空调的碳排放量
    D．照明系统的碳排放量

    E．可再生能源的排放量

5. 下列设计参数，不属于室内污水排水泵选定依据的有（　　　）。

    A．末端流出水头
    B．管道的连接方式

    C．管路水头损失
    D．排水设计秒流量

    E．管材公称压力

6. 下列部位，应设置排烟防火阀的有（　　　）。

    A．机械排烟风口处

    B．垂直排烟管与每层水平排烟管连接的水平管段上

    C．排烟风机入口处

    D．一个排烟系统负担多个防烟分区时的排烟支管上

    E．排烟风机出口处

7. 关于照明采用交流（AC）电源供电时的要求，正确的有（　　）。

　　A. 光源额定功率 1500W 以下宜采用 AC220V 供电

　　B. 2000W 的高强度气体放电灯宜采用 AC380V 供电

　　C. 安装在有人接触的水下灯具应采用 AC24V 供电

　　D. 在干燥场所手提式灯具应采用 AC36V 电压供电

　　E. 在潮湿场所移动式灯具应采用 AC24V 电压供电

【答案与解析】

一、单项选择题

*1. B；　　2. C；　　3. C；　　4. B；　　5. A；　　6. C；　　7. C；　　8. D；

9. C；　　10. D；　　*11. D；　　12. C；　　*13. A；　　14. A

【解析】

1. 答案 B

当民用建筑的消防负荷和非消防负荷共用柴油发电机组时，应具备火灾时切除非消防负荷的功能，消防负荷应设置专用的回路，应具备储油量低位报警或显示的功能。

11. 答案 D

《消防设施通用规范》GB 55036—2022 中提出了细水雾灭火系统的持续喷雾时间要求：

（1）对于电子信息系统机房、配电室等电子、电气设备间，图书库、资料库、档案库、文物库、电缆隧道和电缆夹层等场所，应大于或等于 30min。

（2）对于油浸变压器室、涡轮机房、柴油发电机房、液压站、润滑油站、燃油锅炉房等含有可燃液体的机械设备间，应大于或等于 20min。

说明图书资料库房、油浸变压器室、柴油发电机房等都可以采用细水雾灭火系统，但体育馆观众席一般仅采用消火栓灭火系统，室内时也可采用自动喷水灭火系统。

13. 答案 A

（1）灯具安装高度较低的房间宜采用 LED 光源、细管径直管形三基色荧光灯。

（2）灯具安装高度较高的场所宜采用 LED 光源、金属卤化物灯、高压钠灯或大功率细管径直管形荧光灯。

二、多项选择题

1. B、C、D、E；　　*2. B、C、D；　　3. B、D；　　　　4. C、D、E；

*5. B、E；　　　　6. B、C、D；　　　　*7. A、B、D、E

【解析】

2. 答案 B、C、D

《建筑给水排水与节水通用规范》GB 55020—2021 规定，给水、排水、中水、雨水回用及海水利用管道应有不同的标识，并应符合下列规定：给水管道应为蓝色环；热水供水管道应为黄色环；热水回水管道应为棕色环；中水管道、雨水回用和海水利用管道应为淡绿色环；排水管道应为黄棕色环。

5. 答案 B、E

《建筑给水排水设计标准》GB 50015—2019 规定，室内污水排水泵的流量应按生活排水设计秒流量选定；水泵扬程应按提升高度、管路系统水头损失，另附加 2～3m 流出水头计算；排水泵的选定与管材的公称压力、管道的连接方式无关。

7. 答案 A、B、D、E

照明采用交流（AC）电源供电时的要求：

（1）光源额定功率 1500W 以下宜采用 AC220V 供电，1500W 及以上的高强度气体放电灯的电源电压宜采用 AC380V。

（2）安装在有人接触的水下灯具应采用安全特低电压（SELV）供电，其电压值不应大于 AC12V。

（3）当移动式和手提式灯具采用防电击类别为 Ⅲ 类的灯具时，应采用安全特低电压供电，其电压值在干燥场所不大于 AC50V，在潮湿场所不大于 AC25V。

6.2 工业机电工程设计与施工标准

复习要点

主要内容： 石油化工工程、电力工程、冶炼工程设计与施工标准的内容要求。

知识点 1. 石油化工工程设计标准有关内容

《钢结构设计标准》GB 50017—2017、《压力容器 第 3 部分：设计》GB 150.3—2011 及《工业金属管道设计规范（2008 年版）》GB 50316—2000 的有关条款内容。

知识点 2. 石油化工工程施工标准有关内容

《钢结构工程施工质量验收标准》GB 50205—2020、《工业金属管道工程施工规范》GB 50235—2010、《石油化工静设备安装工程施工质量验收规范》GB 50461—2008 的有关条款内容。

知识点 3. 电力工程设计标准有关内容

《小型火力发电厂设计规范》GB 50049—2011、《风力发电场设计规范》GB 51096—2015、《光伏发电站设计规范（2024 年版）》GB 50797—2012、《槽式太阳能光热发电站设计标准》GB/T 51396—2019、《塔式太阳能光热发电站设计标准》GB/T 51307—2018 的有关条款内容。

知识点 4. 电力工程施工标准有关内容

《锅炉安装工程施工及验收标准》GB 50273—2022、《风力发电工程施工与验收规范》GB/T 51121—2015、《光伏发电站施工规范》GB 50794—2012 的有关条款内容。

知识点 5. 炼铁工程设计标准有关内容

《钢铁企业原料场工程设计标准》GB/T 50541—2019 和《高炉炼铁工程设计规范》GB 50427—2015 的有关条款内容。

知识点 6. 炼钢工程设计标准有关内容

《炼钢工程设计规范》GB 50439—2015 和《连铸工程设计规范》GB 50580—2010 的有关条款内容。

知识点 7. 轧钢工程设计标准有关内容

《板带轧钢工艺设计规范》GB 50629—2010、《板带精整工艺设计规范》GB 50713—2011、《冷轧带钢工厂设计规范》GB 50930—2013 的有关条款内容。

知识点 8. 冶炼工程节能、资源综合利用与环境保护设计标准有关内容

《钢铁工业资源综合利用设计规范》GB 50405—2017、《钢铁企业节能设计标准》GB/T 50632—2019 和《钢铁工业环境保护设计规范》GB 50406—2017 的有关条款内容。

知识点 9. 炼铁工程施工标准有关内容

《炼铁机械设备工程安装验收规范》GB 50372—2006 和《炼铁机械设备安装规范》GB 50679—2011 的有关条款内容。

知识点 10. 炼钢工程施工标准有关内容

《炼钢机械设备工程安装验收规范》GB 50403—2017 和《炼钢机械设备安装规范》GB 50742—2012 的有关条款内容。

知识点 11. 轧钢工程施工标准有关内容

《轧机机械设备工程安装验收规范》GB 50386—2016 和《轧机机械设备安装规范》GB/T 50744—2011 的有关条款内容。

知识点 12. 炉窑砌筑施工标准有关内容

《工业炉砌筑工程质量验收标准》GB 50309—2017 和《工业炉砌筑工程施工与验收规范》GB 50211—2014 的有关条款内容。

一 单项选择题

1. 在钢结构工程中，下列描述内容正确的是（　　）。
   A. 厚度小于 6mm 钢材的对接焊缝，应采用超声波探伤确定焊缝质量等级
   B. 钢结构可能受到炽热熔化金属的侵害时，不应采用耐热固体材料进行保护
   C. 钢结构可能受到短时间火焰直接作用时，应采用加耐热隔热涂层等隔热防护措施
   D. 高强度螺栓连接长期受热达 150℃以上时，不应采用加热辐射屏蔽等隔热防护措施

2. 下列描述的内容不符合压力容器设计标准的是（　　）。
   A. 补强材料宜与壳体材料相同
   B. 加强圈只能设置在容器的内部
   C. 容器上的开孔宜避开容器焊接接头
   D. 设置在容器里面时，应不少于圆筒内圆周长的 1/3

3. 金属压力管道连接时，不得使用（　　）。
   A. 焊接接头　　　　　　　　　　　B. 法兰接头
   C. 螺纹接头　　　　　　　　　　　D. 粘接接头

4. 高强度螺栓连接副应在安装完成后，进行终拧的时间是（　　）。
   A. 12h　　　　　　　　　　　　　B. 24h
   C. 36h　　　　　　　　　　　　　D. 48h

5. 采用拉铆钉连接薄钢板的连接节点数为 200 个，最少应抽查（　　）。

    A. 1 个   B. 2 个

    C. 3 个   D. 4 个

6.《工业金属管道工程施工规范》GB 50235—2010 规定：输送极度和高度危害介质以及可燃介质的管道必须进行（　　）。

    A. 泄漏性试验   B. 风压试验

    C. 液压试验   D. 强度试验

7. 管道系统进行气体压力试验时，应符合下列描述内容的是（　　）。

    A. 试验压力不宜小于 1.6MPa

    B. 试压方案经技术负责人批准

    C. 试压方案中应有部分安全措施

    D. 管道系统内焊接接头已检验合格

8. 压力容器采用气压试验代替液压实验时，其焊接接头应进行（　　）。

    A. 10% 抽样射线检测   B. 30% 抽样射线检测

    C. 50% 抽样射线检测   D. 100% 射线检测

9. 不得进行大型设备吊装作业的天气是（　　）。

    A. 有雨天气   B. 有雪天气

    C. 风力等级等于三级   D. 环境温度低于 −20℃

10. 关于安全系数的描述，正确的是（　　）。

    A. 吊篮安全系数不小于 10   B. 绑绳安全系数不小于 6

    C. 系挂绳扣安全系数不小于 6   D. 卷扬机走绳安全系数不小于 6

11. 风力发电施工道路路基应考虑施工吊装设备（　　）。

    A. 高度的要求   B. 重量的要求

    C. 起重能力的要求   D. 通行宽度的要求

12. 属于锅炉安全阀安装要求的内容有（　　）。

    A. 安全阀应铅垂安装   B. 安全阀排气管不得装疏水管

    C. 两安全阀排气管可相通连接   D. 省煤器的安全阀不得装排水管

13. 只属于冷轧涂、镀层带钢生产工序的是（　　）。

    A. 预热   B. 淬火

    C. 热镀   D. 热处理

二 多项选择题

1. 在砌筑工程中，拆除拱顶的拱胎需要的必备条件包括（　　）。

    A. 锁砖全部打紧

    B. 拱脚处的凹坑砌筑完

    C. 必须将接缝内的填料捣实

    D. 骨架拉杆的螺母最终拧紧

    E. 浇注料达到设计强度的 70% 以上

2. 承重结构所用钢材的合格保证内容包括（　　　）。

    A．屈服强度　　　　　　　　　　B．抗拉强度

    C．体积重量　　　　　　　　　　D．断后伸长率

    E．冲击韧性

3. 高炉炼铁工程设计中，属于环保设施的有（　　　）。

    A．能源回收设施　　　　　　　　B．喷吹煤粉设施

    C．节能降耗设施　　　　　　　　D．煤气余压设施

    E．防止坠落设施

4. 钢结构受到短时间火焰直接作用时，应采取的防护措施有（　　　）。

    A．增大构件截面　　　　　　　　B．采用耐热涂层

    C．采用耐火钢　　　　　　　　　D．采用隔热涂层

    E．采用辐射屏蔽

5. 当风速大于制造厂家的规定时，不得进行塔架、机舱、风轮、叶片等部件的吊装作业。制造厂家未规定安装风速的，下列安装风速符合要求的有（　　　）。

    A．叶片安装风速不宜超过 8m/s

    B．风轮安装风速不宜超过 8m/s

    C．塔架安装风速不宜超过 10m/s

    D．机舱安装风速不宜超过 10m/s

    E．机舱和风轮安装风速不宜超过 9m/s

6. 光伏发电系统中，同一个逆变器接入的光伏组件串，其要求一致的有（　　　）。

    A．电压　　　　　　　　　　　　B．方阵朝向

    C．频率　　　　　　　　　　　　D．安装倾角

    E．电流

7. 碳钢中厚板精整工序包括（　　　）。

    A．冷却　　　　　　　　　　　　B．剪切

    C．酸洗　　　　　　　　　　　　D．修磨

    E．矫平

8. 电弧炉的水冷系统安装完成后，必须进行的试验有（　　　）。

    A．水压试验　　　　　　　　　　B．真空试验

    C．通水试验　　　　　　　　　　D．灌水试验

    E．严密性试验

9. 关于高炉炉顶安装要求的说法，正确的有（　　　）。

    A．高炉炉顶应设置检修维护设施

    B．炉顶应设置排压煤气回收装置

    C．高炉炉顶的卸料点不应设置除尘设施

    D．高炉炉顶应设置均压煤气排压消声器

    E．高炉炉顶主要设备不宜采用液压驱动

【答案与解析】

一、单项选择题

1. C；　2. B；　3. D；　4. D；　5. C；　6. A；　7. B；　8. D；

*9. D；　*10. B；　11. D；　*12. A；　13. C

【解析】

9. 答案 D

吊装前，应了解当地气象变化情况，在雷雨、大雪、沙尘、能见度低、台风、风力等级大于或等于六级、环境温度低于或等于 −20℃ 等恶劣条件下，不得进行大型设备的吊装作业。所以，正确选项为 D。

10. 答案 B

卷扬机走绳安全系数不小于 5；系挂绳扣安全系数不小于 5；绑绳安全系数不小于 6；吊篮安全系数不小于 14。所以，正确选项为 B。

12. 答案 A

《锅炉安装工程施工及验收标准》GB 50273—2022 规定，蒸汽锅炉安全阀应铅垂安装，排气管管径应与安全阀排出口径一致，管路应畅通，并应直通安全地点，排气管底部应装有输水管。省煤器的安全阀应装排水管。在排水管、排气管和疏水管上，不得装设阀门。应将排气管支撑固定，不得使排气管的外力加到安全阀上，两个独立的安全阀的排气管不应相连。所以答案选择 A。

二、多项选择题

1. A、B、D；　　2. A、B、D、E；　　3. A、B、C、E；　　4. B、D、E；

5. A、B、C、D；　6. A、B、D；　　7. A、B、D、E；　*8. A、C；

9. A、B、D

【解析】

8. 答案 A、C

电弧炉水冷系统、电极臂及电极夹持头水冷系统必须按设计技术文件的规定进行水压试验和通水试验。

第3篇　机电工程项目管理实务

第7章　机电工程企业资质与施工组织

复习要点

微信扫一扫
在线做题 + 答疑

主要内容： 机电工程施工企业资质等级标准；承包工程范围；项目组织结构模式和承包模式；施工组织设计的编制与实施；施工方案的编制与实施；施工技术交底与设计变更；施工资料与信息化管理。

知识点 1. 施工企业资质

（1）建筑业企业资质分为施工总承包资质、专业承包资质、施工劳务资质三个序列。

（2）施工总承包资质等级分为特级、一级、二级、三级。

知识点 2. 承包工程范围

知识点 3. 资质申请与许可

企业可以申请一项或多项建筑业企业资质。首次申请或增项，应当申请最低等级资质。

知识点 4. 机电安装工程执业范围

知识点 5. 项目的组织结构模式

职能组织结构模式、线性组织结构模式和矩阵组织结构模式。

知识点 6. 项目的承包模式

知识点 7. 施工组织设计类型

施工组织总设计，单位工程施工组织设计，分部分项工程施工组织设计，临时用电施工组织设计。

知识点 8. 施工组织设计编制原则

知识点 9. 施工组织设计编制依据

知识点 10. 施工组织设计编制内容

工程概况、施工部署、施工进度计划、施工准备与资源配置计划、主要施工方案、施工现场平面布置及各项施工管理计划等。

知识点 11. 施工组织设计编制与审批

施工组织设计应由项目负责人主持编制，可根据需要分阶段编制和审批。

知识点 12. 施工组织设计实施

知识点 13. 施工方案的类型

分为专业工程施工方案和危大工程安全专项施工方案两大类。

知识点 14. 施工方案编制原则

知识点 15. 施工方案的编制内容

施工方案编制内容：工程概况、编制依据、施工安排、施工进度计划、施工准备与资源配置计划、施工方法及工艺要求、质量安全保证措施等。

知识点 16. 危大工程安全专项施工方案编制

知识点 17. 施工方案优化

施工方案优化内容：施工方法优化、施工顺序优化、施工作业组织形式优化、施工劳动组织优化、施工机械组织优化等。

知识点 18. 施工方案实施

施工方案的编制人员应向施工作业人员做施工方案的技术交底。交底内容包括工程的施工程序和顺序、施工工艺、操作方法、要领、质量控制、安全措施、环境保护措施等。

知识点 19. 施工技术交底

施工技术交底必须以经批准的施工组织设计、施工方案为依据，内容应满足设计文件、施工技术标准、规范、施工工艺标准和工程施工合同的要求。

知识点 20. 机电工程设计变更

（1）设计原因的变更。设计单位对设计存在的设计缺陷、设计漏项、设计错误、设计改进等方面而提出的设计变更。

（2）非设计原因的变更。建设单位、监理单位或施工单位根据施工条件的变化、设计条件的变化、物资供应的情况或上级部门要求等原因提出的变更。

知识点 21. 设计变更实施

知识点 22. 设计变更要求

知识点 23. 建设工程资料（文件）

包括准备阶段文件、施工阶段文件、竣工验收阶段文件。

知识点 24. 施工技术资料管理要求

知识点 25. 竣工档案主要内容

一般施工记录，图纸交底记录；设备材料检查、安装记录；施工记录；施工检验记录；施工质量验收记录。

知识点 26. 竣工档案管理要求

竣工档案分保管期限、密级保管；保管期限有永久保管、长期保管、短期保管三种；密级有绝密、机密、秘密三个级别。

知识点 27. 竣工图绘制

知识点 28. 竣工档案的验收与移交

知识点 29. 项目信息化管理

一 单项选择题

1. 负责建筑业企业资质统一监督管理的部门是（　　）。
   A. 住房城乡建设部　　　　　　B. 工业和信息化部
   C. 水利部　　　　　　　　　　D. 交通运输部

2. 建筑业企业发生下列变化，不需要办理资质变更手续的是（　　）。

    A．经营范围　　　　　　　　　　B．注册资本

    C．公司名称　　　　　　　　　　D．内部机构

3. 项目《临时用电施工组织设计》的批准人是（　　）。

    A．企业技术负责人　　　　　　　B．项目技术负责人

    C．企业安全负责人　　　　　　　D．项目安全负责人

4. 发生以下变化不需要修改或补充施工组织设计的是（　　）。

    A．施工班组人员调整　　　　　　B．主要施工方法调整

    C．工程设计重大变更　　　　　　D．施工环境重大变化

5. 不属于施工方案编制依据的是（　　）。

    A．设计技术文件　　　　　　　　B．供货方技术文件

    C．当地材料价格信息　　　　　　D．施工合同

6. 不属于施工方案交底内容的是（　　）。

    A．施工部署　　　　　　　　　　B．施工程序和顺序

    C．操作方法及要领　　　　　　　D．安全措施

7. 发生下列情况时，不需要修改或补充施工组织设计的是（　　）。

    A．工程设计有重大修改　　　　　B．开工时间推迟到冬季

    C．更换项目经理　　　　　　　　D．主要的施工机械调整

8. 关于竣工档案组卷的说法，正确的是（　　）。

    A．不同载体的文件应分别组卷

    B．工程文件应按专业进行组卷

    C．印刷成册的文件应拆开装订

    D．案卷中文件材料密级应相同

9. 在不影响生产的情况下，施工项目部不接受设计变更的情况是（　　）。

    A．项目开工前　　　　　　　　　B．项目施工中

    C．项目验收中　　　　　　　　　D．项目试验中

10. 竣工档案的主要内容中，不属于图纸交底记录的是（　　）。

    A．设计变更记录　　　　　　　　B．工程洽商记录

    C．设备安装记录　　　　　　　　D．图纸会审记录

二　多项选择题

1. 按照施工资质标准要求，施工企业申请资质时，主要考察的项目有（　　）。

    A．企业的净资产　　　　　　　　B．主要人员配置

    C．企业获奖数量　　　　　　　　D．企业职工人数

    E．企业工程业绩

2. 施工方案的编制内容包括（　　）。

    A．编制依据　　　　　　　　　　B．施工安排

    C．进度计划　　　　　　　　　　D．工程索赔

E. 费用控制

3. 施工方案优化的内容，主要包括（   ）。

    A. 施工方法优化   B. 施工劳动组织优化

    C. 施工工艺优化   D. 施工机械组织优化

    E. 施工顺序优化

4. 设计和非设计原因的变更中，属于设计条件变化的有（   ）。

    A. 工程规模   B. 工程范围

    C. 工期调整   D. 标准变化

    E. 操作方法

5. 根据卷内文件的保存价值，竣工档案的保管期限有（   ）。

    A. 永久保管   B. 临时保管

    C. 长期保管   D. 中期保管

    E. 短期保管

三　实务操作和案例分析题

【案例 7-1】

一、背景

安装公司承接一个干熄焦发电项目。工程内容：干熄焦系统，工业炉系统，热力系统，电站、电气、仪表及自动化控制系统。干熄焦工艺：赤热的焦炭从焦炉炭化室推入焦罐，电机车将焦罐及焦罐台车运至提升框架正下方，提升机将焦罐提升并横移至干熄炉炉顶，通过装入装置将焦炭装入干熄炉内。干熄焦工艺设备中，动力驱动设备有：电机车、焦罐台车和提升机。提升机工艺参数见表 7-1。

表 7-1　提升机工艺参数

提升负荷	87t	提升高度（最大）	37.5m
提升速度	20m/min、10m/min、4m/min	提升用电机	280kW×2
提升停止精度	±45mm	走行速度	40m/min、3.5m/min
走行用电机	45kW×2	走行停止精度	±20mm

提升机本体主要由车架、提升机构、行走机构、吊具、焦罐盖、检修用电动葫芦、操作室、挠性电缆小车等组成。提升机构安装在车架上部，通过钢丝绳与吊具相连，带动焦罐进行上升或下降运动。行走机构安装在车架下部，通过车轮的转动，带动提升机进行横向移动。提升机安装在提升框架顶部主梁的轨道上。

提升框架主梁是钢制焊接箱形结构，框架中部设有水平支撑及剪刀撑。钢结构采用扭剪型高强度螺栓连接。

主厂房设有 1 台供检修用电动双梁桥式起重机，QD-32/5；跨距：16.5m；工作制：A3。

工程中配置 1 套高温高压自然循环锅炉（参数见表 7-2）及辅助系统，同时配套发电机组及辅助系统，利用锅炉产生的高温高压蒸汽，做功发电。

表 7–2　高温高压自然循环锅炉参数

蒸汽压力	锅炉出口	9.5MPa	蒸发量		95t/h
	汽包	11.28MPa	蒸汽温度	过热器出口处	（540±5）℃
	过热器出口	9.81MPa		允许最高工作温度	550℃
锅炉入口烟气温度		800～960℃	锅炉出口烟气温度		160～180℃

安装公司项目部进场后，进行了各项准备工作。在技术准备中，根据施工图纸及相关资料，对工程中可能涉及的特种设备及危险性较大的分部分项工程进行了识别，由项目经理组织相关技术人员编制了施工组织设计及分部分项工程专项施工方案。

提升机框架主梁上平面标高为＋60.000m，为提高施工效率及安全，在框架旁边安装 1 台建筑塔式起重机。安装前，项目部按《建筑起重机械安全监督管理规定》要求在施工所在地建设主管部门办理了安装告知和使用登记。

冷焦排出装置重量为 8.9t，安装于干熄炉底部，将冷却后的焦炭排到胶带输送机上，要求该系统自动、连续、均匀地排料，由于场地原因，冷焦排除系统设备卸车后只能放在至干熄炉炉底中心 8m 距离的地方。项目部采用非常规起重方法将排料装置安装到位。

二、问题

1. 本工程中有哪几个设备安装需编制安全专项施工方案？说明理由。

2. 项目部在建筑塔式起重机安装前到施工所在地建设主管部门办理安装告知和使用登记的做法是否正确？说明理由。

3. 干熄焦排除装置水平运输和吊装就位采用的是什么方法？

4. 高强度螺栓连接副在安装前需做哪些检验？高强度螺栓终拧合格的标志是什么？

5. 计算锅炉整体水压试验压力。锅炉水压试验对压力表的要求是什么？

【案例 7-2】

一、背景

某安装公司承包的某化工装置安装工程，主要包括装置区化工设备、机器及其工艺管道安装。

根据设计工艺管道主要为 GC1 级和 GC2 级压力管道，工艺管道系统中使用的管道材质有 316L、15CrMo、Q345、20 钢、10 钢等。设计说明中明确本工程的工艺管道施工执行《工业金属管道工程施工规范》GB 50235—2010 的规定。

现场监理工程师在审核施工单位提交报验的技术资料时，认为管道焊接工艺评定所依据的标准《焊接工艺评定规程》DL/T 868—2014 不适用于本工程。

工程中原料气压缩机采用往复式压缩机四级压缩，原料气在每级压缩后经中间缓冲、冷却、分离后进入下一级气缸，逐级压缩到设计压力。附属设备缓冲罐、中间冷却器及分离器均为压力容器，附属设备之间的连接管道为压力管道。在压缩机附属设备安装前监理工程师要求安装公司进行压力及压力管道的安装告知，告知后方可施工。

在管道系统进行水压试验前，施工项目部编制了水压试验专项方案，对于试压用水，方案中的描述是：由于施工现场供水能力有限，而附近一个构筑物基础工程正在进行施工降水，其抽排的地下水目视清洁，可以作为水压试验用水，且和从较远处专门敷设临时管道取水相比，既可降低成本又可节省工期；考虑到水中可能存在一定的溶解性杂质，为避免对管道造成危害，在试压结束后必须采用压缩空气将管内的存水吹净。

二、问题

1. 监理工程师提出的对焊接工艺评定的审核意见是否正确？请说明原因。

2. 本工程中哪些材质的金属管道需在安装前进行材质复查？采用方法是什么？

3. 根据工业管道不同的使用要求，管道系统常需进行哪些试验？

4. 监理工程师要求压缩机附属设备安装前进行施工告知的要求是否合理？说明理由。

5. 如果你是上述水压试验方案的审核人，你认为方案中试压用水的使用计划是否可行？如不可行，请说明原因。

【案例 7-3】

一、背景

某安装公司承包 2×200MW 火力发电厂 1 号机组的机电安装工程，工程主要内容有：锅炉、汽轮发电机组、油浸式电力变压器、110kV 交联电力电缆、化学水系统、输煤系统、电除尘装置等安装。

安装公司项目部进场后，编制了施工组织总设计，制定项目考核成本。施工组织总设计的主要内容有编制依据、工程概况和施工特点分析、主要施工方案、施工进度计划。施工方案有油浸式电力变压器施工方案、电力电缆敷设方案、电力电缆交接试验方案等。

油浸式电力变压器施工方案中的施工程序只有开箱检查、二次搬运、设备就位、吊芯检查。在各工程开工前，技术人员对施工人员进行了施工技术交底。在油浸式电力变压器安装时，由于变压器附件到货晚，导致整体工期滞后，安装公司项目部协调 5 名施工人员到该项目支援工作，作业班长考虑到他们比较熟悉变压器安装且经验丰富，未通知技术人员进行交底，立即安排参加变压器的安装工作。

110kV 电力电缆交接试验时，电气试验人员按照施工方案与《电气设备交接试验标准》要求，对 110kV 电力电缆进行了电缆绝缘电阻测量和交流耐压试验。

二、问题

1. 本项目施工组织总设计的主要内容还应有哪些？

2. 油浸式电力变压器施工程序中还缺少哪些工序？

3. 作业班长做法是否正确？写出施工技术交底的类型。

4. 110kV 电力电缆交接试验时，还缺少哪几个试验项目？

【案例 7-4】

一、背景

某公司中标一新建化工项目（A 标段）。A 标段施工内容包括工艺设备安装，工艺管道安装，化工机泵、压缩机等化工机器的安装，电气动力系统安装及自动化仪表等安装调试。

A 标段中的最大设备煤气发生器为立式设备，重量 160t、长度 30m，设计安装在混凝土框架的 38m 平台上，属于超过一定规模的危险性较大的分部分项工程。煤气发生器吊装专项方案中采用在框架 80m 高度的结构梁上安装吊装用的临时承重梁，在梁上安装两套 HQD8-100 滑轮组，用卷扬机提升的方法进行了煤气发生器的吊装就位。卷扬机采用地锚固定。设备采用管式吊耳，由设备生产厂家设计，并同设备一起制造、热处理。

工艺管道主要的材质有 20 钢、12CrMo、15CrMo、12Cr1MoV、0Cr18Ni9，管道类别为 GC1。合同约定工程中所有管材、阀门均由施工单位负责采购。管材采购过程中发现钢材市场上除 12CrMo 无现货外其他材料均有现货，了解得到 12CrMo 管材 3 个月后到货。由于工期紧急，施工单位采取了材料代用，15CrMo 代替了 12CrMo。管材、阀门进场后施工单位在对材料进行确认无误后，展开管道的预制、焊接、安装等工作。

在准备 0Cr18Ni9 管线灌水试压时，监理工程师认为安装单位未提供水质化验报告，要求施工单位立即停止灌水工作。在工艺管道施工前，专业工程师（工长）编制了工艺管道施工方案并经施工单位内部和监理工程师审核通过。经查，施工专业工程师也对进行管道施工的作业班组进行了施工技术交底。经查，施工技术交底记录中交底人与接收交底人签字齐全，交底内容与方案相符。

工程竣工阶段，合同规定施工单位负责提供两套竣工图。由于设计院只提供一套计算机打印图纸，施工单位复印一套后，按竣工图编制要求，完成了两套竣工图的绘制工作。在竣工档案移交建设单位时，档案管理员说施工单位的竣工图不符合要求，拒绝接收。

二、问题

1. 煤气发生器吊装专项方案中"计算书与图纸"部分应进行哪些计算？

2. HQD8-100 滑轮组应采用哪种穿绕方式？为什么？

3. 应如何进行工艺管道管材的检验？能不能用 15CrMo 材质的管材代替 12CrMo？材料代用要办理什么手续？

4. 监理工程师停止 0Cr18Ni9 管线注水做法是否正确？工艺管道施工方案中对管线注水有什么要求？为什么会发生这样的现象？

5. 建设单位档案管理员拒收竣工档案的做法是否正确？施工单位绘制的竣工图是否符合要求？

【答案】

一、单项选择题

1. A；　2. D；　3. A；　4. A；　5. C；　6. A；　7. C；　8. A；
9. C；　10. C

二、多项选择题

1. A、B、E；　　　2. A、B、C；　　　3. A、B、D、E；　　　4. A、B、C、D；
5. A、C、E

三、实务操作和案例分析题

【案例 7-1】

1．本工程中的提升机安装和电动双梁桥式起重机安装需编制安全专项施工方案。因为都属于起重量超过 300kN 的起重机械安装工程，是超过一定规模的危险性较大的分部分项工程。

2．项目部在施工所在地建设主管部门办理建筑塔式起重机安装告知和使用登记的做法不正确。

理由：建筑行政主管部门只负责房屋建筑和市政公用工程工地安装使用的起重机械的管理，本项目为干熄焦发电项目，是工业安装项目，根据《中华人民共和国特种设备安全法》及《中华人民共和国特种设备安全监察条例》的要求，起重机械的管理由市场监督管理局特种设备安全监督管理部门归口管理，应在施工所在地设区的市级特种设备安全监督管理部门办理施工告知。

3．将设备放置在拖排上，拖排下面加滚杠，用手拉葫芦或卷扬机牵引到干熄炉排焦口下方，通过手拉葫芦吊装（提升）就位。

4．高强度螺栓连接副在安装前需做连接摩擦面的抗滑移系数试验和复验；高强度螺栓终拧合格的标志是拧断螺栓尾部的梅花头。

5．由锅炉压力参数可以判断锅炉是 A 级锅炉，锅炉整体水压试验的试验压力为汽包（锅筒）压力的 1.25 倍，即 $11.28 \times 1.25 = 14.1$MPa。

锅炉水压试验至少需要两块压力表且应校验合格，压力表的精度等级应不低于 1.6 级，压力表的量程（量值或表的满刻度）一般为试验压力的 1.5～3.0 倍，表盘大小应保证作业人员能清楚看到压力指示值。

【案例 7-2】

1．正确。工业管道安装焊接工艺评定应执行《承压设备焊接工艺评定》NB/T 47014—2011，《焊接工艺评定规程》DL/T 868—2014 为电力行业标准，不适用于本工程。

2．316L、15CrMo 材质的管道应进行材质复查，材质复查的方法是光谱分析法。

3．管道系统常需进行压力试验、泄漏性试验、真空度试验。

4．监理工程师要求压缩机附属设备安装前进行施工告知的要求不合理，对于撬装式承压设备系统或机械设备系统，不需要办理压力容器和压力管道的安装告知和监督检验。

5．不可行。管道水压试验应使用洁净水，对不锈钢管道，水中氯离子含量不得超过 25ppm（氯离子含量超标时，试压过程中即对管道造成损害，试压后吹干存水于事无补）。施工降水排出的地下水，目视清洁不足以证明水中的氯离子含量符合要求。

【案例 7-3】

1．本项目施工组织总设计的主要内容还应有：组织方案、施工部署（施工准备）、资源配置计划和施工现场平面图。

2．油浸式电力变压器施工程序中还缺少的工序有：附件安装、注油（或滤油）、绝缘测试、交接试验、验收。

3．作业班长做法不正确。施工技术交底的类型有：设计交底与图纸会审、项目总体交底、单位工程技术交底、分部分项工程技术交底、变更交底、安全技术交底。

4．电力电缆交接试验还缺少：电缆导体直流电阻测量、电缆相位检查、直流泄漏电流测量、直流耐压试验。

【案例7-4】

1．"计算书与图纸"部分要进行的计算有：临时承重梁的强度计算、滑轮组固定计算、滑轮组钢丝绳出力计算、改向滑轮固定计算、卷扬机固定地锚的计算和吊索的受力计算。

2．工程中采用的是8门滑轮组，为防止在吊装工程中滑轮组的偏斜，应采用花穿方式。

3．工艺管道管材的检验要检查管子的出厂合格证和材质化验单。对于12CrMo、15CrMo、12Cr1MoV、0Cr18Ni9耐热钢和不锈钢材质管材，还要用光谱复验管子的材质。12CrMo和15CrMo均属于低合金耐热钢，15CrMo的耐热性能和强度均高于12CrMo，用15CrMo完全可以代替12CrMo。由于施工单位在材料采购中发现市场上无12CrMo管材现货，是施工单位提出材料代用的，应由施工单位填写技术联系单或材料代用单，在技术联系单或材料代用单中写明代用和被代用的材质名称、代用缘由和数量。经监理工程师或总监理工程师、建设单位项目经理和设计代表签署同意意见后方可代用。

4．监理工程师停止0Cr18Ni9管线注水的做法是正确的，因为未提交水质化验报告，水中氯离子含量未知。方案中要求在进行不锈钢管道水压试验时必须化验水质，水中氯离子的含量不能超过25ppm。施工中出现这种状况一方面是因为施工班组未按施工方案和施工技术交底进行施工，擅自改变施工工艺，执行工艺纪律不严格；另一方面是施工管理人员特别是专业工长的现场监督不到位，对重要施工环节把关不严。

5．建设单位档案管理员的做法是正确的。工程资料归档明确规定：计算机出图必须清晰，不得使用计算机出图的复印件。

第8章 施工招标投标与合同管理

复习要点

主要内容：机电工程招标投标要求，施工投标条件与程序；施工合同的履约与实施，施工合同风险防范，合同变更与施工索赔。

知识点 1. 招标方式

公开招标、邀请招标、两阶段招标。

知识点 2. 招标人的规定

投标有效期，标底。

知识点 3. 投标人资格审查

资格预审、资格后审。

知识点 4. 投标书编制的内容及要点

技术标、商务标。

知识点 5. 投标文件的修改、撤回和送达

知识点 6. 开标与评标管理要求

知识点 7. 机电工程投标条件

知识点 8. 机电工程投标程序的主要环节

知识点 9. 机电工程投标阶段主要工作重点

知识点 10. 电子招标投标方法

知识点 11. 施工合同的履行与管理

总承包方的管理，分包方的履行与管理。

知识点 12. 施工合同的实施

（1）合同分析。

（2）合同交底。

（3）合同控制。

知识点 13. 合同风险的主要表现形式

知识点 14. 风险类型及风险防范措施

知识点 15. 机电工程项目合同变更

（1）合同变更原因。

（2）合同变更范围。

（3）合同变更影响。

（4）合同变更形式。

（5）合同变更定价原则及程序。

知识点 16. 机电工程项目索赔

（1）索赔发生的原因。

（2）索赔的分类。

（3）索赔成立的前提条件。

（4）承包商可以提起索赔的事件。

（5）索赔的实施。

一 单项选择题

1. 招标文件发出之日起到投标人提交投标文件截止之日，最短不得少于（　　）。

    A．10 日
               B．15 日

    C．20 日
               D．30 日

2. 下列情况，不属于废标的是（　　）。

    A．投标截止前 5min 进行报价变更，并提交变更文件

    B．企业资质等级低于招标文件要求的资质等级

    C．高于招标文件设定的最高投标限价

    D．两家公司投标，其中一家是陪标

3. 下列大型基础设施、公用事业等关系社会公共利益、公共安全的项目，必须招标的是（　　）。

    A．估价 3000 万元的城市轨道交通施工单项合同

    B．估价在 100 万元的电信枢纽项目重要材料采购

    C．估价 80 万元的水利工程设计服务

    D．估价 50 万元的电力工程勘察服务

4. 下列宜采用邀请招标方式的项目是（　　）。

    A．需要采用不可替代的专利或者专有技术的项目

    B．采购人依法能够自行建设、生产或者提供的项目

    C．大型基础设施、公用事业等关系社会公共利益的项目

    D．技术复杂、有特殊要求、只有少量潜在投标人的项目

5. 合同分析的内容中，关于合同价格的内容还应包括计价方法和（　　）。

    A．工程范围
               B．工期要求

    C．合同变更
               D．价格补偿条件

6. 超过一定规模的危大工程实行分包的工程应组织召开专家论证会，专项施工方案专家论证会的组织单位是（　　）。

    A．施工分包单位
          B．总承包单位

    C．监理单位
              D．建设单位

7. 若分包合同和总承包合同发生抵触时，处理的方式是（　　）。

    A．以总承包合同为准
      B．以分包合同为准

    C．双方协商解决
           D．请监理方裁决

8. 项目索赔中的不可抗力因素，不包括（　　）。

    A．爆炸
                  B．洪水

    C．地震
                  D．海啸

9. 下列机电工程索赔事件中，不属于承包商可以提起的是（　　）。

    A．发包人要求缩短工期而增加的费用

B. 发包人设备供应延误而增加的费用

C. 设计图纸修改或错误而增加的费用

D. 作业人员技术落后增加的培训费用

10. 下列条件中，不属于机电工程索赔成立的前提条件是（　　　）。

A. 事件已造成承包的成本或直接工期损失

B. 承包商按规定时限提交索赔意向和报告

C. 承包商履约过程中发现合同的管理漏洞

D. 造成费用或工期损失的原因不在于承包商

二 多项选择题

1. 投标担保可以采用的方式有（　　　）。

A. 投标保函　　　　　　　　　B. 投标承诺书

C. 投标保证金　　　　　　　　D. 投标函

E. 投标授权委托书

2. 关于招标过程中设定投标限价的说法，正确的有（　　　）。

A. 招标人可以在招标文件中明确最低投标限价

B. 招标人应当在招标文件中明确最高投标限价

C. 招标人可以自行决定是否设置投标限价

D. 招标人设置的投标限价必须保密

E. 招标文件中可以明确最高投标限价的计算方法

3. 电子招标系统根据功能的不同，分类有（　　　）。

A. 招标人专属平台　　　　　　B. 交易平台

C. 公共服务平台　　　　　　　D. 评审平台

E. 行政监督平台

4. 机电工程项目费用索赔的分类有（　　　）。

A. 人工费索赔　　　　　　　　B. 材料费索赔

C. 施工机械费索赔　　　　　　D. 工程创优费索赔

E. 管理费索赔

5. 下列属于机电施工分包合同分析重点内容的是（　　　）。

A. 合同通用条款

B. 工期要求和延期惩罚条款

C. 合同价格、计价方法和价格补偿条件

D. 设计图纸的份数、审核和下发程序

E. 合同变更方式、索赔程序和争执解决

6. 下列工程项目索赔中，不属于按索赔目的分类的有（　　　）。

A. 工期索赔　　　　　　　　　B. 费用索赔

C. 延期索赔　　　　　　　　　D. 施工加速索赔

E. 道义索赔

7. 下列属于施工分包合同变更形式的是（　　　）。

    A. 国家新法规　　　　　　　　B. 工程变更签证

    C. 工程变更协议　　　　　　　D. 工程变更指令

    E. 设计变更通知

8. 施工分包合同履行过程中应进行合同变更的情形有（　　　）。

    A. 增加或减少合同中的任何工作

    B. 承包商自身责任增加费用

    C. 取消合同中的任何工作

    D. 改变合同中的质量标准

    E. 承包商更换自有劳务作业分包

三　实务操作和案例分析题

【案例 8-1】

一、背景

某私营业主投资建设某厂房工程，邀请同行业有类似工程业绩的 A、B、C、D、E、F 六家单位进行机电安装工程总承包的投标，工程采用总价包干，变更在分部工程价 ±5% 范围内不做调整。工期 18 个月。

投标截止时间前一个小时，A 公司突然提交总价降低 10% 的补充标书。开标后，B 公司总价最接近标底，但低于招标文件规定的实质性技术标准。评标委员会经核查，发现 E、F 两公司串标。经公平、公正评审，最终 C 公司中标。

开工后，对某车间的主机设备进行基础划线时，C 公司直接以土建提供的纵横中心线为依据进行设备安装，结果与工艺布置图纸的设备位置出现偏差。

在完成全厂工艺管道压力试验后，C 公司对输送有毒有害介质的管道做了泄漏性试验。

二、问题

1. 我国常采用的招标方式有哪几种？说明本次的招标方式是否合理？

2. A 公司投标的做法是否违规？简述理由。

3. 本次招标投标活动中是否存在投标文件可以被否决的情形？说明具体理由。

4. 说明主机设备安装实际位置与工艺布置图纸的位置出现偏差的原因。

5. 泄漏性试验的试验介质是什么？试验压力有何规定？

【案例 8-2】

一、背景

西北某地兴建的某 A1 级通用机场项目，建设单位以某央企建设公司 A 可以提供垫资为由，拟定由 A 公司总承包该项目工程，遭到当地监管部门的反对。

建设单位招标投标过程中发生了下列事件：

事件一：工程采用 PC 承包形式进行邀请招标，有个别单位不明白 PC 承包的含义。

事件二：评标委员会专家在评标答疑会上，对施工单位在西北地区钢结构露天制作采用二氧化碳气体保护焊和设备灌浆的程序提出质疑。

二、问题

1. 说明监管部门对建设单位拟定的项目总承包单位 A 公司反对的理由。
2. PC 承包模式包括哪些内容？邀请招标形式是否合理？并简述理由。
3. 说明评标委员会质疑露天采用二氧化碳气体保护焊的理由。
4. 设备灌浆应分几次进行？并说明每次灌浆的节点和部位。

【案例 8-3】

一、背景

某市兴建地铁。公开招标文件中要求投标单位在本市注册有实体公司，并提前报名，审核通过后方可参与投标。上级政府管理部门对该招标工作进行了整顿。

最终 A 单位中标该工程，于 2019 年 8 月 10 日与建设单位签订了工程总承包合同，进场履约过程中发生下列事件：

事件一：2020 年 1 月 25 日，由于国内暴发新型冠状病毒肺炎疫情，该市宣布启动重大突发公共卫生事件一级响应，所有工程停工。该突发事件造成工程工期延误 45d，A 单位现场的施工机械闲置损失 65 万元，留守的现场值班人员窝工费 35 万元，增加防疫口罩、消毒用品等费用 15 万元。

事件二：工程正常复工后，建设单位要求 A 单位赶工，导致增加费用 85 万元。

事件三：建筑供暖系统的散热器安装和保温施工前，监理单位要求 A 单位提供复验检测报告。

二、问题

1. 简述该地铁工程项目进行公开招标的理由。
2. 为什么上级政府管理部门对该工程招标工作进行整顿？
3. 事件一导致的工期和费用损失，A 单位是否可向建设单位申请合同变更？并请说明理由和变更形式。
4. 事件二导致的费用增加，A 单位是否可向建设单位进行索赔？并请说明理由。
5. 事件三中监理单位要求 A 单位提供的复验检测报告应包括产品的哪些具体性能？

【案例 8-4】

一、背景

某机电安装公司承接了一平板玻璃厂的施工总承包工程，合同执行过程中发生了如下事件：

事件一：由于设计原因，对主生产工艺线设计图纸进行了修改；设备基础按图施工时，发现基础下有一溶洞，而业主提供的工程地质资料未显示，需采用桩基处理；政府对项目环境保护等级提出新的要求；施工单位采用新工艺、新技术以提高工程质量。施工单位提出须变更合同。

事件二：施工过程中，因设计更改了主机设备标高、基线和位置尺寸，而相关联设备施工单位也要求设计院出具设计变更，设计院仅口头答复其他关联设备以主机设备为准即可，因而造成了部分已安装的设备返工和工期延误。施工单位向业主提出费用和工期索赔。

事件三：施工过程中，施工单位为节约成本，向业主提交了一份既能保证质量又

146

能节约原材料的合理化建议方案，得到了业主的认可，进行了工程变更。

二、问题

1. 事件一中，施工单位提出的几项合同变更要求中，哪些是合理的？哪些不应进行合同变更？并分别阐明理由。

2. 事件二中，施工单位提出相关联设备设计变更要求是否合理？为什么？

3. 事件二中，施工单位向业主提出费用和工期索赔是否合理？为什么？应怎样解决？

4. 事件三中，工程变更应采取何种方式处理？

【案例 8-5】

一、背景

某工程公司总承包一中型炼油厂项目，经建设单位同意，把该厂的通用设备安装分包给 A 公司，防腐保温工程分包给 B 公司，给水排水工程分包给 C 公司，这三家公司均具有相应的施工资质；并分别与 A、B、C 公司签订了分包合同。合同执行过程中发生了下列事件：

事件一：A 公司未按合同对分包工程进行管理，多次出现多干或漏干项目，造成工程延误、成本亏损。

事件二：B 公司未认真进行合同分析，采用企业内部的计价方式计算工作量，多次遭到总承包单位拒绝；未经总承包单位同意，保温材料采用优质材料，其价差要求总承包单位补偿也遭拒绝。B 公司因此而停工抗议。

事件三：C 公司认真进行了合同交底，合同执行过程中严格合同控制，认真实施合同监督，跟踪与调查，每遇到变更问题，按变更程序提交相关资料，得到总承包单位的认可。

事件四：工程竣工时，因 A、B 公司未按期完工，业主对总承包单位进行了处罚，总承包单位不服，认为是 A、B 公司的责任，与己无关。

二、问题

1. 事件一中，A 公司应从哪几个方面做好合同管理的基础工作，才不会造成多次失误？

2. 事件二中，B 公司应重点从哪几个方面认真对合同进行分析？

3. 实施合同监督时，应做哪些工作？

4. 业主对总承包单位的处罚是否合理？简述理由。

【案例 8-6】

一、背景

某办公大楼项目，总承包单位经业主同意，与 A 公司签订了机电安装分包合同，合同中规定："工程量清单采用综合单价计价，合同价款不因情况发生变化进行调整"。工程内容的规定："空调通风系统（不含防排烟系统）安装、调试；地下车库消防系统安装、调试，以施工图内容为准；工程预算由 A 公司按工程量清单编制，业主审查……"。

在编制预算过程中，A 公司预算人员没有计算"防排烟系统"费用。施工过程中发生下列事件：

事件一：业主要求 A 公司进行地下车库防排烟系统的施工，A 公司以合同中无此项内容为由要求合同变更。

事件二：A 公司未按环境安全标准化要求实施，总承包公司要求整改。A 公司用两天时间花费 3 万元整改合格，并编制了工期和费用索赔申请单递交给总承包公司，遭到拒绝。

事件三：为减少设备运行噪声，业主单位要求 A 公司将楼层内风机出口处的软连接由帆布软连接改为铝箔带保温的软连接，合同变更要求按照已有的帆布软连接的综合单价确定。

二、问题

1. 事件一中，A 公司可否要求合同变更？

2. 说明事件二中总承包单位拒绝 A 公司索赔的理由。

3. 说明事件三中关于合同变更的做法是否妥当？说明理由。

4. 空调系统风机盘管安装前应做何测试？

【案例 8-7】

一、背景

某公司总承包某中型工厂项目，该项目划分为 4 个单位工程。经业主单位同意，总承包单位将土建及主体厂房设备安装工程自行施工外，其余专业工程分别分包给有相应资质的单位，并与之签订了专业分包合同。施工过程中发生了下列事件：

事件一：A 公司分包全厂工艺管道的现场焊接及组对任务。由于管道壁厚、量大，质量要求严格，总承包和分包单位联合制定了焊接工艺指导书，并要求在焊接过程中严格执行。施焊过程中质检人员检查了焊接工艺指导书中电流、电压、线能量的执行情况。

事件二：由于专业分包合同中没有关于拖欠劳务工人工资的控制条款，尽管总承包单位每月按工程进度及时给各分包单位支付工程款，但仍有分包单位拖欠劳务工人工资，个别严重的拖欠达到数月，劳务工人欲罢工。

事件三：B 公司分包主体厂房以外部分的机电设备安装工程。施工中由于建设单位供应的部分设备延期交付一个月，造成人员、设备闲置，工期滞后；又由于某电气室土建施工失误，电气盘柜无法就位，经监理单位、建设单位、总承包单位共同研究补救方案，委托设计单位出具了设计变更单，B 公司处理过程中增加了 5 万元费用（含人工、材料、机械费）。工程后期，建设单位要求仍按期投产，把延误的工期抢回来，B 公司增加劳动力和施工机具，终于按期完成。总承包、分包单位及时进行工程文件和工程档案的组卷，并交付建设单位。

二、问题

1. 事件一中，质检人员还应检查焊接工艺指导书中的哪些内容？

2. 签订分包工程合同时，应采取哪些主要措施规避分包单位拖欠劳务工人工资的风险？

3. 按索赔发生的原因分析，事件三中 B 公司可提出哪些类型的索赔？

4. 本工程竣工资料中的工程文件和工程档案应如何组卷？

【答案】

一、单项选择题

1. C；　　2. A；　　3. A；　　4. D；　　5. D；　　6. B；　　7. A；　　8. A；

9. D；　　10. C

二、多项选择题

1. A、C；　　　　2. B、C、E；　　　　3. B、C、E；　　　　4. A、B、C、E；

5. B、C、E；　　　6. C、D、E；　　　　7. C、D；　　　　　　8. A、C、D

三、实务操作和案例分析题

【案例 8-1】

1. 我国常采用的招标方式有两种：公开招标、邀请招标。本次招标采用邀请招标的方式是合理的，理由是：本工程采用私有资金建设，不属于必须公开招标的项目，可以采用邀请招标方式，且招标人提前经过考察摸底，向具有类似工程业绩的同行业 6 家（大于 3 个）合格单位发出了参与投标的邀请，这是与公开招标最大的区别，也是《中华人民共和国招标投标法》明确规定的一种招标方式。

2. 根据《中华人民共和国招标投标法》规定，投标人在提交投标文件截止时间前，可以补充、修改或者撤回已提交的投标文件，并书面通知招标人。A 公司的投标行为不是违规，而是一种投标策略。

理由是：A 公司是在投标截止时间前递交的补充文件，符合相关法规要求。

3. 本次招标投标活动中，有 3 家单位的投标文件应当被否决。

E 和 F 公司串通投标，是作弊行为，《中华人民共和国招标投标法》明确规定有作弊行为者应当否决其投标文件。B 公司的投标也应当被否决，理由是未响应招标文件实质性要求，按《中华人民共和国招标投标法》规定，也属于应被否决投标的情形之一。

4. 主机设备安装实际位置与工艺布置图纸位置出现偏差的原因是：机电安装的基准线和基准点应依据测量控制网或相关建筑物轴线、边缘线、标高线来划定，而不应以土建提供的纵横中心线为依据。

5. 输送有毒有害介质的管道，在压力试验合格后必须进行泄漏性试验，试验介质一般宜采用空气，试验压力为设计压力。

【案例 8-2】

1. 根据《中华人民共和国招标投标法》《必须招标的工程项目规定》《必须招标的基础设施和公用事业项目范围规定》等，该 A1 级通用机场属于大型基础设施项目，必须依法招标；且政府投资项目垫资施工也不合法，所以建设单位不得自行指定 A 公司为总承包单位。

2. PC 承包模式即采购和施工的总承包，其承包内容包括：设备和材料采购以及A1 级通用机场的土建和安装工程施工。

采取邀请招标的形式不合理。根据《中华人民共和国招标投标法》《必须招标的工程项目规定》《必须招标的基础设施和公用事业项目范围规定》等，该 A1 级通用机场属于关系社会公共利益的大型基础设施项目，必须依法公开招标。

3. 因西北地区雨少、常刮风，而二氧化碳气体保护焊对风很敏感，在风速等于或大于2m/s即不能施焊，若无防风措施，露天采用二氧化碳气体保护焊很难保证焊接质量；且二氧化碳气体保护焊另一突出缺点是飞溅范围大，安全隐患大；故评委提出质疑。

4. 设备灌浆应分两次进行，即一次灌浆和二次灌浆。一次灌浆是在设备粗找正后，对地脚螺栓预留孔的灌浆；二次灌浆是在设备精找正、地脚螺栓紧固、检查项目合格后对设备底座和基础间进行的灌浆。

【案例8-3】

1. 该地铁项目由市政府投资兴建，属全部使用国有资金或国家融资的建设项目，也是关系社会公共利益的大型基础设施项目，根据《中华人民共和国招标投标法》《中华人民共和国招标投标法实施条例》《必须招标的工程项目规定》和《必须招标的基础设施和公用事业项目范围规定》，必须依法进行公开招标。

2. 该工程招标过程中强制要求投标单位注册登记、投标报名是不妥当的，故上级政府管理部门要求整顿。《电子招标投标办法》（国家发展改革委等八部委第20号令）中明确规定："除本办法和技术规范规定的注册登记外，任何单位和个人不得在招标投标活动中设置注册登记、投标报名等前置条件限制潜在投标人下载资格预审文件或者招标文件"。2019年5月19日，《国务院办公厅转发国家发展改革委关于深化公共资源交易平台整合共享指导意见的通知》（国办函〔2019〕41号）文件中，也要求系统梳理公共资源交易流程，取消没有法律法规依据的投标报名等事项。

3. 事件一中，造成A单位明显的履约成本增加和工期延误，是由新型冠状病毒肺炎疫情暴发这一不可抗力事件造成的，原合同预定的履约条件发生改变，非A单位的责任，故A单位可以向建设单位申请合同变更。A单位应和建设单位进行会谈沟通，对变更所涉及的工期和费用索赔的处理等达成一致意见，双方签署变更协议。

4. 事件二中，A单位增加的费用是由于建设单位的赶工指令造成的，非A单位责任，故可以索赔。

5. 根据《建筑节能与可再生能源利用通用规范》GB 55015—2021的规定，建筑供暖节能系统中的散热器进场时，应对其单位散热量、金属热强度等性能进行复验；保温材料进场时，应对其导热系数或热阻、密度、吸水率等性能进行复验。

【案例8-4】

1. 从合同变更原因的规定分析，事件一中施工单位提出的变更合理的有：

（1）生产工艺设计图纸修改，属设计变更原因，可能影响工期及费用的增加。

（2）设备基础下发现溶洞，属于业主的工程地质资料未提前告知，是业主的责任，溶洞桩基处理势必增加工程量，加大费用、延误工期。

（3）环境保护等级提升，是政府的新要求，增加费用应由业主解决，工期应调整。

事件一中不应进行合同变更的是：施工单位采取新技术、新工艺。理由是：施工单位自己采取的技术措施，其费用已包含在技术措施费中，不属于另增加费用之列。

2. 事件二中，施工单位提出相关联设备设计变更的要求合理。因为：关联设备的安装是以主机设备的标高、基线和位置尺寸为主要依据，部分设备已安装就位，重新调整造成人工、材料、机械费用增加并延误工期，这是由设计变更造成的，所以此要求合情合理。

3．事件二中，施工单位向业主提出的费用和工期索赔均不合理。理由是：没有任何工程变更的文字依据，仅有设计院的口头答复不足够。解决办法：

（1）施工单位向设计单位索要相关联设备设计变更单。

（2）根据设计变更单和施工过程记录（主要是重新调整安装记录）、费用计算及工期变化，编制工程索赔意向通知和索赔报告，交监理工程师审批后，再交业主审批。

4．事件三中的工程变更可以采用的处理方式有两种：

（1）对于重大的变更，合同双方可以签订工程变更协议。

（2）一般变更可由业主或工程师发出工程变更指令。

【案例 8-5】

1．事件一中，A公司应从合同分析、合同交底、合同控制三方面做好合同管理基础工作。

2．事件二中，B公司进行合同分析的重点包括：

（1）分析合同价格、合同规定的计价方法和价格补偿条件。

（2）理清工程质量标准，不要自行降低或提高标准。

（3）了解合同变更方式、工程验收方法、索赔程序和争执的解决等。

3．实施合同监督时应做的工作：

（1）监督落实合同实施计划。

（2）协调项目相关方之间的工作关系，解决合同实施中出现的问题。

（3）对具体实施工作进行指导并解释合同。

4．业主对总承包单位的处罚合理。理由：根据总承包合同和分包合同的权利和责任规定，总承包单位对分包工程和分包单位承担连带责任。

【案例 8-6】

1．事件一中，A公司可以要求合同变更。因为合同中明确有"不包含防排烟系统"内容，而且编制工程量清单预算的过程也没有计算"防排烟系统"费用，所以业主的要求可以被视为增加合同工作内容。

2．事件二中，总承包单位拒绝A公司索赔的理由：作为分包单位的A公司应按合同约定及总承包单位的要求建立现场环境安全生产保证体系，若分包方达不到合同约定的环境安全标准化标准，总承包方有权责成分包方进行整改，由此造成的一切工期、经济损失均由分包方全额承担，所以A公司的索赔不成立。

3．事件三中，关于工程合同变更定价的做法不妥当。理由：本工程为固定综合单价合同，但帆布软连接和铝箔带保温软连接材质完全不同，楼层内风机出口处的软连接材料的变更，是由业主单位提出的新要求，给A公司带来了费用增加，所以综合单价不能直接执行已有的帆布软连接的单价，应执行预算书里已有的铝箔保温软连接的单价，或者按照合同的成本与利润构成原则，由A公司和业主单位商定变更单价。

4．风机盘管机组安装前应进行风机三速试运行及盘管水压试验，试验压力应为系统工作压力的 1.5 倍，试验观察时间应为 2min，以不渗漏为合格。

【案例 8-7】

1．质检人员还应检查：焊接方法、焊接材料、焊接顺序、焊接变形及温度控制。

2．按照《保障农民工工资支付条例》（中华人民共和国国务院令第724号）的要求，分包合同中应明确的措施有：

（1）要求分包单位与所招用的农民工签订劳动合同，采用总承包单位的管理服务信息平台进行用工实名登记、管理。

（2）每月向总承包单位提供劳务工工资发放表。

（3）预留适当比例的工程款作为劳务工的工资保证金。

（4）或者由分包单位按月考核农民工工作量并编制工资支付表，委托施工总承包单位代发农民工工资。

3．按索赔发生的原因分析，B公司可提出的索赔如下：

（1）由于建设单位供应的设备延期交付，可提出工期和费用索赔。

（2）由于土建施工失误而延误工期，可提出工期和费用索赔。

（3）由于非自身原因造成电气盘柜无法施工，可提出设计变更的费用索赔。

4．工程竣工资料的组卷要求：工程文件应按单位工程组卷，工程档案应按不同的收集（整理）单位及资料类别分别组卷。

第9章 施工进度管理

复习要点

主要内容：单位工程施工进度计划，施工作业进度计划，施工进度监测分析，施工机电计划调整，施工进度控制措施。

知识点1. 机电工程施工进度计划表示方法

（1）横道图施工进度计划。

（2）流水施工横道图进度计划。

（3）网络图（双代号）施工进度计划。

（4）双代号时标网络计划。

知识点2. 机电工程进度计划编制的要点

知识点3. 单位工程施工进度计划的实施

单位工程施工进度计划实施前的交底、实施统计、执行审核和实施中的生产要素调度。

知识点4. 施工作业进度计划编制要求

（1）施工作业进度计划是对单位工程施工进度计划目标分解后的进度计划。

（2）作业进度计划可按分项工程或工序为单元进行编制，编制前应对施工现场条件、作业面现状、人力资源配备、物资供应状况等做充分了解。

知识点5. 施工作业进度计划的实施要求

（1）作业进度计划是项目部在施工期内指导作业的依据。

（2）对作业进度计划实施情况进行检查是计划执行的关键环节。

（3）对照计划进行跟踪检查，检查关键工作进度、时差利用和工作衔接关系的变动情况、资源状况、成本状况、管理情况等。

（4）分析产生进度偏差的原因，采取纠偏措施进行调整控制。

知识点6. 影响施工进度计划的单位原因

（1）建设单位的建设资金没有落实，工程款不能按时交付，影响计划进度。

（2）设计单位的施工图纸提供不及时或图纸修改，影响计划进度。

（3）监理单位的监理工程师不到岗，方案没有及时审查，没有及时检查验收，影响进度计划。

（4）供货单位违约，设备、材料没有按计划送达施工现场，影响计划进度。

（5）施工单位管理混乱，施工人员偏少，施工方案、方法不当等，影响计划进度。

知识点7. 影响施工计划进度的因素

（1）工程资金不落实。

（2）施工图纸提供不及时。

（3）气候及周围环境的不利因素。

（4）工程设备、材料不能按计划运抵施工现场。

（5）设备、材料价格上涨。

（6）"四新"技术的应用。

（7）施工现场管理混乱。

知识点 8. 施工进度的监测分析

分析有进度偏差的工作是否为关键工作，分析进度偏差是否大于总时差，分析进度偏差是否大于自由时差。

知识点 9. 施工进度计划的调整方法

改变某些工作间的衔接关系，缩短某些工作的持续时间。

知识点 10. 施工进度计划的调整内容

施工进度计划调整的内容有施工内容、工程量、起止时间、持续时间、工作关系、资源供应等。

知识点 11. 施工进度控制的主要措施

（1）组织措施。

（2）合同措施。

（3）经济措施。

（4）技术措施。

一 单项选择题

1. 下图是某设备安装施工的进度计划，该机电工程进度计划的总工期是（   ）。

    A. 85d   B. 110d

    C. 160d   D. 180d

2. 关于机电工程项目施工进度偏差分析的说法，正确的是（   ）。

    A. 工作的进度偏差大于该工作的自由时差，此偏差对总工期没有影响

    B. 工作的进度偏差大于该工作的自由时差，此偏差必将影响总工期

    C. 工作的进度偏差等于该工作的自由时差，此偏差对后续工作有影响

    D. 工作的进度偏差大于该工作的总时差，此偏差必将影响总工期

3. 施工作业进度计划编制的根据是（   ）。

    A. 单项工程施工进度计划   B. 单位工程施工进度计划

    C. 分部工程施工进度计划   D. 分项工程施工进度计划

4. 下列因素中，会影响施工图纸提供不及时的因素是（   ）。

A. 拖欠工程进度款　　　　　　B. 规范标准的修订

C. 现场的管控能力　　　　　　D. 新施工技术交底

5. 各专业施工队能在时间和空间上连续、均衡、有节奏的搭接作业，该施工进度计划的表示方式是（　　）。

A. 横道图施工进度计划　　　　B. 流水施工横道图进度计划

C. 时标网络施工进度计划　　　D. 双代号网络图施工进度计划

二　多项选择题

1. 机电工程采用横道图来表示施工进度计划时的优点有（　　）。

A. 便于实际进度与计划进度比较

B. 便于看出影响工期的关键工作

C. 便于计算劳动力的需要量

D. 便于计算材料和资金的需要量

E. 便于施工进度的动态控制

2. 在确定各项工程的开竣工时间和相互搭接关系时，应考虑的因素有（　　）。

A. 优先安排工程量大的工艺生产主线

B. 满足机电工程连续均衡施工要求

C. 在机电工程施工过程中能加班加点

D. 考虑各种不利条件的限制和影响

E. 在进度计划中留出一些后备工程

3. 下列施工进度控制措施中，属于技术措施的有（　　）。

A. 建立进度协调制度　　　　　B. 编制资金需求计划

C. 分析改变施工技术　　　　　D. 编制进度控制细则

E. 加强施工图纸审查

4. 下列影响施工进度的原因中，属于设计单位的原因有（　　）。

A. 没有及时组织工程验收　　　B. 设计修改没及时上报

C. 施工图纸提供很不及时　　　D. 施工图纸频繁地修改

E. 设备送达后验收不合格

三　实务操作和案例分析题

【案例 9-1】

一、背景

某电力安装公司承包一商务楼（地上 30 层，地下 2 层，地上 1~5 层为商场）的变配电工程安装，变配电设备在地下一层。工程主要设备：三相干式电力变压器（10/0.4kV）、配电柜（开关柜）设备由业主采购，已运抵施工现场。其他设备、材料由电力安装公司采购。因 1~5 层的商场要提前开业，变配电工程需配合送电。

电力公司项目部进场后，依据合同、施工图纸及施工总进度计划，编制了变配电工程的施工方案、施工进度计划（图9-1），报建设单位审批时被否定，要求优化进度计划，缩短工期，并承诺赶工增加费由建设单位承担。项目部依据公司及项目所在地的资源情况，优化施工资源配置，列出进度计划可压缩时间及费用增加表（表9-1），压缩了施工工期。

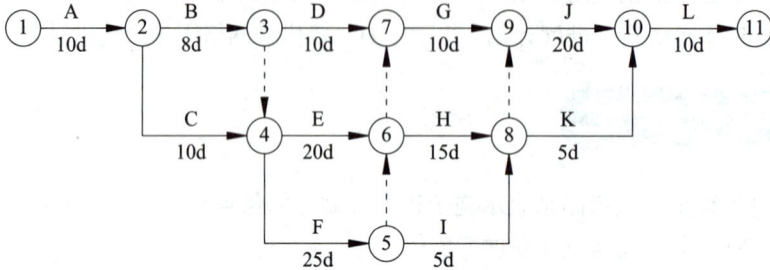

图9-1 变配电工程施工进度计划

表9-1 可压缩时间及费用增加表

代号	工作内容	持续时间（d）	可压缩时间（d）	增加费用（万元/d）
A	施工准备	10	—	—
B	基础框架安装	8	3	0.5
C	接地施工	10	4	0.5
D	桥架安装	10	3	1
E	变压器安装	20	4	1.5
F	开关柜、配电柜安装	25	6	1.5
G	电缆敷设	10	4	2
H	母线安装	15	5	1
I	二次线路敷设连接	5	—	—
J	试验调整	20	5	1
K	计量仪表安装	5	—	—
L	试运行验收	10	4	1

　　项目部施工准备充分，落实资源配置，依据施工方案要求向作业人员进行技术交底，明确变压器、配电柜等主要分项工程的施工程序，明确各工序之间的逻辑关系、技术要求、操作要点和质量标准，使工程按计划实施。

　　变配电工程完工后，供电部门检查合格后送电，经过验电、校相无误，分别合高、低压开关，空载运行24h，无异常，办理验收手续，交建设单位使用；同时整理技术资料，准备在商务楼竣工验收时归档。

二、问题

　　1. 项目部编制的施工进度计划（图9-1）的工期为多少天？最多可压缩工期多少天？需增加多少费用？

　　2. 写出作业人员优化配置的依据。项目部应根据哪些内容的变化对劳动力进行动态管理？

3．项目部的施工准备包括哪几个方面？应落实哪些资源配置？

4．变配电装置空载运行 24h 是否满足验收要求？项目部整理的技术资料应包含哪些内容？

【案例 9-2】

一、背景

某安装公司承接一公共建筑（地上 30 层和地下 2 层）的电梯安装工程，工程有 32 层 32 站曳引式电梯 8 台，工期为 90d，开工时间为 3 月 18 日，其中 6 台客梯需智能群控，2 台消防电梯需在 4 月 30 日交付使用，并通过消防验收，在工程后期作为施工电梯使用。电梯井道的脚手架工程、机房及层门预留孔的安全技术措施由建筑工程公司实施。

安装公司项目部进场后，将拟安装的电梯情况，书面告知了电梯安装工程所在地的特种设备安全监督管理部门。按合同要求编制了电梯施工方案和电梯施工进度计划（表 9-2）等，电梯安装采用流水搭接平行施工，作业人员配置有钳工、焊工、电工、起重工等。电梯安装前，项目部对机房和井道进行检测，设备基础位置、结构尺寸及外观质量均符合电梯安装要求；曳引电机、控制柜、轿厢、层门、导轨等电梯设备外观检查合格，并采用建筑塔式起重机及外墙施工电梯将设备搬运到位，使电梯安装工程按施工进度计划实施，交付业主。

表 9-2　电梯施工进度计划

工序	工序时间	4 月						5 月					
		1	6	11	16	21	26	1	6	11	16	21	26
导轨安装	20d												
机房设备安装	（2＋6）d												
井道内配管、配线	（3＋9）d												
轿厢、对重安装	（3＋9）d												
电梯层门安装	（6＋18）d												
电器、相关附件安装	（4＋12）d												
单机试运行、调试	（2＋6）d												
消防电梯验收	1d												
群控试运行、调试	4d												
竣工验收交付业主	3d												

二、问题

1．电梯安装前，项目部在书面告知时应提交哪些材料？

2．项目部对机房和井道的安全检查，应关注哪几项安全技术措施？

3．消防电梯从开工到验收合格用了多少天？电梯安装工程比合同工期提前了多少天？

4. 电梯施工进度计划采用横道图表示时有哪些欠缺？

5. 安装公司项目部怎样使用横道图计划来进行进度分析？

【案例 9-3】

一、背景

某建筑空调工程中的冷热源主要设备由某施工单位吊装就位，设备需吊装到地下一层（-7.5m），再牵引至冷冻机房和锅炉房安装就位。施工单位依据设备一览表（表 9-3）及施工现场条件（混凝土地坪）等技术参数进行分析、比较，制定了设备吊装施工方案，方案中选用 KMK6200 汽车起重机，吊机在工作半径 19m、吊杆伸长44.2m 时，允许载荷为 21.5t，满足设备的吊装要求。锅炉房的泄爆口尺寸为 9000mm×4000mm，大于所有设备外形尺寸，选择锅炉房泄爆口为设备的吊装口，所有设备经该吊装口吊入，冷水机组和蓄冰槽需用卷扬机及滚杠滑移系统牵引到冷冻机房安装就位。

在吊装方案中，绘制了吊装施工平面图，设置吊装区，制定安全技术措施，编制了设备吊装进度计划（表 9-4）。施工单位按吊装的工程量及进度计划配置足够的施工作业人员。

表 9-3　设备一览表

设备名称	数量（台）	外形尺寸（mm）	重量（t/台）	安装位置	到货日期
冷水机组	2	3490×1830×2920	11.5	冷冻机房	3 月 6 日
双工况冷水机组	2	3490×1830×2920	12.4	冷冻机房	3 月 6 日
蓄冰槽	10	6250×3150×3750	17.5	冷冻机房	3 月 8 日
锅炉	2	4200×2190×2500	7.3	锅炉房	3 月 8 日

表 9-4　设备吊装进度计划

序号	日（顺序） 工作	3 月											
		1	2	3	4	5	6	7	8	9	10	11	12
1	施工准备												
2	冷水机组吊装就位												
3	锅炉吊装就位												
4	蓄冰槽吊装就位												
5	收尾												

二、问题

1. 设备吊装工程中应配置哪些主要的施工作业人员？

2. 吊机站立位置的地基应如何处理？在设备的试吊中，应关注哪几个重要步骤？

3. 指出设备吊装进度计划中设备吊装顺序不合理之处。说明理由并纠正。

4. 确定空调工程项目施工顺序有哪些原则？

【案例 9-4】

一、背景

A 安装公司承包某高层建筑的通风空调、给水排水和建筑电气工程的施工。合同约定：空调设备由业主采购，其他设备、材料由 A 安装公司采购。高层建筑的一次结构已完工；二次结构和装饰工程由 B 建筑公司承包施工，变配电室由当地供电所的电力公司承包施工。

A 安装公司项目部在 8 月 1 日进场后，依据 B 建筑公司的施工进度、空调设备的到场时间及供电所的送电时间等资料，编制了通风空调、给水排水和建筑电气工程的施工进度计划（表 9-5），该施工进度计划在送审时，被总工程师否定，经项目部修改后通过审批。

表 9-5　通风空调、给水排水和建筑电气工程的施工进度计划

日 / 施工内容	8月 1	11	21	9月 1	11	21	10月 1	11	21	11月 1	11	21	12月 1	11	21
施工准备	▬														
通风空调系统施工		▬	▬	▬	▬	▬	▬	▬							
建筑给水系统施工			▬	▬	▬	▬	▬	▬	▬						
建筑排水系统施工				▬	▬	▬	▬	▬							
楼层配电系统施工		▬	▬	▬	▬	▬	▬								
电气照明系统施工				▬	▬	▬	▬	▬	▬						
各专业系统送电调试										▬	▬				
系统联动调试、调整											▬	▬	▬		
竣工验收														▬	▬

在工程施工中，曾经发生了两个施工质量问题：

问题一：因空调设备没有按合同约定送达施工现场，耽误了风管的施工进度，为了赶进度，室内主风管安装连接后，没有检测风管的严密性就开始风管的保温作业，被监理叫停，后经检验合格后才交付下道工序。

问题二：在灯具通电调试时，发现个别灯具外壳带电，经检查是螺口灯头的接线错误，同时还发现嵌入式吸顶灯（3.5kg）用螺钉固定在石膏板吊顶上，整改后通过验收。

A 安装公司项目部与 B 建筑公司、电力公司配合协调，进行系统联动调试、调整，共同对建筑装饰、通风空调、给水排水和建筑电气工程进行竣工验收，使工程按合同要求完工。

二、问题

1．说明施工进度计划被安装公司总工程师否定的原因。变配电室最迟应在哪天完成送电？

2．问题一中，应检验风管哪些部位的严密性？

3．问题二中，灯具的安装质量应如何整改？

4．A 安装公司项目部与 B 建筑公司协调与配合的主要内容有哪些？

【案例 9-5】
一、背景
A 公司承包某项目的机电安装工程，工程主要内容有：建筑给水排水、建筑电气工

程、通风空调工程和建筑智能化工程等。合同约定：电力变压器、空调机组、配电柜、控制柜和水泵等设备由业主采购；阀门、灯具、风口、管材、电线电缆等由 A 公司采购。A 公司因人力资源的问题，经业主同意后，将给水排水及照明工程分包给 B 公司施工。

A 公司项目部进场后，编制施工总进度计划、施工方案、材料采购计划等；及时订立材料采购合同，安排施工人员进场施工。第一批阀门（表 9-6）按计划到达施工现场时，项目部组织人员对阀门开箱检查，并按规范要求进行了强度和严密性试验，在设备及管道安装后的试验调试中，主干管上起切断作用的 DN400 及 DN300 阀门和其他管线阀门均无漏水，工程质量验收合格。

表 9-6　阀门规格数量

	DN400	DN300	DN250	DN200	DN150	DN125	DN100
闸阀	4	8	16	24			
球阀					38	62	84
蝶阀			16	26	12		
合计	4	8	32	50	50	62	84

B 公司按施工总进度计划，编制了给水排水及照明工程施工作业进度计划（表 9-7），工期需 120d，被 A 公司项目部否定，要求 B 公司修改作业进度计划，减少工期。B 公司在工作持续时间不变的情况下，将照明管线施工开始时间移到 3 月 1 日，并及时增加施工人员，进行安装技术交底，重点对单相三孔插座的接线进行了培训。因作业进度计划修改合理，技术交底到位，给水排水及照明工程按 A 公司要求完工。

表 9-7　给水排水及照明工程施工作业进度计划

序号	工作内容	持续时间	3月			4月			5月			6月		
			1	11	21	1	11	21	1	11	21	1	11	21
1	水泵房设备安装	30d												
2	排水、给水管道施工	40d												
3	卫生器具等安装	20d												
4	给水排水系统试验、验收	10d												
5	照明管线施工	40d												
6	灯具安装	15d												
7	开关插座安装	20d												
8	通电、试运行验收	10d												

在水泵施工质量验收时，监理人员指出水泵的进水管接头和压力表安装存在质量问题（图 9-2），要求施工人员返工，返工后质量验收合格。

二、问题

1. 第一批进场阀门按规范要求最少应抽查多少个阀门进行强度和严密性试验？强度和严密性试验压力应为公称压力的几倍？

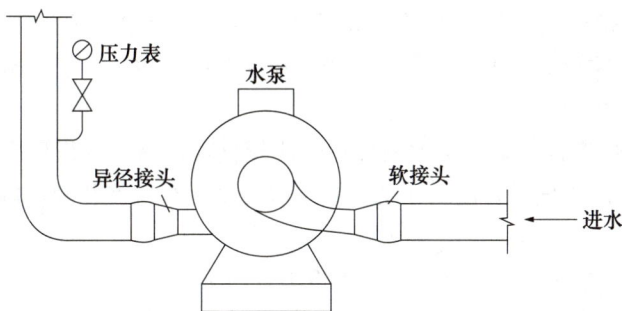

图 9-2　水泵安装示意图

2．B 公司编制的给水排水及照明工程施工作业进度计划为什么被 A 公司项目部否定？修改后的进度计划工期为多少天？

3．单相三孔插座的接线有哪些要求？

4．图 9-2 中的水泵运行时会产生哪些不良后果？

【答案】

一、单项选择题

1．D；　　2．D；　　3．B；　　4．B；　　5．B

二、多项选择题

1．A、C、D；　　　　2．A、B、D、E；　　　3．C、D、E；　　　　4．C、D

三、实务操作和案例分析题

【案例 9-1】

1．项目部编制的施工进度计划（图 9-1）的工期为 90d。最多可以压缩工期 24d。需增加的费用：0.5×2＋0.5×4＋1.5×1＋1.5×6＋1×5＋1×5＋1×4＝27.5 万元。

2．作业人员优化配置的依据：项目所需作业人员的种类及数量；项目的施工进度计划；项目的劳动力资源供应环境。

项目部应根据生产任务和施工条件的变化对劳动力进行动态管理。

3．项目部的施工准备包括技术准备、现场准备和资金准备；应落实劳动力配置和物资配置。

4．变配电装置空载运行 24h 满足验收要求。项目部整理的技术资料应包含：施工图纸、施工记录、产品合格证（说明书）、试验报告单等技术资料。

【案例 9-2】

1．电梯安装前，项目部在书面告知时应提交的材料有：《电梯安装告知书》；施工单位及人员资格证件；施工组织与技术方案；工程合同；安装监督检验约请书；电梯制造单位的资质证件。

2．项目部对机房和井道的安全检查，应关注的安全技术措施是：层门洞设置了高度不小于 1.2mm 的栏杆，有临时盖板封堵机房预留孔，井道内脚手架有防火措施。

3．消防电梯从开工到验收合格用了 35d（14d＋21d）。

电梯安装工程比合同工期提前了 16d〔90d－（14d＋30d＋30d）〕。

4. 电梯施工进度计划采用横道图表示时，不能反映出电梯施工所具有的机动时间，不能明确地反映出影响电梯工期的关键工作和关键线路，不利于电梯施工进度的动态控制。

5. 电梯施工进度计划采用横道图计划时比较直观，易于分析进度偏差，只要将计划进度线长度与实际进度线长度对比就可判定进度是否有偏差和确定偏差的数值。

【案例9-3】

1. 应配置信号指挥员、司索人员、起重工、钳工、焊工。

2. 吊机站立位置的地基应进行清理，按规定进行沉降预压试验。

在设备的试吊中，应关注的重要步骤是：设备（最大尺寸）的吊起高度，设备的停留时间，设备（冷水机组、锅炉）的检查部位和调整方法。

3. 在进度计划中，先吊装锅炉，后吊装蓄冰槽是不合理的。因为蓄冰槽是利用锅炉房的泄爆口吊装的，否则蓄冰槽就不能吊装。纠正：锅炉应安排在蓄冰槽后吊装。

4. 空调工程项目的施工顺序原则有：要突出主要工程和工作，要满足先地下后地上、先深后浅、先里后外、先干线后支线等施工的基本顺序要求，满足质量和安全的需要，满足用户要求，注意生产辅助装置和配套工程的安排。

【案例9-4】

1. 施工进度计划被安装公司总工程师否定的原因有：进度计划中先建筑给水、后建筑排水的施工程序不正确（或施工应是先排水、后给水）。

变配电室最迟应在11月10日（或11日前）完成送电。

2. 问题一中，应检验风管的咬口缝、铆接孔、法兰翻边、管段连接的严密性，合格后方能进入下道工序。

3. 问题二中，灯具安装的质量问题整改：螺口灯头的相线应接在中心触点端子上，零线应接在螺纹端子上；嵌入式吸顶灯（大于3kg）应采取预埋吊钩（或膨胀螺栓）固定在混凝土楼板上。

4. A安装公司项目部与B建筑公司协调与配合的主要内容有：施工进度的协调与配合，交叉施工的协调与配合，吊装（运输）机具的使用与协调，设备基础（或预埋件、预留孔）的检查与协调。

【案例9-5】

1. 第一批进场的阀门按规范要求最少应抽查44个进行强度和严密性试验，强度试验压力应为公称压力的1.5倍；严密性试验压力应为公称压力的1.1倍。

2. 否定的原因：照明工程和给水排水工程施工没有先后逻辑关系，照明工程和给水排水工程可以同时进行施工。修改后的作业进度计划工期为70d。

3. 单相三孔插座的接线要求：面对插座板，右孔与相线（L）连接，左孔与中性导体（N）连接，上孔与保护接地导体（PE）连接；保护接地导体（PE）在插座之间不得串联连接；相线（L）及中性导体（N）不应利用插座本体的接线端子转接供电。

4. 图9-2中的水泵运行时会产生的不良后果：进水入口的同心异径接头会形成气囊；压力表前没有表弯，压力表会由于较大的压力冲击而损坏。

第10章　施工质量管理

复习要点

微信扫一扫
在线做题+答疑

主要内容：施工质量计划与质量保证措施；施工过程质量控制；施工工序质量检验；质量监督检验与验收；施工质量问题处理；施工质量事故处理。

知识点 1. 项目质量计划

知识点 2. 质量计划编制要求

确定质量目标，建立组织机构，制定项目经理部各级人员、部门的岗位职责，建立质量保证体系和控制程序，质量控制点策划。

知识点 3. 质量保证措施

知识点 4. 施工过程质量控制

施工质量控制按全过程分为三个阶段：事前控制、事中控制、事后控制。

知识点 5. 检验试验计划（卡）

检验试验计划（卡）是质量计划（或施工方案）中的一项重要内容，是整个工程项目施工过程中质量检验的指导性文件，是施工和质量检验人员执行检验和试验操作的依据。

知识点 6. 检验试验计划的编制依据和主要内容

知识点 7. 现场质量检查的内容

开工前的检查，工序交接检查，隐蔽工程的检查，停工后复工的检查，分项、分部工程完工后检查，成品保护的检查。

知识点 8. 工程项目质量检验的"三检制"

"三检制"是指操作人员的"自检""互检"和专职质量管理人员的"专检"相结合的检验制度。

知识点 9. 现场质量检查的方法

目测法、实测法、试验法等。

知识点 10. 工程质量监督检验

工程质量监督管理，工程质量监督检验的内容。

知识点 11. 分项、分部、单位工程的质量验收

检验批验收、分项工程验收、分部（子分部）工程验收、单位（子单位）工程质量验收。

知识点 12. 隐蔽工程验收

在隐蔽前 48h 以书面形式通知建设单位（监理单位）或工程质量监督、检验单位进行验收。通知内容包括：隐蔽验收的内容、隐蔽方式、验收时间和地点等。

知识点 13. 工程专项验收

工程专项验收主要包括：消防验收、环境保护验收、工程档案验收、建筑防雷验收、建筑节能专项验收、安全验收和规划验收等。

知识点 14. 工程质量缺陷、质量不合格和质量事故划分和定义

知识点 15. 质量问题的处理方式

返工处理、返修处理、限制使用、不作处理、报废处理五种情况。

知识点 16. 工程质量事故

知识点 17. 质量事故等级划分

根据工程质量事故造成的人员伤亡数量或者直接经济损失，工程质量事故分为 4 个等级：特别重大事故、重大事故、较大事故和一般事故。

知识点 18. 质量事故处理程序

事故报告、保护现场、事故调查、事故调查报告。

一 单项选择题

1. 建筑安装工程分部工程质量验收的负责人是（　　）。

    A．专业监理工程师   B．施工项目经理

    C．设计单位技术负责人   D．建设单位项目负责人

2. 工程质量事故发生后，施工现场有关人员可直接向主管部门报告的内容中不包括（　　）。

    A．事故发生的原因和事故性质

    B．事故报告单位、联系人及联系方式

    C．事故发生的简要经过、伤亡人数和初步估计的直接经济损失

    D．事故发生的时间、地点、项目名称、各参建单位名称

3. 观感质量验收时，评价为差的检查点应通过（　　）。

    A．协商谅解   B．拆除返工

    C．推倒重做   D．返修处理

4. 影响下道工序质量的质量控制点，共同检查确认并签证的是（　　）。

    A．业主和施工双方质检人员   B．施工和监理双方质检人员

    C．业主和监理双方质检人员   D．施工和政府双方质检人员

5. 工程质量没有达到设计要求，但经原设计单位核算认可，能够满足安全和使用功能的可（　　）。

    A．返修处理   B．不作处理

    C．降级使用   D．返工处理

6. 机电工程现场质量检查的基本方法不包括（　　）。

    A．目测法   B．检验法

    C．实测法   D．试验法

二 多项选择题

1. 下列工程施工中，属于隐蔽工程的有（　　）。

    A．吊顶内配管   B．电缆埋地

C. 竖井内管线　　　　　　　　D. 灯具安装

　　E. 热力管防腐

2. 工序质量控制的方法包括（　　　）。

　　A. 工序分析　　　　　　　　　B. 质量控制点设置

　　C. 质量预控　　　　　　　　　D. 试运行竣工验收

　　E. 检测过程

3. 工程项目质量事故的特点有（　　　）。

　　A. 复杂性　　　　　　　　　　B. 严重性

　　C. 可变现　　　　　　　　　　D. 多发性

　　E. 单一性

三　实务操作和案例分析题

【案例 10-1】

一、背景

　　某安装公司承包某分布式能源中心的机电安装工程，工程内容有：冷水机组、配电柜、水泵等设备的安装和冷水管道、电缆排管及电缆施工。分布式能源中心的冷水机组、配电柜、水泵等设备由业主采购，金属管道、电力电缆及各种材料由安装公司采购。冷冻水泵进出水管道布置如图 10-1 所示。

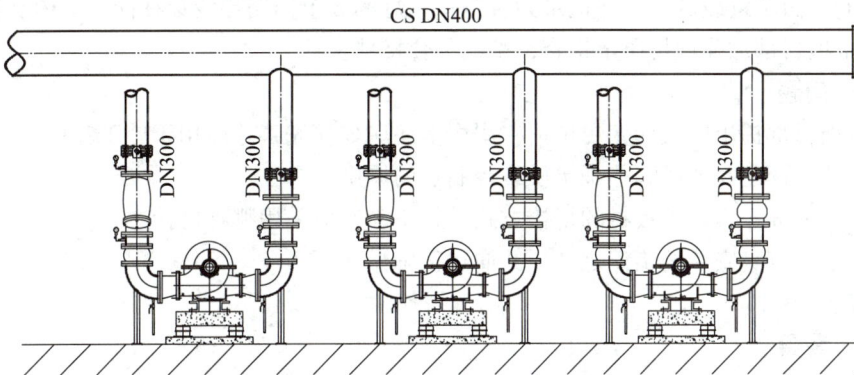

图 10-1　冷冻水泵进出水管道布置图

　　安装公司项目部进场后，编制了施工方案、施工进度计划及质量预控方案。对业主采购的冷水机组、水泵等设备进行检查，核对技术参数，符合设计要求。设备基础验收合格后，采用卷扬机及滚杠滑移系统将冷水机组二次搬运、吊装就位，安装中设置了质量控制点，做好施工记录，保证了安装质量，达到了设计及安装说明书的要求。项目部在冷冻水管道施工中，发现冷冻水泵出口管道的设计不符合规范，项目部向设计单位提出设计变更，要求更改冷冻水泵出口管道的设计。最后，在各相关方的协同配合下，工程按期通过验收。

二、问题

1. 冷冻水泵出口管道的设计存在什么问题？项目部如何提请设计变更？

2. 项目部在验收水泵时应认真核对哪些技术参数？

3. 项目部编制的质量预控方案包括哪些内容？

4. 冷水机组安装过程中需要设置的质量控制点有哪些？

【案例 10-2】

一、背景

某安装公司承接了某广场地下商场给水排水、空调、电气和消防安装工程，工程总面积为 15000m²，地下 3 层，主要设备有：高、低压配电柜，锅炉，冷水机组，空调机组，消防水泵，消防稳压罐等。

施工前，安装公司项目部应建设单位的要求，按设计图建立了机电管线三维模型，发现走廊管道综合布置后无法满足吊顶净高要求，与监理工程师协商后，把空调供、回水主干管从走廊移至商铺内，保证了走廊吊顶的净高，同时缩短了主干管的长度；项目部把综合布置后的三维模型及图纸作为设计变更申请报监理单位审核后，经建设单位同意用于施工。

项目部根据安装公司管理手册和程序文件的要求，结合项目实际情况编制了项目质量计划，经审批后实施。项目部根据施工过程中的关键工序，对后续工程施工质量、安全有重大影响的工序，采用新工艺、新技术、新材料的部位等原则，确定了质量控制点为：高、低压配电柜安装，锅炉、冷水机组的设备基础、垫铁敷设，管道焊接和压力试验等。施工过程中，监理工程师在现场巡视时发现：金属风管板材的拼接均采用咬口连接，其中包括 1.6mm 镀锌钢板制作的排烟风管；商场中厅 500kg 装饰灯具的悬吊装置按 750kg 做了过载试验，并记录为合格；花灯的 8 个回路导线穿在同一管内。监理工程师要求项目部加强现场质量检查，整改不合格项。

二、问题

1. 项目部提出的设计变更申请在程序上还应如何完善才能用于施工？

2. 项目部还需考虑哪些确定质量控制点的原则？

3. 1.6mm 金属风管板材的拼接方式是否正确？应采用哪种拼接方式？

4. 指出灯具安装的错误之处，并简述正确做法。

【案例 10-3】

一、背景

某厂的机电安装工程由 A 安装公司承包施工，土建工程由 B 建筑公司承包施工，A 安装公司、B 建筑公司均按照《建设工程施工合同（示范文本）》GF—2021—0201 与建设单位签订了施工合同，合同约定：A 安装公司负责工程设备和材料的采购，合同工期为 214d（3 月 1 日到 9 月 30 日），工期提前 1d 奖励 2 万元，延误 1d 罚款 2 万元。合同签订后，A 安装公司项目部编制了施工方案、施工进度计划和采购计划等，并经建设单位批准。合同实施过程中发生如下事件：

（1）A 安装公司项目部进场后，因 B 建筑公司的原因，土建工程延期 10d 交付给 A 安装公司项目部，使得 A 安装公司项目部的开工时间延后了 10d。

（2）因供货厂家原因，订购的不锈钢阀门延期 15d 送达施工现场，A 安装公司项目部对阀门进行了外观检查，阀体完好，开启灵活，准备用于工程管道安装，被监理工程师叫停，要求对不锈钢阀门进行试验，项目部对不锈钢阀门进行了试验，试验全部合格。

（3）监理工程师发现：A 安装公司项目部已开始压力管道安装，但未向本市特种设备安全监督部门书面告知。监理工程师发出停工整改指令，项目部进行了整改，并向本市特种设备安全监督部门书面告知。

因以上事件造成安装工期延误，A 安装公司项目部及时向建设单位提出工期索赔，要求增加工期 25d，项目部采取了技术措施，施工人员加班加点赶工期，使得机电安装工程在 10 月 4 日完成。

该机电安装工程完工后，建设单位在 10 月 4 日未经工程验收就擅自投入使用，在使用 3d 后发现不锈钢管道焊缝渗漏严重，建设单位要求项目部进行返工抢修，项目部抢修后，经再次试运转检验合格，在 10 月 11 日重新投用。

二、问题

1. 送达施工现场的不锈钢阀门应进行哪些试验？给出不锈钢阀门试验介质的要求。

2. 施工单位在压力管道安装前未履行"书面告知"手续，可受到哪些行政处罚？

3. A 安装公司项目部应得到工期提前奖励还是工期延误罚款？金额是多少万元？说明理由。

4. 该工程的保修期应从何日起算？写出工程保修的工作程序。

【答案】

一、单项选择题

1. D；　　2. A；　　3. D；　　4. B；　　5. C；　　6. D

二、多项选择题

1. A、B、E；　　　　2. A、B、C；　　　　　3. A、B、C、D

三、实务操作和案例分析题

【案例 10-1】

1.《通风与空调工程施工质量验收规范》GB 50243—2016 规定：空调水系统并联水泵的出口管道进入总管应采用顺水流斜向插接的连接形式，夹角不应大于 60°。冷冻水泵出口管道进入总管未采用顺水流斜向插接的连接形式，不符合规范的规定。项目部提请设计变更程序：项目部应填写设计变更申请单，交建设（监理）单位审核签字后，送原设计单位进行设计变更。

2. 项目部在验收水泵时，应认真核对水泵的型号、流量、扬程、功率等技术参数。

3. 项目部编制的质量预控方案的内容包括：工序名称；可能出现的质量问题；提出质量预控措施。

4. 质量控制点是指对工程的性能、安全、寿命、可靠性等有严重影响的关键部位或对下道工序有严重影响的关键工序。冷水机组安装过程中需要设置的质量控制点有：设备基础验收、垫铁敷设、设备安装的水平度与垂直度、设备试运行。

【案例 10-2】

1. 项目部提出的设计变更申请还应通知设计单位，设计单位认可变更方案，进行设计变更，出变更图纸或变更说明后才能用于施工。

2．项目部还需考虑的原则有：关键工序的关键质量特性（关键因素），施工中的薄弱环节，质量不稳定工序，隐蔽工程。

3．1.6mm 金属风管板材拼接方式错误，应采用电焊或氩弧焊拼接。

4．项目部按 750kg 做了过载试验，并记录为合格错误，应按灯具重量的 2 倍（或1000kg）做过载试验；花灯的 8 个回路穿在同一管内错误，管内导线总数不应超过 8 根。

【案例 10-3】

1．送达施工现场的不锈钢阀门应进行阀门壳体压力试验和密封试验。不锈钢阀门试验介质要求：试验介质为洁净水，水中的氯离子含量不得超过 25ppm。

2．施工单位在压力管道安装前未履行"书面告知"手续进行施工的，责令限期改正；逾期未改正的，处 1 万元以上 10 万元以下罚款。

3．A 安装公司项目部应得到工期提前奖励，金额是 12 万元。因为本工程最初签订的合同工期是 214d，由于 B 建筑公司的原因致使开工时间延迟，不是 A 安装公司的责任，可索赔工期 10d，合同工期应调整为 224d，实际工期是 218d，工期提前 224－218 ＝6d，可获得奖励 2×6 ＝ 12 万元。

4．该工程的保修期应从 10 月 4 日起算。工程保修的工作程序：发送保修书、检查修理、验收记录。

第11章 施工成本管理

复习要点

微信扫一扫
在线做题+答疑

主要内容: 安装定额与工程量清单;工程费用组成;施工成本计划;施工成本控制方法及内容;降低施工成本的措施。

知识点1. 安装工程预算定额

知识点2. 施工图预算

知识点3. 工程量清单

分部分项工程项目清单、措施项目清单、其他项目清单、增值税项目清单的组成和具体内容。

知识点4. 按工程费用构成要素划分工程费用

包括:人工费、材料费、机械费、企业管理费、利润、增值税;可以按照工程的施工图,采用工料单价法进行成本费用的计算。

知识点5. 按工程造价组成内容划分工程费用

包括:分部分项工程费、措施项目费、其他项目费、增值税;可以按照工程施工图,采用综合单价法进行成本费用的核算。

知识点6. 施工成本计划

包括施工成本计划的编制依据、编制程序、主要内容和编制方法。

知识点7. 项目预算成本、目标成本(考核责任成本)、项目计划成本、项目实际成本

包括项目预算成本、目标成本(考核责任成本)、项目计划成本、项目实际成本、成本降低额或超支额、计划成本降低率与实际成本降低率。

知识点8. 施工成本控制的原则

成本最低化、全面成本控制、动态控制、责权利相结合以及开源与节流相结合的原则。

知识点9. 施工成本控制的依据和程序

包括施工成本控制的依据和程序。

知识点10. 施工成本控制的内容

包括以项目施工成本形成过程作为控制对象,以项目施工的职能部门、劳务分包作为成本控制对象,以分部分项工程作为项目成本的控制对象的成本控制主要内容。

知识点11. 施工成本控制的方法

包括施工成本过程控制方法、安装工程费的动态控制、工期成本的动态控制以及施工成本偏差控制等的方法。

知识点12. 降低施工成本控制的措施

包括组织措施、技术措施、经济措施和合同措施。

1. 下列施工资料中，不属于施工图预算编制依据的是（　　）。
   A. 预算定额　　　　　　　　　B. 施工图纸
   C. 机械台班　　　　　　　　　D. 概算指标

2. 机电工程各分部工程清单项目的工程量计算，不考虑的是（　　）。
   A. 图纸数量　　　　　　　　　B. 预留长度
   C. 损耗数量　　　　　　　　　D. 附加长度

3. 下列费用中，不属于分部分项工程清单综合单价的是（　　）。
   A. 管理费　　　　　　　　　　B. 材料费差价
   C. 措施费　　　　　　　　　　D. 利润

4. 下列机电工程项目成本控制措施中，属于施工准备阶段项目成本控制要点的是（　　）。
   A. 优化施工方案　　　　　　　B. 限额领料管理
   C. 成本差异分析　　　　　　　D. 注意工程变更

5. 下列项目施工成本控制内容，属于施工阶段的是（　　）。
   A. 制定科学先进及经济合理的施工方案
   B. 加强施工任务单和限额领料单的管理
   C. 编制明细而具体的施工项目成本计划
   D. 以投标报价为依据确定项目成本目标

6. 属于机电工程保修阶段项目成本控制要点的是（　　）。
   A. 计算实际成本　　　　　　　B. 优化管理架构
   C. 控制保修费用　　　　　　　D. 注意工程变更

7. 机电工程施工成本控制措施中，不属于控制人工费成本的措施有（　　）。
   A. 试行弹性劳务制度　　　　　B. 严格执行企业劳动定额
   C. 加强施工技术培训　　　　　D. 减少项目施工管理人员

8. 降低机电工程项目成本的合同措施不包括（　　）。
   A. 建立成本管理体系　　　　　B. 选择适当的合同结构模式
   C. 全过程的合同控制　　　　　D. 必要的合同风险防控对策

二 多项选择题

1. 下列属于机电工程施工图预算作用的内容有（　　）。
   A. 编制招标最高限价的依据　　B. 签订工程承包合同的依据
   C. 编制工程投标报价的依据　　D. 制订安装工程预算定额
   E. 编制工程概算指标的依据

2. 下列费用中，属于分部分项工程清单综合单价的有（　　）。
   A. 人工费　　　　　　　　　　B. 措施费

C. 材料费　　　　　　　　　　　D. 利润

E. 增值税

3. 下列属于工程量清单中其他项目清单内容的有（　　　）。

A. 社会保险费　　　　　　　　　B. 安全生产措施费

C. 暂列金额　　　　　　　　　　D. 总承包服务费

E. 机械台班

4. 下列措施项目费中，属于施工组织措施项目费的有（　　　）。

A. 环境保护费　　　　　　　　　B. 二次搬运费

C. 文明施工费　　　　　　　　　D. 脚手架工程费

E. 临时设施费

5. 机电工程施工中材料成本的控制内容有（　　　）。

A. 加强材料采购成本的管理　　　B. 加强限额发料的管理

C. 强化作业人员的技术素质　　　D. 控制施工中材料消耗

E. 从量差和价差的方面控制

6. 降低施工成本的经济措施有（　　　）。

A. 控制人工费用　　　　　　　　B. 控制材料费用

C. 控制机械费用　　　　　　　　D. 控制管理人员工资费用

E. 控制间接费及其他直接费

三　实务操作和案例分析题

【案例 11-1】

一、背景

某电力工程公司承接一 35kV 电力架空线路工程，跨越公路、河流、铁路，线路长度 23km，沿线海拔 1000～2000m，属于覆冰区，工程合同价为 3000 万元。该电网工程公司组建了项目经理部，并根据成本控制中心对工程人工费、材料费、机械费、企业管理费、措施费、规费、税金等费用的测算，给项目下达的考核目标成本为 2760 万元，符合投标时确定的企业利润。

该项目部根据工程实际情况，认真编排施工程序，优化施工方案，严格控制质量，按项目成本的分类编制了成本计划，计划成本为 2540 万元，并制定了突发事件的应急预案。施工过程中加大了成本控制力度。

经过一年的紧张施工，架空线路某电杆及附件的安装示意图如图 11-1 所示。按基础、电杆组立、架线、接地实施的中间验收合格后，进入竣工验收，由国网公司等单位专家组成的验收组，分成三个现场组及一个资料组，涵盖测量、通道、铁塔、走线等相关专业，严格按照竣工验收的规定，对工程进行检查，现场共抽查三个耐张段，全面细致地检查基础、铁塔、架线、接地、线防等相关内容。

通过检查，验收组一致认为，由该公司承建的工程施工质量优良，工程资料档案符合要求，现场实物抽检项目及数据符合设计要求，满足验收规范要求。项目经分析核算，实际成本为 2500 万元，取得了较好的经济效益。

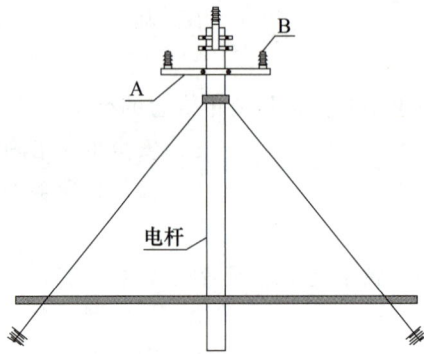

图 11-1　电杆及附件的安装示意图

二、问题

1. 简述架空线路施工的一般程序。导线钳压管连接强度试验的合格要求有哪些？
2. 按照施工生产划分，架空线路架设过程中可能的突发事件有哪些？
3. 说明图 11-1 中 A、B 部件的名称及作用。
4. 该工程竣工验收的组织要求有哪些？
5. 试计算项目的计划成本降低率和实际成本降低率。

【案例 11-2】

一、背景

某安装公司承建一工厂建设工程项目，项目主要施工内容包括：厂房钢结构制作安装，设备安装，油罐及管道制作安装等。合同工期为 6 个月，合同造价 2000 万元（含暂列金额 50 万元），合同中约定：预付款为合同造价的 10%，从每月的进度款中扣回。

安装公司经营管控部门经过测算，决定预留 8% 作为企业的利润，其余为公司对项目的考核目标成本。项目部根据工程特点和自身的技术管理实力，编制了施工方案，广泛调研了工程所在地的劳动力、材料、设备等资源状况，编制了施工成本计划，见表 11-1。在油罐的施工方案中，项目部重点编制了罐壁的焊接顺序和工艺要求。

在施工各阶段，项目部将成本计划层层分解落实，对项目焊接工人工费、施工机械台班等直接成本以及临时设施建设等其他间接费用的支出成本进行了重点控制，对每个月实际完成的成本进行了及时整理和归集，见表 11-1。经核算，项目部圆满完成了施工成本管理的目标，取得了较好的经济效益。

油罐制作安装后，进行了强度及严密性试验，工程验收合格。

表 11-1　施工成本计划及完成情况归集表

序号	费用进度	第1月	第2月	第3月	第4月	第5月	第6月
1	计划支出费用（万元）	150	250	500	500	200	100
2	实际支出费用（万元）	120	245	465	460	185	85

二、问题

1. 本工程的预付款是多少？
2. 简述油罐罐壁采用焊条电弧焊的焊接顺序和工艺要求。

3．项目部的考核目标成本是多少？

4．试计算项目部的计划成本、计划成本降低率、实际成本和实际成本降低率。

5．简述油罐强度和严密性试验的合格标准。

【案例 11-3】

一、背景

某施工单位承接一项200MW火力发电厂机电安装工程，工程内容包括：锅炉机组、汽轮发电机组、厂变配电站、化学水车间、制氢车间、空气压缩车间等。其中锅炉汽包重102t，安装位置中心标高为52.7m；发电机定子158t（不包括两端罩），安装在标高＋10.00m平台上。汽机车间配置一台75/20t桥式起重机；压力容器和管道最高工作压力为13MPa。

工程各分部分项工程清单直接费总计为5000万元，其中人工费600万元，机械费1100万元；安装工程脚手架搭拆的费用按各分部分项工程人工费合计的20%计取，安全生产措施费是以各分部分项工程"人工费＋机械费"为基数，计取22%的费率；其他措施项目费80万元。施工单位预留工程总造价的7%作为企业的预收益，将其余部分作为考核成本目标下达给项目部。

由于工期紧和需要节约成本，项目部施工前认真进行了施工方案编制和技术交底，严格控制质量、安全，项目经理部注重项目各阶段成本的控制，对成本控制的责任层层落实，重点突出，水冷壁安装第一次采用地面组合整体柔性吊装新工艺，发电机转子穿装示意图如图11-2所示，并根据联轴器找好汽轮机转子与发电转子的同心度。

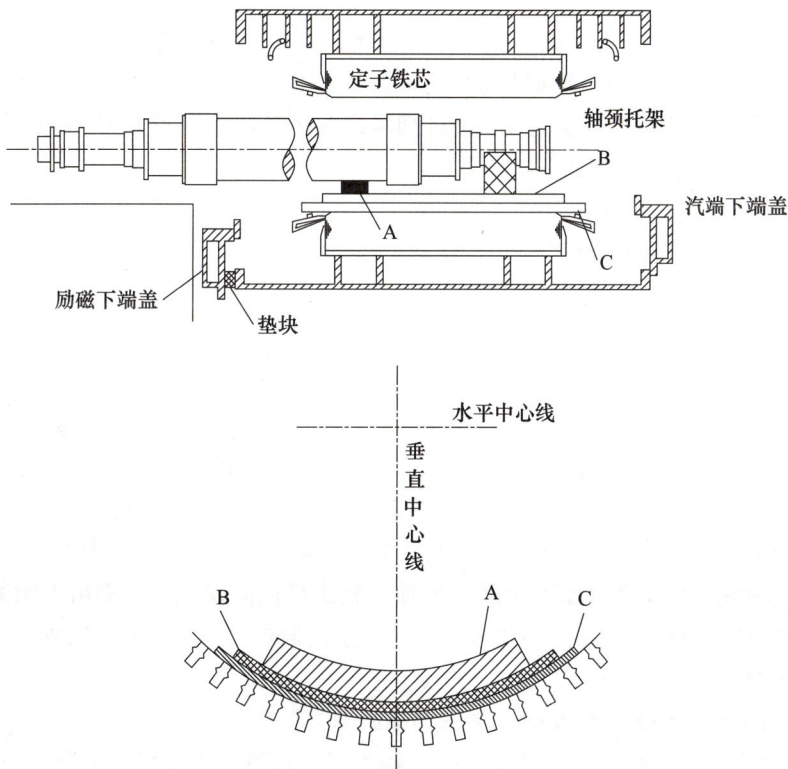

图 11-2　发电机转子穿装示意图

项目部定期开展了施工成本分析、控制和纠偏等活动，以分部分项工程作为项目成本控制对象的方法得当，因此工程竣工后取得了较好的经济效益，实际成本降低率为11%。

二、问题

1．计算施工单位本工程的总造价。

2．计算本工程项目部的考核目标成本。

3．说明图11-2中A、B、C三个部件的名称，并简述发电机转子穿装常用的几种方法。

4．计算本工程项目部的实际完成成本。

5．简述电厂锅炉安装质量控制要点。

【案例11-4】

一、背景

某商业综合体工程位于城市核心区域，工期8个月。某施工单位中标该工程，承包范围包括建筑给水排水、通风与空调、建筑电气和建筑智能化工程，工程采用固定总价合同，签约合同价3000万元。在合同中约定：（1）预付款为合同总价的8%，在工程的第3个月开始扣除，2个月扣完；（2）工程进度款按月支付80%，且从第一个月起，按进度款3%的比例扣留质量保修金；（3）工期提前10d以上，一次性奖励30万元。

进场后，项目部注重各阶段的项目成本控制，按施工项目成本构成，对成本控制的内容制定管理责任制，严格落实，并开展成本"三同步"检查活动。工程施工前，认真进行了施工方案技术策划，因施工场地狭小，管道及设备安装采用装配式施工技术。

到施工第5个月，排烟系统镀锌钢板风管制作安装的工程量完成了4000m²，清单综合单价为300元/m²。某排烟风机的设备参数见表11-2，施工单位对安装完成的排烟主干风管分段进行了严密性试验，该排烟风机漏风量测试简图如图11-3所示，使用的风管允许漏风量计算公式如下：

低压风管：$Q_1 \leqslant 0.1056P^{0.65}$ （11-1）

中压风管：$Q_m \leqslant 0.0352P^{0.65}$ （11-2）

高压风管：$Q_h \leqslant 0.0117P^{0.65}$ （11-3）

表11-2 某排烟风机设备参数表

系统	功能	风机形式	风量（m³/h）	静压（Pa）	功率（kW）	电源电压/相/频率
SE-B1-06	排烟	离心风机	20000	396	7.5	380/3/50

工程竣工后，因采用装配式施工工艺，提高了施工效率，施工工期提前12d，但冷冻站模块化装配式施工造成型钢消耗量增加，施工单位向建设单位提出工期奖励30万元、型钢增加费用补偿10万元的要求。施工单位按期提交了工程竣工结算书。

二、问题

1．项目部在进行成本控制时应考虑哪些原则？

2．不考虑其他费用，试计算第5个月排烟系统镀锌钢板（风管）制作安装应支付的进度款。

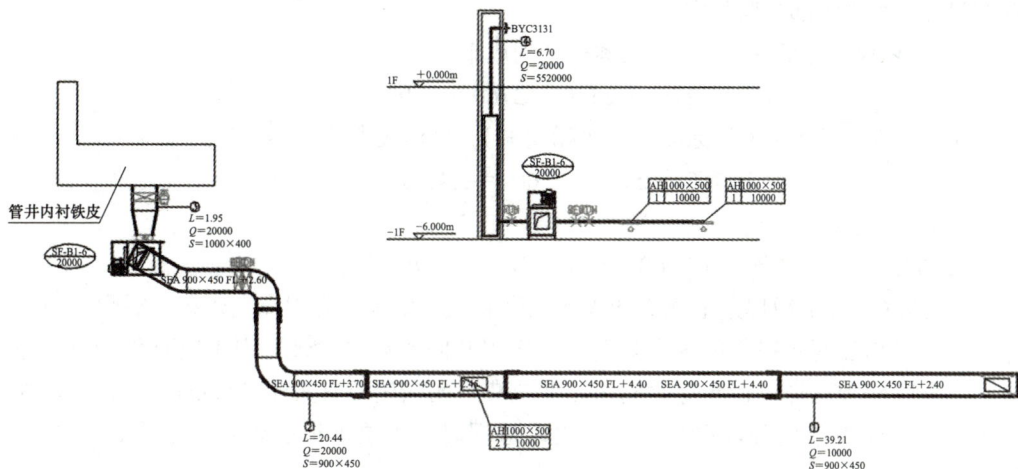

图 11-3　排烟风机漏风量测试简图

3. 排烟主干风管严密性试验的试验压力是多少？允许漏风量计算公式应选用哪一个？写出风管严密性检验的主要部位。

4. 施工单位提出的工期奖励费和型钢补偿费是否合理？说明理由。

【答案】

一、单项选择题

1. D；　　2. C；　　3. C；　　4. A；　　5. B；　　6. C；　　7. D；　　8. A

二、多项选择题

1. A、B、C；　　　　2. A、C、D；　　　　3. C、D；　　　　4. A、B、C、E；

5. A、B、D、E；　　6. A、B、C、E

三、实务操作和案例分析题

【案例 11-1】

1. 架空线路施工的一般程序：施工测量→基础施工→杆塔组立→放线施工→导线连接→竣工验收检查。

导线钳压管连接强度试验的合格要求：钳压管连接的导线握着强度不得小于导线设计使用拉断力的 95%，握着强度试验的试件不得少于 3 组，并应由具有资质的检测单位进行。

2. 架空线路架设过程中可能的突发事件有：塔基坑的坍塌事件、高空物体打击事件、高处坠落事件、缺氧和冻伤环境事件等。

3. A 部件是横担，作用：用来固定绝缘子架设导线，有时也用来固定开关设备或避雷器等。

B 部件是绝缘子，作用：用来支持固定导线，使专线对地绝缘，并还承受导线的垂直荷重和水平拉力。

4. 该工程竣工验收的组织要求是：由建设单位（国网直流公司）负责组织，施工、设计、监理等单位共同进行，并依据行业、区域的管理规定以及工程具体情况由政府主管部门或上级主管部门监督实施。

5．计划成本降低率＝（目标成本－计划成本）/目标成本

$$= （2760－2540）/2760 = 7.97\%$$

实际成本降低率＝（目标成本－实际成本）/目标成本

$$= （2760－2500）/2760 = 9.42\%$$

【案例 11-2】

1．本工程的预付款＝（2000－50）×10% = 195 万元

2．油罐罐壁采用焊条电弧焊的焊接顺序和工艺要求：先焊纵向焊缝，后焊环向焊缝；当焊完相邻两圈壁板的纵向焊缝后，再焊其间的环向焊缝。焊工应对称分布，并沿同一方向同步施焊，在同等时间内超前或滞后的长度不宜大于 500mm。焊条电弧焊的第一层焊道应采用分段退焊法。多层多道焊时，每层焊道引弧点宜依次错开 25～50mm。

3．项目部的考核目标成本＝（2000－50）×（1－8%）= 1794 万元

4．项目部的计划成本和实际成本计算见表 11-3。

表 11-3　计划成本和实际成本计算表

费用进度	第 1 月	第 2 月	第 3 月	第 4 月	第 5 月	第 6 月	合计
计划成本（万元）	150	250	500	500	200	100	1700
实际成本（万元）	120	245	465	460	185	85	1560

计划成本降低率＝（目标成本－计划成本）/目标成本

$$= （1794－1700）/1794 = 5.24\%$$

实际成本降低率＝（目标成本－实际成本）/目标成本

$$= （1794－1560）/1794 = 13.04\%$$

5．油罐的强度和严密性试验的合格标准为：充水至最高设计液面，试验保持 48h，罐壁无渗漏、无异常变形。

【案例 11-3】

1．建筑安装工程总造价＝∑（分项工程量 × 分项工程综合单价）＋

措施项目费＋其他项目费＋增值税

（1）分部分项工程直接费计价 = 5000 万元

（2）本工程措施项目涉及脚手架搭拆费和安全生产措施费，其他措施项目费为 80 万元，因此措施项目清单计价计算如下：

脚手架搭拆费 = 600×20% = 120 万元

安全生产措施费＝（600 + 1100）×22% = 374 万元

措施项目清单计价合计 = 120 + 374 + 80 = 574 万元

（3）增值税＝税前造价 ×9%

（4）工程总造价＝税前造价＋增值税＝税前造价 ×（1 + 9%）

$$= （5000 + 574）×（1 + 9\%）$$

$$= 6075.66 万元$$

2．项目部的考核目标成本＝工程造价 ×（1－7%）

$$= 6075.66 \times （1-7\%）$$

$$= 5650.36 \text{ 万元}$$

3．图 11-2 中 A 是托板，B 是弧形滑板，C 是定子铁芯保护板。发电机转子穿装常用的方法有滑道式方法、接轴的方法、用后轴承座作平衡重量的方法和用两台跑车的方法等。

4．项目部的实际完成成本＝目标成本 ×（1－成本降低率）

$$= 5650.36 \times （1-11\%）$$

$$= 5028.82 \text{ 万元}$$

5．电厂锅炉安装质量的控制要点：审查钢结构安装的施工方案，控制锅炉受热面的安装质量、燃烧器的安装质量、锅炉密封质量、锅炉整体水压试验质量以及回转式空气预热器的安装质量等。

【案例 11-4】

1．项目成本控制应遵循的原则：成本最低化原则、全面控制成本原则、动态控制原则、责权利相结合的原则、开源与节流相结合的原则。

2．第 5 个月排烟系统镀锌钢板（风管）制作安装应支付的进度款是：

4000×300×（80%－3%）＝ 92.4 万元

3．排烟主干风管严密性试验的试验压力应为风管系统的工作压力，即 396Pa；允许漏风量计算选用的公式是公式（11-2）。

风管严密性检验的主要部位有风管的咬口缝、铆接孔、法兰翻边、管段的连接处等。

4．施工单位提出的工期奖励费合理，型钢补偿费不合理。

理由：工期提前 12d，合同明确承包单位工期提前 10d 以上，一次性奖励 30 万元，故提出工期奖励费合理。

本工程是固定总价合同，冷冻站房采用模块化装配式施工技术增加的费用已包含在合同总价中，故提出型钢补偿费不合理。

第12章 施工安全管理

复习要点

微信扫一扫
在线做题＋答疑

主要内容：施工现场安全管理规定；现场危险源辨识；施工安全技术措施与交底；安全应急预案编制与实施；安全事故调查与处理。

知识点1. 施工现场管理要求

（1）劳动用工管理。

（2）作业场所职业危害管理。

（3）危害因素告知及警示标识设置。

（4）个体防护用品配发、佩戴管理。

知识点2. 建立健全安全生产责任体系。

（1）项目经理应为工程项目安全生产第一责任人。

（2）成立项目安全管理组织。

（3）责任明晰，各负其责。

知识点3. 项目部各类人员安全生产职责的规定

知识点4. 施工现场危险源辨识范围

知识点5. 危险源辨识种类

知识点6. 施工现场重大危险源的主要类型

知识点7. 危险源辨识

（1）危险源辨识方法。

（2）危险源辨识实施要点。

知识点8. 施工安全技术措施

（1）施工总平面布置的安全技术要求。

（2）施工全过程中的人员资格。

（3）确定重大风险源的部位和过程。

（4）针对工程项目的特殊需求制定安全技术措施。

（5）吊装作业的安全技术措施。

（6）临时用电安全技术措施。

知识点9. 安全技术交底

（1）安全技术交底制度。

（2）安全技术交底记录。

知识点10. 应急预案的分类及要求

（1）综合应急预案。

（2）专项应急预案。

（3）现场处置方案。

知识点11. 应急预案的编制要求

知识点12. 应急预案的评审与备案

一 单项选择题

1. 下列人员中，属于项目部职业健康安全管理范围以外的人员是（   ）。

    A. 分承包方作业人员　　　　　B. 政府工地监管巡查人员

    C. 供货商的生产人员　　　　　D. 业主方的采购管理人员

2. 关于安全生产责任制的说法，正确的是（   ）。

    A. 项目安全经理为工程项目安全生产第一责任人

    B. 项目总工程师对工程项目安全生产负技术责任

    C. 施工员对工程项目的安全生产负直接领导责任

    D. 作业队长对工程项目安全负全部指导交底职责

3. 危险源分类中不包括的是（   ）。

    A. 物理危险源　　　　　　　　B. 化学危险源

    C. 生物危险源　　　　　　　　D. 射线危险源

4. 综合应急预案内容不包括（   ）。

    A. 事故风险描述　　　　　　　B. 处置程序和措施

    C. 预警及信息报告　　　　　　D. 应急组织及职责

5. 下列危险源辨识方法中，项目施工危险源辨识常采用的方法是（   ）。

    A. 储存量比对法　　　　　　　B. 安全检查表

    C. 预危险性分析　　　　　　　D. 事件树分析

二 多项选择题

1. 施工现场突发事件中的社会安全事件包括（   ）。

    A. 重大疫情　　　　　　　　　B. 恐怖袭击事件

    C. 公共场所聚集事件　　　　　D. 重大食物中毒

    E. 计算机信息系统损害事件

2. 项目危险源辨识范围包括（   ）。

    A. 工程项目在施工周期内　　　B. 所有进入项目的材料

    C. 作业场所内所有的设施　　　D. 所有与项目有关的人员

    E. 项目常规和非常规活动

3. 综合应急预案内容不包括（   ）。

    A. 事故风险描述　　　　　　　B. 保障措施

    C. 预警及信息报告　　　　　　D. 应急响应

    E. 应急处置措施

4. 施工总平面布置的安全技术要求内容不包括（　　　　）。
  A．易燃材料库房的安全位置　　　B．输电配电线路的安全距离
  C．施工机械的位置满足使用　　　D．灭火器材配备及安放距离
  E．施工人员的安全操作位置

三　实务操作和案例分析题

【案例 12-1】

一、背景

南方某炼油厂一台 6 万 m³ 容积的浮顶原油储罐意外被闪电击中，引燃罐内原油，造成第 5 圈板以上罐体烧毁，浮船局部受损，角式搅拌器损坏，中央排水管损坏。A 单位与业主签署承包该罐修复的 PC 合同，抢修工作务必在 70d 内完成，提前一天奖励 5 万元人民币，推迟一天，处罚 5 万元人民币，处罚上限为修复报价的 10%。由于邻近的装置仍需要进行正常生产，需要做好 HSE 安全措施。主要工作有：从第 6 带板起至罐顶，均需更换罐壁板、加强圈、抗风圈；罐外盘梯和罐内滑动梯需要更换；罐内浮盘密封需要更换；罐顶液位计平台和罐内液位计套管需要更换。角式搅拌器及中央排水管需要更换；浮船修复；罐体防腐及相应的检测和试验。

项目部根据原设计图纸，直接与原搅拌器供货厂家签订了采购合同。

由于原设计的 Q235、厚 8mm、板辐 1.6m 的钢板无符合要求尺寸的现货，A 单位进行计算，拟采购 Q235、厚 10mm 的现货板替代，在通过正常的程序后，终获业主批准。在材料到货后，A 单位立即组织现场作业，被监理叫停。在壁板焊接时，使用直径 4.0mm 的焊条，采用大焊接电流，纵缝与环缝同步焊接，环缝焊接时焊工均匀对称分布并同向施焊，大大加快了安装进度，但出现了较大的变形。监理下达停工 2d 进行整顿并完善组焊程序的停工令，A 单位组织技术人员修正组焊程序，加强现场监督，复工后，壁板变形得到较好的控制。

在施工过程中，受新冠疫情影响，停工 10d，在疫情得到控制后，项目部员工通过加班加点，终于在第 70 天完成了合同约定的修复工作。

二、问题

1. 直接采购搅拌器是否合规？说明理由。

2. 以 10mm 厚钢板替代 8mm 厚板材，需要经过哪些审批？

3. 请识别本项目施工现场的风险。

4. 在控制壁板焊接变形方面，应纠正项目部的哪些错误做法？

【案例 12-2】

一、背景

某石油天然气公司与 A 公司签订了原储存库区改扩建项目机电安装施工总承包合同，主要包括：原有 2 台 5000m³ 球罐修理，新增 4 台 10000m³ 球罐设计制造安装，新增 2 台压缩机安装，所有工艺管道、电气、自动化仪表等安装工程。A 公司征得业主同意，与 B 公司签订了球罐热处理专业分包施工合同。

A 公司项目部及时建立健全安全生产责任体系，由项目经理全面领导负责安全生

产，是安全生产第一责任人；项目总工程师对本项目的安全生产负技术责任。

原有 2 台 5000m³ 球罐经检验机构年检，发现了局部焊缝裂纹缺陷需要返修。A 公司编制了专项施工方案，计划球罐内外搭设脚手架用于实施焊缝修补任务。

B 公司编制了新建球罐整体热处理方案，采用液化石油气助燃，柴油高压雾化从下部人孔喷入球罐燃烧；球罐外表面布置 24 个测温点，2 层共 100mm 厚硅酸铝保温被覆盖在球罐表面；热处理温度为 650℃±50℃，恒温 1.5h。在热处理恒温阶段，球罐中部有两个测温点热电偶脱落，作业人员立即从外脚手架攀登而上，拆开测温点处保温被，将脱落的热电偶复位，温度自动记录仪恢复正常工作。

原油球罐的改造工程中，作业人员需进入罐内作业。作业人员进入罐内作业前，对罐内进行清理清扫，并进行了气体检测，检测结果为含氧量与外部氧浓度一致，易燃易爆气体、有毒有害气体没有超标。为了保证在罐内作业的安全，采取了以下主要安全措施：

（1）关闭所有与罐内相连的可燃介质的阀门，且在作业前进行检查。

（2）罐的出入口设置标志。

（3）采取自然通风。

（4）在油罐内作业使用安全电压为 36V 的行灯照明，行灯必须有金属保护罩。

二、问题

1. 项目部制定的安全生产责任制是否正确？

2. 球罐修理专项施工方案辨识危险源应包括哪些？

3. 每台球罐应制作的产品焊接试件数量为多少？

4. 纠正罐内作业安全措施中的错误做法。

【案例 12-3】

一、背景

A 公司总承包了某石化装置安装工程的施工任务。主要内容包括：全厂工业安装工程中土建、钢结构、设备、管道、电气、自动化仪表、防腐、绝热分部工程施工。其中，机电设备共 28 台，单重 30～80t；工艺管道长 4500m。A 公司经建设单位同意，将工程的给水排水工程、防腐绝热工程分包给具有专业承包资质的 B 公司。

由于工程施工时正值夏季，天气炎热，且工期十分紧迫，建设单位认为施工安全问题较严峻，要求做好安全工作。开工前，A 公司项目部组织各部门及分包单位制定了安全生产责任书。

在施工过程中，由于建设单位订货的几台大型工艺设备晚到，延误了设备防腐绝热施工的工期，致使 B 公司经济损失约 10 万元。B 公司向建设单位提出工期和费用索赔。

在工程试运行阶段，建设单位要求 A 公司组织进行联动试车工作，并签订了补充合同。A 公司为之编制了单机试运行和联动试运行方案。

二、问题

1. 该工程的施工有哪些危险源？

2. B 公司的安全生产责任是什么？

3. B 公司向建设单位进行工期和费用索赔的做法是否妥当？说明理由。

4．简述单机试运行责任分工及参加单位。

【案例 12-4】

一、背景

某成品燃料油外输项目，建设单位与 A 公司签订了施工总承包合同，机电安装工程由 4 台 5000m³ 成品汽油罐、2 台 10000m³ 消防罐、外输泵和工作压力为 4.0MPa 的 GC2 级工艺管道及相应的电气、自动化仪表等配套系统组成。

A 公司联系了具有相应资质的单位，拟与 B 公司签订土建工程专业分包合同；与 C 公司签订工艺管道专业分包合同；与 D 公司签订无损检测专业分包合同。业主同意 B、D 两公司专业分包，不同意 C 公司专业分包。

A 公司在进行罐内环焊缝碳弧气刨清根作业时，采用的安全技术措施有：罐内照明行灯采用 36V 安全电压；3 台碳弧气刨焊机分别由 3 个开关控制，并共用一个总漏电保护开关；打开罐体的透光孔、人孔和清扫孔，用自然对流方式通风，但罐内空气对流效果很差，能见度低，作业人员出罐时面孔部位黑色粉末附着严重。经安全检查存在安全隐患。

管道试压前，项目部全面检查了管道系统：试验范围内的管道已按图纸要求完成；焊缝已除锈合格并涂好了底漆；膨胀节已设置了临时约束装置；一块 1.6 级精度的压力表已校验合格待用；待试压管道与其他系统已用盲板隔离。项目部在上述检查中发现了几个问题，并出具了整改书，要求作业队限时整改。

由于业主负责的征地工作滞后，造成 B 公司工期延误 20d，窝工损失达 30 万元人民币，B 公司向 A 公司提请工期和费用索赔。A 公司以征地由业主负责，B 公司应向业主索赔为由，拒绝了 B 公司的索赔申请。

二、问题

1．业主不同意 C 公司专业分包的理由是什么？

2．A 公司罐内使用碳弧气刨进行焊缝清根作业存在的安全隐患有哪些？阐述正确的做法。

3．管道试压前的检查中发现了哪几个问题？应如何整改？

4．A 公司拒绝 B 公司的索赔是否妥当？说明理由。

【案例 12-5】

一、背景

某公司承建中国南方大型天然气处理厂工程，其中 CO_2 吸收塔为板式塔，塔高 61m，直径 6.2m。项目部确认了基础混凝土强度已达设计强度的 85%，设置了沉降检查点，随后采用 750t 履带起重机为主吊设备，250t 履带起重机溜尾，整体吊装就位。

塔顶安全阀到货后，进行了安全阀整定压力调整，即缓慢升高安全阀的进口压力，升压到整定压力的 95% 后，升压速度不高于 0.1MPa/s。当测到阀瓣有开启时，则进口压力被视为安全阀的整定压力。质检员发现问题后及时予以纠正。

项目部安全工程师分析了塔器安装过程中面临的吊装作业风险、带电作业风险。项目部组织了全员安全风险分析会，项目风险识别得以完善。

项目部编制了现场处置方案并按每年组织 1 次的频次进行演练；主要进行报警、通报程序的演练、岗位紧急处理措施的演练、紧急疏散行动的演练等。

二、问题

1．塔器吊装前还应对其基础进行哪些检查和处理？

2．纠正安全阀整定压力调整操作错误的地方，其后，还应该完善哪些安全阀整定的后续操作？

3．塔器安装作业还面临哪些风险？

4．应急演练的内容和频次是否正确？

【答案】

一、单项选择题

1．C；   2．B；   3．D；   4．B；   5．B

二、多项选择题

1．B、C、E；   2．A、B、C、E；   3．A、B、C、D；   4．A、B、C、D

三、实务操作和案例分析题

【案例 12-1】

1．直接采购搅拌器符合规定。理由：为使采购的部件或设备，与原有设备或基座配套，特殊条件下（抢修）为了避免时间延误，可以直接采购。

2．A 单位编制计算书、材料代用申请书、经济性分析报告等资料，报监理工程师审核；监理工程师应在初审的基础上，交由原设计单位审核，并出具书面文件；最后由业主最终审定。

3．本项目施工现场的风险有：高处作业风险、高处物体坠落风险、受限空间作业风险、火灾风险、机械伤害风险、触电风险、起重风险、脚手架作业风险、射线伤害风险等。

4．在控制壁板焊接变形方面，项目部以下错误做法应予以纠正：壁板应先焊纵缝，后焊环缝，应采用直径 3.2mm 的焊条，采用小电流施焊。

【案例 12-2】

1．按照安全生产责任制的要求，把安全生产责任目标进行分解。项目经理是项目安全生产第一责任人，对本工程项目的安全生产负全面领导责任，项目总工程师对本工程项目的安全生产负技术责任。因此，项目部制定的安全生产责任制是正确的。

2．危险源应包括：工艺系统残留液化气进入球罐；受限空间作业；高处作业；焊缝射线透照；碳弧气刨或焊接烟尘、弧光；砂轮打磨高温沙粒或铁渣飞溅；热处理时高温；带电体；压力试验时泄漏出的射流；防腐涂料溶剂爆燃等。

3．现场组焊的每台球形储罐应制作立焊、横焊、平焊加仰焊位置的产品焊接试件各一块。

4．根据受限空间作业的安全要求，背景中的不妥之处有：

（1）不仅要关闭阀门，还必须用盲板将球罐与管道隔离并挂牌标示。

（2）自然通风达不到"采取空气流通措施"的要求，应采取强制通风，如安装通风机。

（3）在油罐内作业应使用的行灯安全电压为 12V，而不是 36V。

【案例12-3】

1．主要危险源有：运输、吊装设备失稳；焊缝射线检测；施工临时用电；焊接烟尘弥漫或弧光辐射；防腐涂料、酸洗液体挥发气体；气体保护焊接惰性气体聚集；焊缝热处理、焊后清理焊渣高温阶段；设备、管道试压（严密性试验）达到试验压力时保压泄压过程；高处作业；高空坠物；高温处作业；保温材料微纤维飞扬、除锈粉尘、物体打击、基坑、脚手架等。

2．B公司安全生产责任有：

（1）分包单位对本单位管辖的施工现场的安全工作负责，认真履行分包合同规定的安全生产责任。

（2）遵守总承包单位的有关安全生产制度，服从总承包单位的安全生产管理，及时向总承包单位报告伤亡事故并参与调查，处理善后事宜。

3．不妥当。

理由：索赔程序不对。虽然建设单位提供的几台大型工艺设备晚到，延误了工期，造成了B公司的实际损失，责任在建设单位。但B公司与建设单位没有合同关系，而是A公司的分包商，无权向建设单位直接索赔。只有向总承包单位A公司提出索赔事项，通过总承包单位A公司向建设单位索赔。同时，应按索赔程序和要求，并提供足够证据，经监理单位和建设单位认可，才能达到索赔要求。

4．单机试运行由施工单位负责。工作内容包括：负责编制完成试运行方案，并报建设、监理单位审批；施工单位组织实施试运行操作，做好测试、记录。对于大型、重要设备，单机试运行由施工单位组织实施，设计单位、设备制造单位、监理单位和建设单位参与；对于小型、通用设备，由施工单位组织单机试运行，监理单位参与。具体来说就是：单机试运行，施工方组织并实施，监理方参与，其他方是否参与依据获得业主和监理批准的施工组织设计确定。

【案例12-4】

1．该工艺管道属于压力管道，其安装应遵守现行特种设备法规和安全技术规范，A公司合同范围的压力管道除理化检验、无损检测、热处理、防腐工作外，不允许分包。

2．存在的安全隐患有：

（1）在该罐内进行施工作业属于"有限空间作业"，也称"受限空间作业"，罐内用36V安全电源作照明电源不妥，应使用电压不大于12V安全特低压系统照明电源。

（2）根据施工现场用电工程三级配电原则，开关箱"一机、一闸、一漏、一箱"原则和动力、照明配电分设原则，3台气刨机共用一个漏电保护开关不符合相关规范的规定。

（3）罐内应采用强制通风，采用自然对流通风未能控制作业人员吸附有害粉尘、烟雾危险源处于可接受状态。

（4）若是正装施工，则还存在脚手架风险、高处坠落风险。

3．从管道系统压力试验前应具备的条件可知：管道试压前将焊缝除锈、涂底漆不对，应在试压合格后除锈、涂漆；使用一块压力表试压不对，应使用两块或两块以上的合格压力表试压。

4．A 公司拒绝 B 公司的索赔不妥。理由是：B 公司直接和 A 公司签订的合同，与业主没有合同关系。B 公司实际发生了工期损失和费用损失，且这些损失非 B 公司过错造成，也非发生不可抗力造成，A 公司应对 B 公司进行费用和工期补偿。同时，A 公司可向甲方追偿相关的损失。

【案例 12-5】

1．还应进行：复测基础几何尺寸，对基础表面进行处理（表面清洗、凿去浮层）；确认安装基准线（标高基准线、中心线），有明显标识；对预埋地脚螺栓的标高、方位（方位）及螺纹完整情况进行检查、确认。

2．纠正：缓慢升高安全阀的进口压力，升压到整定压力的 90% 后，升压速度不高于 0.01MPa/s。还应完善：当测到阀瓣有开启时，则进口压力被视为安全阀的整定压力。在进行试验的进口压力下，测量通过阀瓣与阀座密封面间的泄漏率。安全阀校验应做好记录、铅封，出具校验报告。

3．还面临的风险有：高处作业坠落风险，脚手架风险，有限空间（受限空间）风险，机械打击（高空坠物、磨光机伤害）风险，探伤（辐射）风险，冲洗及压力试验造成能量释放的风险。

4．项目部级现场处置方案演练主要为熟悉应急行动或完成某项应急任务所需要技能而进行的单项演习，项目部组织的演练内容是正确的。演练频次不正确，频次应为每半年至少 1 次。

复习要点

微信扫一扫
在线做题+答疑

主要内容： 绿色施工要点与评价；绿色施工新技术；施工现场环境保护；现场文明施工要求。

知识点1. 绿色施工原则

绿色施工是指工程建设中，在保证质量、安全等基本要求的前提下，以人为本，因地制宜，通过科学管理和技术进步，最大限度地节约资源，减少对环境负面影响的施工活动。

知识点2. 绿色施工要点

绿色施工总体上由绿色施工管理、环境保护、资源节约、人力资源节约和保护、技术创新等组成。

知识点3. 绿色施工要求

一般规定和专业要求的内容。

知识点4. 绿色施工评价

（1）评价框架体系由基本规定评价、指标评价、要素评价、批次评价、阶段评价、单位工程评价及评价等级划分等构成。

（2）评价组织、程序与资料。

知识点5. 发展绿色施工的新技术

知识点6. 施工现场环境保护

涉及扬尘控制、噪声与振动控制、光污染控、水污染控制、土壤保护、建筑垃圾控制、地下设施、文物和资源保护等方面的内容。

知识点7. 施工现场通道及安全防护措施

知识点8. 施工材料、施工机具、施工现场临时用电、场容管理措施

知识点9. 现场管理人员及施工作业人员的行为管理

一　单项选择题

1. 关于绿色施工策划的说法，错误的是（　　　）。
   A. 项目部对绿色施工影响因素进行分析，明确绿色施工目标
   B. 进行绿色施工策划时，对绿色施工评价要素中条款的取舍
   C. 绿色施工策划可通过绿色施工组织设计等文件的编制实现
   D. 绿色施工组织设计及其方案不包括技术和管理创新的内容

2. 在剔凿作业时，采用水淋等防护措施，是环境保护的（　　　）。
   A. 水污染控制　　　　　　　　　B. 扬尘控制
   C. 垃圾控制　　　　　　　　　　D. 噪声控制

3. 单位工程绿色施工批次评价的组织单位是（　　　）。

A．施工单位   B．设计单位

C．监理单位   D．建设单位

4. 在下列控制措施中，属于绿色施工环境保护扬尘控制的是（   ）。

     A．对建筑垃圾进行分类

     B．施工现场出口设置洗车槽

     C．施工后应恢复被施工活动破坏的植被

     D．使用低噪声、低振动的机具

5. 所有施工场点标识出人行通道并用（   ）隔离。

     A．安全带   B．隔离墩

     C．防护棚   D．隔离布带

6. 在下列绿色施工的节水与水资源利用方面，做法错误的是（   ）。

     A．工程项目临时用水应使用节水型产品设备

     B．施工现场供水管网应根据用水量设计布置

     C．施工现场建立可再利用水的收集处理系统

     D．现场机具、车辆冲洗优先使用市政自来水

7. 下列场容管理措施中，不符合要求的有（   ）。

     A．出入口处按需要设大门及门卫室

     B．办公区域应与施工区域分开设置

     C．施工现场围墙的高度不低于 1.8m

     D．库房配备足够的消防器材及设施

8. 下列绿色施工环境保护措施中，属于扬尘控制的是（   ）。

     A．对建筑垃圾进行分类

     B．施工现场出口设置洗车槽

     C．防腐保温材料妥善保管

     D．施工后恢复被破坏的植被

9. 下列绿色施工技术中，属于节材与材料资源利用方面的是（   ）。

     A．BIM 技术及工厂化预制   B．雨水回收和利用

     C．使用太阳能临时照明灯   D．减少土方开挖和回填

10. 下列描述内容不属于施工现场消防通道要求的是（   ）。

     A．宽度不小于 4.0m   B．高 1m 的平台必须安装护栏

     C．满足消防车回车条件   D．必须建成环形通道

二 多项选择题

1. 在下列管理中，属于绿色施工管理内容方面的有（   ）。

     A．规划管理   B．组织管理

     C．评价管理   D．人员安全与健康管理

     E．质量管理

2. 关于绿色施工人力资源节约的说法，正确的有（   ）。

A．优化绿色施工组织设计和绿色施工方案

B．因地制宜制订各施工阶段劳务使用计划

C．减少夜间、雨天和高温天气的作业时间

D．实行实名制管理制度并按规定持证上岗

E．使用方便和高效的施工机具及施工设备

3．在下列保护控制措施中，属于绿色施工环境保护的有（　　）。

A．水污染控制 B．健康保护

C．风险控制 D．土壤保护

E．地下资源保护

4．在下列控制措施中，属于绿色施工光污染控制措施的有（　　）。

A．夜间室外照明加设灯罩 B．采取隔声与隔振措施

C．电焊作业采取遮挡措施 D．生活垃圾实行袋装化

E．及时清掏各池内沉淀物

5．在下列做法中，属于绿色施工环境保护控制措施的有（　　）。

A．对粉末状材料应封闭存放

B．对施工场区及周边的古树名木进行移植

C．应针对不同的污水，设置相应的处理设施

D．有毒有害废弃物作为建筑垃圾外运

E．高层建筑清理垃圾采用容器吊运

6．关于绿色施工评价的说法，正确的有（　　）。

A．单位工程绿色施工评价应由建设单位组织

B．单位工程的评价等级划分为合格或不合格

C．批次评价是在阶段评价的基础上分批评价

D．单位工程的绿色施工评价应在竣工前进行

E．要素评价是对环境保护和资源节约的评价

三 实务操作和案例分析题

【案例 13-1】

一、背景

某安装公司承接某城市市中心的一高档办公楼机电安装工程，建筑面积为 18 万 m²，地下 3 层，地上 24 层，内容包括：通风空调工程，给水排水及消防工程，电气工程。合同约定要求安装公司取得"市绿色安装工程"证书。

安装公司项目部进场后，依据合同、设计要求和工程特点编制了施工组织设计、施工方案。为获得"市绿色安装工程"证书，项目部对绿色施工影响因素进行了分析，明确了项目绿色施工目标，还依据绿色施工影响因素的分析结果进行绿色施工策划，并在对绿色施工评价要素中的评价条款进行了取舍后，编制了绿色施工组织设计。项目部在作业前对绿色施工要点进行了专项技术交底，重点是节材、节能与能源利用技术要点及预防噪声等措施。

在项目施工中，监理单位组织对该项目进行了单位工程绿色施工阶段评价，在机电工程采用 BIM 技术优化管线排布、风管采用工厂化加工、现场用水用电控制管理等方面给予表扬。

机电工程全部安装完成后，项目部编制了机电工程系统调试方案，经监理审批后实施。制冷机组、离心冷冻冷却水泵、冷却塔、风机等设备单机试运行的运行时间和检测项目均符合规范和设计要求，项目部及时进行了记录。

在冷水机组和其他设备单机试运行全部合格后，进行了通风与空调系统无生产负荷下的联合试运行，对系统进行了风量、空调水系统、室内空气参数及防排烟系统的测定和调试。

二、问题

1. 在噪声控制方面项目部应采取哪些措施？

2. 绿色施工评价框架体系由哪几部分构成？单位工程绿色施工评价由哪个单位负责组织？

3. 离心水泵单机试运行的目的何在？应主要检测哪些项目？

4. 在通风空调系统无生产负荷的联合试运行及调试中，通风系统的连续运行时间和空调系统带冷（热）源的连续运行时间分别为多少？防排烟系统应测定哪些内容？

【案例 13-2】

一、背景

某机电安装公司承包了北方干旱地区某厂的一项机电项目的技术改造工程，合同工期为 120d。工程内容包括：新建设备（机械、容器）安装和 2 台 1000m³ 常压钢制储槽现场制作、安装以及管道系统改造安装；2 台 500m³ 旧钢制储槽和一座旧砖混结构操作间的拆除，部分重复利用机械的移位安装。设计要求现场制作的钢制储槽采用 X 射线检测，新建系统管道采用空气进行压力试验。

本工程地处闹市区，施工环境要求严格，建设单位要求施工单位对于识别出的环境因素要落实具体保护措施和加强节水工作。由于工期特别紧、作业要求高。施工单位为此制订了详细的、符合工程实际的进度计划，昼夜施工，并制订了环保和节水措施。

在拆除旧钢制储槽时，发现里面还有残存的硫酸，施工人员将残存硫酸用清水稀释后就地排放。在拆除旧的设备及泵房时收集到一些残存的粉状原料，施工人员将这些残存粉状原料收集后，集中处理。由于组织措施得到落实，承包单位与相关方进行了较好的协调。工程按合同工期完成。

二、问题

1. 储槽制作安装过程中有哪些污染环境的因素？如何防治？

2. 根据本工程的内容，施工单位应从哪些方面进行节水和水资源利用？

3. 新建系统管道采用空气进行压力试验的要求、过程和合格标准是什么？

4. 钢制储槽焊接质量除了采用 X 射线检测外，焊后还应进行哪些检验试验？

【案例 13-3】

一、背景

某安装公司承包某超高层建筑机电工程施工项目，该工程位于市中心繁华区，工程范围包括通风与空调、给水排水及消防水、动力照明、环境与设备监控系统等。安装公司与建设单位按照《建设工程施工合同（示范文本）》GF—2021—0201 与建设单位签订了施工合同。合同约定：安装公司负责工程设备和材料的采购，合同工期为 300 日历天，由施工单位的原因导致的工期延误，每延误一天罚款 20 万元。工程地处闹市区，环境要求严格，要求施工单位实施绿色施工，对节约资源和保护环境等方面要有具体措施。

合同签订后，安装公司项目部编制了施工进度计划及绿色施工方案，并经建设单位批准。

在工程施工中，曾经发生了 2 个事件：

事件 1：因空调设备没有按合同约定送达施工现场，耽误了风管的施工进度，为了赶进度，室内主风管安装连接后，没有检测风管的严密性就开始进行风管的保温作业，被监理叫停，后经检验合格才交付下道工序。

事件 2：因设备延期交付，致使工期延误 20d。为保证合同工期，项目部组织人员连夜加班作业，采用大型照明灯，增配电焊机、切割机等机具，期间因光污染扰民被投诉，项目部采取措施进行了整改。

二、问题

1. 绿色施工管理包括哪几个方面？

2. 绿色施工方案应包括哪些内容？

3. 事件 1 中，应检验风管哪些部位的严密性？

4. 事件 2 中，在控制光污染方面，项目部应采取哪些措施？

【答案】

三、实务操作和案例分析题

【案例 13-1】

1. 在施工场界对噪声进行实时监测与控制，现场噪声排放不得超过现行国家标准《建筑施工场界环境噪声排放标准》GB 12523—2011 的规定。尽量使用低噪声、低振动的机具，采取隔声与隔振措施。

2. 绿色施工评价框架体系由基本规定评价、指标评价、要素评价、批次评价、阶段评价、单位工程评价及评价等级划分等构成，绿色施工评价依此顺序进行。

单位工程绿色施工评价应由建设单位组织，施工单位和监理单位参加。

3. 主要考核离心水泵的机械性能，检验离心水泵的制造、安装质量和设备性能等是否符合规范和设计要求。应主要检测的项目包括：机械密封的泄漏量，填料密封的泄漏量，温升，泵的振动值。

4．通风系统连续运行时间应不少于2h，空调系统带冷（热）源的连续运行时间应不少于8h。防排烟系统测定的内容有风量、风压及疏散楼梯间的静压差。

【案例13-2】

1．储槽制作安装过程中污染环境的因素有：锤击产生的噪声与振动污染、电焊产生的弧光污染和烟尘污染、射线辐射污染（储槽进行射线探伤）、夜间的光污染、施工废弃物污染等。

防治措施包括：尽量少用锤击或者避开人们休息时间进行锤击作业；电焊作业加强通风，采取遮挡措施，防止电焊弧光外漏，焊工戴好防护用品（防护服、防护眼镜等），各焊工相互之间的操作协调；射线防护包括检测与施工时间错开，设置射线安全警戒并有专人看护，操作人员穿戴好防护用品等；夜间施工，室外照明加设灯罩，透光方向指向作业区域；施工废弃物回收和集中处理。

2．节水与水资源利用主要有以下几个方面：

（1）制定用水消耗指标，办公区、生活区、生产区用水单独计量，并建立台账，定期进行核算、对比分析。

（2）施工中采用先进的节水施工工艺。

（3）管道打压采用循环水。

（4）施工现场机具、设备、车辆冲洗、喷洒路面、绿化浇灌等采用非传统水源。

（5）非传统水源经过处理和检验合格后作为施工、生活非饮用用水；现场开发使用的非传统水源应进行水质检测，并应符合工程质量用水标准和生活卫生水质标准。确保避免对人体健康、工程质量以及周围环境产生不良影响。

（6）施工废水与生活废水有收集管网、处理设施和利用措施。

（7）做好水资源保护，不得向水体倾倒有毒有害物品及垃圾；制定水上和水下机械作业方案，并采取安全和防污染措施。

3．用空气进行压力试验（气压试验）的要求：介质（气体）为干燥洁净的空气；试验压力为设计压力的1.15倍；试验时应装有压力泄放装置，其设定压力不得高于试验压力的1.1倍；试验前用空气进行预试验，试验压力宜为0.2MPa。气压试验过程：试验时逐步缓慢增加压力，当压力升至试验压力的50%时，如未发现异常或泄漏现象，继续按试验压力的10%逐级升压，每级稳压3min，直至试验压力。在试验压力下稳压10min，再将压力降至设计压力，进行泄漏检查。气压试验合格标准：以发泡剂检验不泄漏为合格。

4．还应进行外观检验、致密性试验和强度试验。

【案例13-3】

1．绿色施工管理包括组织管理、规划管理、实施管理、评价管理和人员安全与健康管理五个方面。

2．绿色施工方案应包括工程概况、绿色施工目标、环境保护、资源节约、人力资源节约和保护及创新等方面的具体技术细节。

3．事件1中，应检验风管的咬口缝、铆接孔、法兰翻边、管段连接的严密性，合格后方能进入下道工序。

4. 在控制光污染方面，项目部应采取下列措施：

（1）夜间电焊作业应采取遮挡措施，避免电焊弧光外泄。

（2）大型照明灯应控制照射角度，防止强光外泄。

（3）施工现场采取限时施工、遮光或封闭等防治光污染的措施。

第 14 章　机电工程施工资源与协调管理

复习要点

主要内容： 人力资源管理，工程材料管理，施工机具管理，施工现场内部协调，施工现场外部协调。

微信扫一扫
在线做题+答疑

知识点 1. 人力资源的需求预测和配置

（1）项目经理必须具有机电工程建造师资格及安全生产考核合格证。

（2）项目技术负责人：具有规定的专业职称和施工技术管理工作经历。

（3）项目部技术人员：按分部、分项工程和专业配备。

（4）项目部现场施工管理人员：施工员、材料员、安全员、机械员、劳务员、资料员、质量员、标准员等经培训合格上岗。

（5）项目部现场主要技术工人：按单位、分部、分项工程和专业配备。

知识点 2. 特种作业人员和特种设备作业人员要求

（1）特种作业人员必须取得建筑施工特种作业人员操作资格证书后方可上岗作业。

（2）特种设备作业人员应当按照国家有关规定经特种设备安全监督管理部门考核合格，取得国家统一格式的特种设备安全管理及作业人员证书，方可从事相应的作业或者管理工作。

知识点 3. 员工的培训

新员工的三种培训方式：技术培训和取证培训、安全培训、企业制度及文化培训。

知识点 4. 劳动力的优化配置

优化配置的依据和方法。

知识点 5. 劳动力的动态管理

知识点 6. 材料提供方式

（1）发包人提供材料。

（2）承包人提供材料。

知识点 7. 材料计划

（1）材料计划编制依据。

（2）材料计划编制要求。

知识点 8. 材料采购方式

（1）计划内采购的大宗材料一般均应采取招标、议标方式。

（2）对特殊原因，供货商不足规定的招标单位数时，可采取议标方式。

（3）对零星材料、工程急需材料、技术要求高和专业性强的材料以及建设单位对产品有特殊要求的材料，可采用询价比价、协商价格采购方式。

知识点 9. 材料进场验收要求

（1）进场验收、复检。在材料进场时必须根据进料计划、送料凭证、质量保证书或产品合格证，进行材料的数量和质量验收；要求复检的材料应有取样送检证明报告。

（2）按验收标准、规定验收。验收工作按质量验收规范和计量检测规定进行。

（3）验收内容应完整。包括品种、规格、型号、质量、数量、证件等。

（4）做好记录、办理验收。验收要做好记录、办理验收手续。

（5）不合格的材料拒绝接收。

知识点 10. 材料保管要求

专人管理；建立台账；标识清楚；安全防护；分类存放；定期盘点。

知识点 11. 材料领发要求

建立领发料台账；限额领料；定额发料；超限额用料经签发批准。

知识点 12. 施工机械选择的原则

（1）施工机具的类型，应满足施工部署中的机械设备供应计划和施工方案的需要。

（2）施工机具的主要性能参数，要能满足工程需要和保证质量要求。

（3）施工机具的操作性能，要适合工程的具体特点和使用场所的环境条件。

（4）能兼顾施工企业近几年的技术进步和市场拓展的需要。

（5）尽可能选择操作上安全、简单、可靠，品牌优良且同类设备同一型号的产品。

（6）综合考虑机械设备的选择特性。

知识点 13. 施工机械设备操作人员的"四懂三会"和机械使用管理的"三定"制度

"四懂三会"：四懂：懂性能、懂原理、懂结构、懂用途；三会：会操作、会保养、会排除故障。"三定"制度：实行定机、定人、定岗位责任的制度。

知识点 14. 项目内部协调管理的分类

与施工进度计划安排的协调；与施工资源分配供给的协调；与施工质量管理的协调；与施工安全管理的协调；与施工作业面安排的协调；与工程施工资料形成的协调。

知识点 15. 内部协调管理的形式

例行的管理协调会，建立协调调度室或设置调度员。

知识点 16. 内部协调管理的措施

组织措施、制度措施、教育措施、经济措施。

知识点 17. 项目外部施工协调

与施工单位有合同契约关系的单位的协调；与施工单位有洽谈协商记录的单位的协调；与政府相关部门或单位的协调；与人员生活直接相关的驻地单位或个人的协调。

一 单项选择题

1. 人力资源需求定性分析方法中，不包括的是（　　）。
   - A．现状规划法
   - B．控制图法
   - C．回归分析法
   - D．散点图法

2. 施工现场材料管理的直接责任人是（　　）。
   - A．项目经理
   - B．材料员
   - C．材料主管
   - D．项目工长

3. 发包人提供材料的，不需要对承包人明确材料的（　　）。
   - A．名称
   - B．规格
   - C．型号
   - D．价格

4. 关于材料发放的说法，错误的是（　　）。

    A．建立发料台账　　　　　　　　B．凭限额领料单领发材料

    C．定额发料　　　　　　　　　　D．超限额用料要领料人签字

5. 施工机具管理的"三定"制度中，不包括的是（　　）。

    A．定机具　　　　　　　　　　　B．定时间

    C．定人员　　　　　　　　　　　D．定岗位责任

6. 施工现场材料应分区、分类存放保管，下列说法正确的是（　　）。

    A．按入库时间分区　　　　　　　B．按材料保质期分类

    C．按使用部位分类　　　　　　　D．按平面布置图摆放

7. 施工机具选择时，主要性能参数需（　　）。

    A．满足施工方案的需要　　　　　B．满足工程需要和保证质量要求

    C．适合使用场所环境条件　　　　D．满足施工部署中的机械设备计划

8. 关于施工现场大型机具的组装、使用及管理的说法，正确的是（　　）。

    A．具有操作作业资格的人员均可进行机具操作

    B．证照齐全的情况下，现场组装调试后即可使用

    C．机具必须由专业人员进行定期的保养和维修

    D．安装前应向特种设备监督管理部门履行告知手续

9. 人力资源需求预测，不包括（　　）。

    A．过去人力资源需求预测　　　　B．现实人力资源需求预测

    C．未来人力资源需求预测　　　　D．未来流失人力资源需求预测

10. 下列沟通协调的内容中，属于施工现场内部协调的是（　　）。

    A．设计单位图纸交付顺序　　　　B．征求监理单位对施工中的建议

    C．施工机具的优化配置　　　　　D．业主提供设备的交接

11. 下列沟通协调的内容，属于外部协调的是（　　）。

    A．各专业管线的综合布置　　　　B．重大设备安装方案的确定

    C．组织现场样板工程参观　　　　D．施工用设备和材料的供应

12. 与建设、监理、总承包单位的沟通协调时，主要采用的协调方法是（　　）。

    A．定期走访　　　　　　　　　　B．工地宣传

    C．个别交流　　　　　　　　　　D．会议座谈

二　多项选择题

1. 施工资源分配供给的协调内容，包括（　　）。

    A．人力资源　　　　　　　　　　B．施工机具

    C．施工技术资源　　　　　　　　D．工作面

    E．设备和材料

2. 承包人提供材料的，提交给发包人确认的内容有（　　）。

    A．供货厂家　　　　　　　　　　B．型号、规格

    C．质量证明　　　　　　　　　　D．产品价格

E．实物样品

3．在材料进场时，项目部进行材料数量和质量验收的依据有（　　　）。

A．送料凭证　　　　　　　　　B．进料计划

C．施工图纸　　　　　　　　　D．用料计划

E．质量保证书

4．根据材料储存与保管要求，对于现场材料库房，须有的防护措施包括（　　　）。

A．防雨措施　　　　　　　　　B．防盗措施

C．防火措施　　　　　　　　　D．防变质措施

E．防错拿错用措施

5．施工现场对于重要施工机械设备的使用可实行（　　　）。

A．定期检修制　　　　　　　　B．专机专人负责制

C．进退场交接制　　　　　　　D．操作人员持证上岗制

E．机长负责制

6．关于施工质量管理协调的说法，正确的有（　　　）。

A．作用于不同专业施工工序交接间的及时性

B．协调施工进度计划安排、实现资源配置的优化性

C．作用于发生质量问题后进行处理时各专业间作业人员的协同性

D．作用于质量检查、检验计划编制与施工进度计划要求的一致性

E．作用于质量检查或验收记录的形成与施工实体进度形成的同步性

三　实务操作和案例分析题

【案例 14-1】

一、背景

某施工单位承担了一项机电工程项目，施工单位项目部为落实施工劳动组织，编制了劳动力资源计划，按计划调配了施工作业人员，并与某劳务公司签订了劳务分包合同，约定该劳务公司提供 60 名劳务工，从事基础浇筑、钢结构组对焊接、材料搬运工作。进场前对劳务工进行了安全教育，并进行了建筑工人实名制管理。

基础工程结束、安装工程开始后，项目部发现原劳动力计划与施工进度计划不协调，而又难以在计划外增加调配本单位施工作业人员，在吊装作业和管道焊接等主体施工中劳动力尤为不足。项目部采取临时措施，重新安排劳务工工作，抽调 12 名劳务工充实到起重作业班组，进行起重作业。作业前项目部用 1 天时间对 12 名劳务工进行了起重作业安全技术理论学习和实际操作训练。项目安全员提出 12 名劳务工没有特种作业操作证，不具备起重吊装作业资格，但项目部施工副经理以进行了培训且工程急需为由，仍然坚持上述人员的调配。

在升始低合金钢管道焊接（手工焊）时，项目部抽调 6 名从事钢结构焊接的有焊工合格证的劳务工参加焊接工作。在水压试验前，监理工程师会同项目质量技术部门进行检查，发现：共有 3 名无损检测人员参与检测。3 人的资格情况如下：No.1 号：RT Ⅰ级、UT Ⅱ级；No.2 号：RT Ⅰ级、MT Ⅱ级；No.3 号：RT Ⅱ级、UT Ⅱ级、PT Ⅱ级。

焊道射线检测的 15C-04 号报告共有 3 道焊口的检测结果，评定其中 1 道焊缝存在不合格的缺陷。该报告由 No.1 号评定检测结果，No.2 号签发检测报告。

二、问题

1. 从背景中，项目部出现劳动力不足和对劳务工重新进行的安排违背了用工动态管理哪些原则？说明理由。

2. 说明背景中起重工属于特种作业人员的理由。项目安全员和项目部施工副经理对抽调劳务工从事起重吊装作业的意见或做法是否正确？说明理由。

3. 施工总承包企业建筑工人实名制的职责是什么？

4. 起重机械的选择原则有哪些？

【案例 14-2】

一、背景

A 公司承接了某大型宾馆的供暖工程（PC 项目），如图 14-1 所示，合同额为 860 万元，供暖热源由风冷热泵提供，供回水温度为 45/40℃，健身房、客房、会议室等采用低温热水地板辐射供暖，球类馆采用散热器供暖。供热管道采用铝塑复合管。

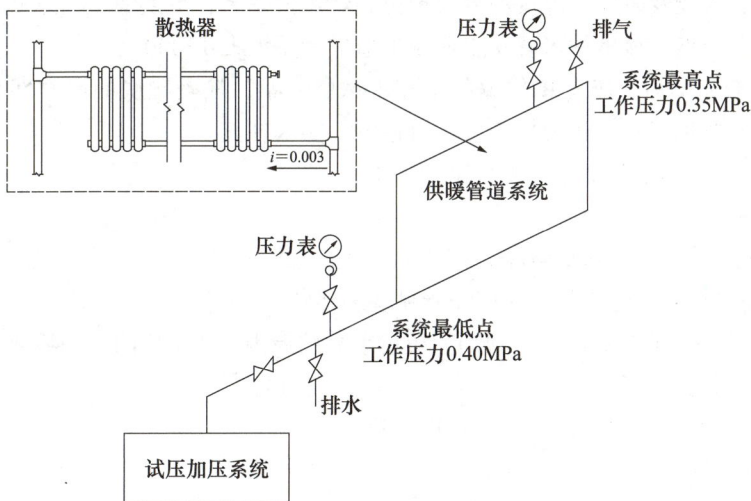

图 14-1　某大型宾馆的供暖工程

项目部组织了设备和材料的招采工作，采办部门拟采用协商方式采购这批材料被项目经理否决。经过调整，采办工作滞后了 1 个月。散热器进场，项目部对其外观和金属热强度进行了检查和复验。供暖系统安装完毕后，A 公司依次对管道系统进行水压试验。由于采办的滞后，在进行会议室供暖施工时，与室内装修承包商发生了相互影响，经协调，装修承包商让出作业面 3d 时间，供暖工程项目部也承诺将会议室供暖施工 5d 的计划工期调整到 3d 内完成，问题得到圆满解决。

二、问题

1. 本工程供暖管道的水压试验压力是多少？水压试验合格的判定标准是什么？

2. 材料的采购方式有哪几种？本项目宜采用哪一种方式采购设备、材料？

3. 材料进场验收的依据是什么？

4. 指出 A 公司供暖工程中可能导致部分散热器温度偏低的质量问题，并说明理由。

5. 项目部与室内装修承包商的协调属于什么协调？项目部调整工期计划从哪几方面入手？

【案例 14-3】

一、背景

某单位中标南方沿海 12 台 10 万 m³ 浮顶原油储罐库区建设的总承包项目。配套的压力管道系统分包给具有资质的 A 公司，无损检测工作由独立第三方 B 公司承担。

总承包单位负责工程主材的采购工作。材料及设备从产地陆运至集港码头后，船运至本原油库区的自备码头，然后用汽车运至施工现场。

A 公司中标管道施工任务后，与相关单位完成了设计交底和图纸会审；合格的施工机械、工具及计量器具到场后，立即组织管道施工。监理工程师发现管道施工准备工作尚不完善，责令其整改。

B 公司派出Ⅰ级无损检测人员进行该项目的无损检测工作，其签发的检测报告显示，一周内有 16 条管道焊缝被其评定为不合格。经项目质量工程师排查，这些不合格焊缝均出自一台整流元件损坏的手工焊焊机。操作该焊机的焊工是一名自动焊焊工，无手工焊资质，未能及时发现焊机的异常情况。经调换焊工，更换焊机，返修焊缝后，重新检测结果为合格。该事件未耽误工期，但造成费用损失 15000 元。

储罐建造完毕后，施工单位编制了充水试验方案，检查罐底的严密性和罐体的强度、稳定性。监理工程师认为检查项目有遗漏，要求补充。

经历 12 个月的艰苦工作，项目顺利完工。

二、问题

1. 总承包单位在材料运输中，需协调哪些单位？

2. A 公司在管道施工前，还应完善哪些工作？

3. 说明这 16 条缺陷焊缝未判别为质量事故的原因。B 单位的无损检测人员哪些检测工作超出了其资质范围？

4. 储罐充水试验中，还要检查哪些项目？

【案例 14-4】

一、背景

某安装公司承包某大型制药厂的机电安装工程，工程内容：设备、管道和通风空调等工程安装。项目部经理在策划组织机构时，根据项目大小和具体情况配置了项目部技术人员，满足了技术管理要求。安装公司对施工组织设计的前期实施，进行了监督检查：施工方案齐全，临时设施通过验收，施工人员按计划进场，技术交底满足施工要求，但材料采购因资金问题影响了施工进度。在材料陆续到货后，项目的管道施工才逐步走向正常。

不锈钢管道系统安装后，施工人员用洁净水（氯离子含量小于 25ppm）对管道系统进行试压时（图 14-2），监理工程师认为压力试验条件不符合规范规定，要求整改。

由于现场条件限制，有部分工艺管道系统无法进行水压试验，经设计和建设单位同意，允许安装公司对管道环向对接焊缝和组成件连接焊缝采用 100% 无损检测，代替现场水压试验，检测后设计单位对工艺管道系统进行了分析，符合质量要求。

检查金属风管制作质量时，监理工程师对少量风管的板材拼接有十字形接缝提出整改要求。安装公司进行了返修和加固，风管加固后外形尺寸改变但仍能满足安全使用要求，验收合格。

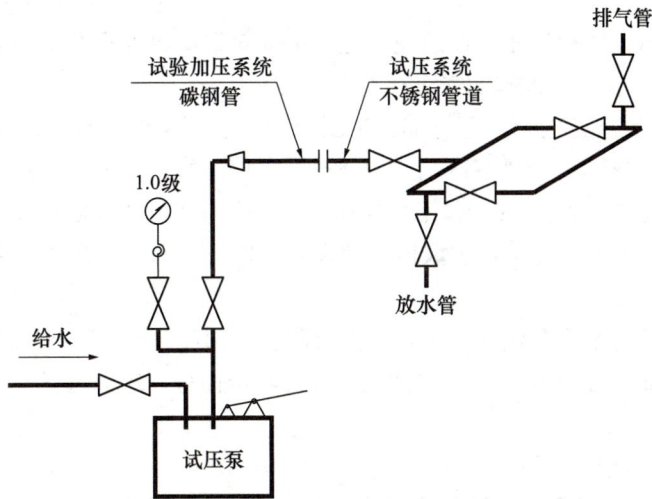

图 14-2　管道系统水压试验示意图

二、问题

1．项目经理根据项目大小和具体情况如何配备技术人员？管道施工质量管理协调有哪些同步性作用？

2．安装公司在施工准备和资源配置计划中哪几项完成得较好？哪几项需要改进？

3．图 14-2 中的水压试验有哪些不符合规范规定？写出正确的做法。

4．背景中的工艺管道系统的焊缝应采用哪几种检测方法？设计单位对工艺管道系统应如何分析？

5．监理工程师提出整改要求是否正确？说明理由。加固后的风管可按什么文件进行验收？

【答案】

一、单项选择题

1．B；　　2．B；　　3．D；　　4．D；　　5．B；　　6．D；　　7．B；　　8．C；

9．A；　　10．C；　　11．B；　　12．D

二、多项选择题

1．A、B、C、E；　　　2．A、B、C、E；　　　3．A、B、E；　　　4．A、B、C、D；

5．B、D、E；　　　6．A、C、D、E

三、实务操作和案例分析题

【案例 14-1】

1．违背了用工动态管理以进度计划与劳务合同为依据的原则。一是：原劳动力计划与施工进度计划不协调，说明原劳动力计划未按进度计划为依据进行编制；二是：劳务分包合同约定的劳务工工作范围为基础浇筑、钢结构组对焊接、材料搬运，将12

名劳务工改为从事起重作业工作，违背了合同关于工作范围的约定。而在原约定的工作范围内，劳务公司一般也不会在该项目上提供足够数量的取得特种作业操作证的起重工。

2. 起重工属于特种作业人员的理由是：从事起重作业容易发生人员伤亡事故，对操作者本人、他人及周围设施的安全有重大危险。

项目安全员的意见正确，项目部施工副经理做法不正确。因为起重工属于特种作业人员，持证上岗是对从事特种作业人员管理的基本要求。12名劳务工进行了简单培训不能代替参加国家规定的安全技术理论和实际操作考核成绩合格并取得特种作业操作证。这12名劳务工未按规定要求取得特种作业操作证，不具备作业资格，不能从事该作业。

3. 施工总承包企业要建立建筑工人实名制管理制度，明确管理职责，对进入施工现场建筑工人实行实名制管理，记录建筑工人的身份信息、培训情况、职业技能、从业记录等信息。

4. 施工机械的选择原则：

（1）施工机具的类型，应满足施工部署中的机械设备供应计划和施工方案的需要。

（2）施工机具的主要性能参数，要能满足工程需要和保证质量要求。

（3）施工机具的操作性能，要适合工程的具体特点和使用场所的环境条件。

（4）能兼顾施工企业近几年的技术进步和市场拓展的需要。

（5）尽可能选择操作上安全、简单、可靠，品牌优良且同类设备同一型号的产品。

（6）综合考虑机械设备的选择特性。

【案例 14-2】

1.（1）铝塑复合管供暖系统的水压试验压力 = 0.35 + 0.2 = 0.55MPa。

（2）铝塑复合管道在系统试验压力下 10min 内压力降不大于 0.02MPa，然后降至工作压力检查，压力应不降，不渗不漏。

2. 材料的采购方式有：

（1）计划内采购的大宗材料一般均应采取招标、议标方式。

（2）对特殊原因，供货商不足规定的招标单位数时，可采取议标。

（3）对零星材料、工程急需材料、技术要求高和专业性强的材料以及建设单位对产品有特殊要求的材料，可采用询价比价、协商价格采购方式。

本项目宜采用招标的方式采购设备、材料。

3. 在材料进场时根据进料计划、送料凭证、质量保证书或产品合格证，进行材料的数量和质量验收；要求复检的材料应有取样送检证明报告。

成本降低额 = 计划成本 − 实际成本 = 755.32 − 710 = 45.32 万元。

4.（1）散热器进场时未对其单位散热量性能进行复验，单位散热量不符合规定要求的会导致散热器温度偏低。

（2）散热器支管的坡度为 0.003，规范规定的散热器支管坡度应为 1% 即 0.01，坡度未达到要求导致散热器温度偏低。

5. 与装修承包商的协调属于"与外部单位的协调"。项目部采取缩短工期的方法应从以下几方面入手：（1）增加劳动力；（2）采取倒班的方式增加工作时长；（3）细化作业面，采取多作业面同时开工或减少工序间搭接时间；（4）调配高效设备，提高工作效率。

【案例 14-3】

1. 总承包单位在材料运输中，需协调集港区的港务码头管理部门、航道局、陆上运输涉及的交管局、货运公司等单位。

2. A 公司在管道施工前，还应完善的工作有：向当地质量技术监督部门办理书面告知；编制施工方案并获批准；施工人员已按规定考核合格；完成技术、安全交底。

3. 未判别为质量事故的原因：经济损失不大，未对项目工期和安全构成影响，属于质量问题，由企业自行处理。

B 单位Ⅰ级无损检测人员只能进行无损检测操作，记录数据，整理检测资料，在评定检测结果、签发检测报告方面超出了其资质范围。

4. 储罐底板的严密性试验是使用真空试漏箱进行检测，罐底板的真空试漏应在充水试验前完成。储罐充水试验中，还要检查浮顶的升降性及严密性、浮顶（中心）排水管的严密性、基础的沉降观测。

【案例 14-4】

1. 项目经理可依据项目大小和具体情况，按分部、分项和专业配备技术人员。质量管理协调的同步性作用：质量检查和验收记录的形成与管道施工进度同步。

2. 安装公司在施工准备和资源配置计划中：技术准备、现场准备劳动力配置计划完成得较好。需要改进的是资金准备、物资配置计划。

3. 图 14-2 中不符合规范要求之处：压力表只有 1 块，压力表安装位置错误。

正确做法：压力表不得少于 2 块，应在加压系统的第一个阀门后（始端）和系统最高点（排气阀处、末端）各装 1 块压力表。

4. 背景中的工艺管道系统的管道环向对接焊缝应采用射线检测、超声检测，组成件的连接焊缝应采用渗透检测或磁粉检测。设计单位对工艺管道系统进行柔性分析。

5. 监理工程师提出整改要求正确。理由：风管板材拼接不得有十字形接缝，接缝应错开。加固后的风管可按技术方案和协商文件进行验收。

第15章 机电工程试运行及竣工验收管理

复习要点

微信扫一扫
在线做题+答疑

主要内容： 试运行条件与组织；建筑机电工程试运行；工业机电工程试运行；建筑机电工程竣工验收；工业机电工程竣工验收；工程竣工结算。

知识点 1. 机电工程试运行的阶段划分

（1）单机试运行。

（2）联动试运行。

（3）负荷试运行。

知识点 2. 机电工程试运行的组织

（1）单机试运行由施工单位负责操作。

（2）联动试运行由建设单位组织、指挥。

（3）负荷试运行由建设单位负责组织、协调、指挥。

知识点 3. 试运行前应具备的条件

（1）单机试运行应具备的条件。

（2）联动试运行应具备的条件。

（3）负荷试运行应具备的条件。

知识点 4. 建筑给水排水工程试运行

（1）给水系统。

（2）排水系统。

知识点 5. 建筑电气工程试运行

（1）配电系统试运行。

（2）柴油发电机组试运行。

（3）电气照明试运行。

（4）电气动力设备试运行。

知识点 6. 通风与空调工程试运行

（1）单机试运行。

（2）系统非设计满负荷条件下的联合试运行。

（3）蓄能空调系统的联合试运行。

知识点 7. 建筑智能系统试运行

（1）公共广播系统。

（2）安全防范系统。

（3）建筑设备监控系统。

知识点 8. 消防工程试运行

（1）消防给水与消火栓系统。

（2）自动喷水灭火系统。

（3）水喷雾、细水雾灭火系统。

（4）固定消防炮系统。

（5）自动跟踪定位射流灭火系统。

（6）气体灭火系统。

（7）防烟与排烟系统。

（8）火灾自动报警系统。

知识点 9. 工业机电工程单机试运行

（1）单机试运行的范围及目的。

（2）单机试运行方案。

（3）单机试运行实施。

知识点 10. 工业机电工程联动试运行

（1）联动试运行主要范围及目的。

（2）联动试运行前的准备工作。

（3）联动试运行应符合的规定。

（4）联动试运行应达到的标准。

知识点 11. 工业机电工程负荷试运行

（1）负荷试运行的要求。

（2）负荷试运行应达到的标准。

知识点 12. 工业机电工程试运行验收

知识点 13. 建筑机电工程施工质量验收相关标准

（1）建筑机电工程质量验收的划分。

（2）单位（子单位）工程验评的工作程序。

（3）单位（子单位）工程质量验收评定合格的标准。

（4）竣工验收要求。

知识点 14. 建筑机电工程竣工验收实施

（1）一般项目验收。

（2）专项验收。

（3）建设工程竣工验收备案管理。

知识点 15. 工业机电工程施工质量验收相关标准

（1）工业机电工程质量验收的划分。

（2）单位（子单位）工程质量验收的程序。

（3）单位（子单位）工程质量验收合格的规定。

（4）单位（子单位）工程控制资料检查记录。

知识点 16. 工业机电工程竣工验收实施

（1）竣工验收的依据。

（2）竣工验收的组织。

（3）竣工验收的程序。

（4）竣工验收问题的处理。

（5）竣工资料的移交。

知识点 17. 工程结算规定

发承包双方应按照合同约定的时限、计价方式办理工程结算。

知识点18. 工程结算编制依据

（1）工程施工合同文件。

（2）相关工程量计算标准。

（3）施工图纸。

（4）规范、标准。

（5）工程投标文件、招标文件。

知识点19. 施工过程结算

（1）发承包双方应按合同约定进行施工过程结算。

（2）施工过程结算价款的支付比例应在合同中约定。

知识点20. 竣工结算

（1）工程竣工后，发承包双方应按相关规定办理工程竣工结算。

（2）承包人应根据竣工结算文件向发包人提交竣工结算价款支付申请。

知识点21. 合同解除的结算

发承包双方协商一致解除合同的，应按双方达成的协议办理解除合同结算。

知识点22. 工程保修与结清

（1）发包人应按合同约定预留质量保证金，累计预留的质量保证金不得超过工程结算总价的3%。

（2）缺陷责任期终止后，发包人应将质量担保保函或剩余的质量保证金返还给承包人。

知识点23. 合同价款争议的解决

（1）委托争议评审委员会进行评审。

（2）委托具有调解能力的调解人进行调解。

（3）仲裁或诉讼。

一 单项选择题

1. 下列不属于设备单机试运行应具备的条件的是（　　）。

　　A．资源条件已具备　　　　　　B．有关分项工程验收合格

　　C．施工过程资料齐全　　　　　　D．整体工艺系统试验合格

2. 机电工程单机试运行的组织单位是（　　）。

　　A．监理单位　　　　　　　　　　B．设计单位

　　C．施工单位　　　　　　　　　　D．建设单位

3. 公共建筑照明系统通电连续试运行时间应为（　　）。

　　A．8h　　　　　　　　　　　　　B．16h

　　C．24h　　　　　　　　　　　　D．32h

4. 单机试运行方案的审定人是（　　）。

　　A．工程项目部经理　　　　　　B．施工单位总工程师

　　C．建设单位负责人　　　　　　D．总监理工程师

5. 建筑节能分部工程验收的组织人是（　　）。

    A．总监理工程师   B．施工单位项目负责人

    C．设计单位项目负责人   D．建设单位项目负责人

6. 空气处理机组的单机试运行时，应在额定转速下连续运行（　　）。

    A．2h   B．4h

    C．6h   D．8h

7. 发包人按合同约定预留质量保证金不得超过（　　）。

    A．工程结算总价的 2%   B．工程结算总价的 3%

    C．工程结算总价的 5%   D．工程结算总价的 8%

二　多项选择题

1. 机电工程单机试运行的参与单位有（　　）。

    A．建设单位   B．施工单位

    C．监理单位   D．生产单位

    E．设计单位

2. 机电工程专项验收的内容包括（　　）。

    A．消防   B．环保

    C．人防   D．供电

    E．照明

3. 下列关于单位工程质量控制资料检查记录表的说法中，正确的有（　　）。

    A．资料名称由施工单位填写   B．资料份数由建设单位填写

    C．检查意见由施工单位填写   D．检查人员由建设单位填写

    E．验收结论由建设单位填写

4. 照明通电试运行时，进行照度测量的要求有（　　）。

    A．金卤灯需燃点 60min   B．高压汞灯需燃点 30min

    C．荧光灯需燃点 15min   D．高压钠灯需燃点 10min

    E．白炽灯需燃点 5min

5. 机电工程结算编制的依据包括（　　）。

    A．工程施工合同文件及补充协议 B．现行相关工程量清单计算标准

    C．实际施工图纸及设计修改资料 D．工程施工组织设计及施工方案

    E．施工过程结算的工程量及价款

三　实务操作和案例分析题

【案例 15-1】

一、背景

    A 公司以 PC 形式总承包了一日产 5000t 水泥熟料生产线的建设，合同约定 A 公司的工程范围是截至无负荷联动试运行结束。土建和安装施工全部结束后，A 公司编制了

单机试运行方案、联动试运行方案及负荷试运行方案，并按规定上报审批。其中单机试运行方案的内容包括：工程概况或试运行范围、编制依据和原则、目标与采用标准、试运行前必须具备的条件、组织指挥系统、试运行程序与操作要求、进度安排、试运行资源配置。

烧成系统联动试运行时，由 A 公司负责组织指挥，建设单位、监理单位、设计单位、供货商参加。因主要设备回转窑已砌好耐火砖，业主认为回转窑已经过单机试运行，可解除联锁，不参与该系统联动，遭设计单位否定。

负荷试运行时，因方案是由 A 公司编制，监理公司提议建设单位的岗位工上岗操作，由 A 公司负责组织指挥，为此各方产生分歧，最后同意按国家规定执行。负荷试运行实施顺利，生产出了合格产品。

二、问题

1. 分别说明由 A 公司编制单机、联动、负荷试运行方案是否合理。

2. 补充 A 公司在单机试运行方案编制中所缺失的内容。

3. 写出处理回转窑系统联动试运行的最佳方案。

4. 负荷试运行的目的是什么？应由哪个单位负责组织协调和指挥？

【案例 15-2】

一、背景

某超高层项目，高度为 180m，考虑到超高层施工垂直降效严重的问题，建设单位（国企）将核心筒中 4 个主要管井内立管的安装，由常规施工方法改为模块化的装配式建造方法，具有一定的技术复杂性，经调研，成熟掌握该项技术的投标人较少。建设单位还要求 F1～F7 层的商业部分提前投入运营，需提前组织消防验收。

经建设单位同意，A 公司（施工总承包单位）将核心筒管井的机电安装工程进行邀请招标，招标内容：管井内的管道主要包括空调冷冻水、冷却水、热水、消火栓及自动喷淋系统，B 公司中标，并与总承包单位签订了专业分包合同，采用固定总价合同。

施工过程中，鉴于模块化管井立管的吊装属于超过一定规模的危险性较大的专项工程，B 公司编制专项施工方案，通过专家论证后，组织了实施。

该工程管井内的空调水立管上设置补偿器（图 15-1），B 公司按设计要求的结构形式及位置安装支架。在管道系统投入使用前，及时调整了补偿器。

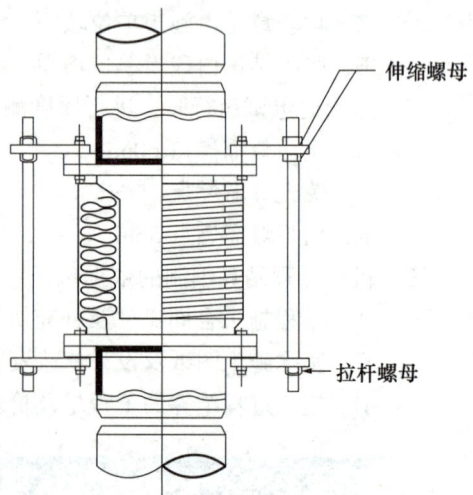

伸缩螺母

拉杆螺母

图 15-1　管道补偿器安装示意图

二、问题

1. 该机电安装工程可否采用邀请招标方式？说明理由。

2. 该工程的安全专项施工方案专家论证会应由哪个单位组织召开？论证前需由哪几个单位人员审核？

3. 补偿器两侧的空调水立管上应安装何种形式的支架？管道系统投入使用前，图 15-1 的补偿器应如何调整？

4. 建设单位提出的 F1～F7 层商业局部消防验收的申请是否可以？说明理由。

【案例 15-3】

一、背景

某施工单位中标一厂房机电安装工程。合同约定，工程费用按工程量清单计价，综合单价固定，工程设备由建设单位采购。中标后，该施工单位组建了项目部，并下达了成本考核目标。在此基础上，项目部制订了成本计划，重点对占 78% 的直接工程费用进行了细化安排，各阶段项目成本得以控制。在实施过程中，由于当地工程造价管理机构发布了工日单价调增 12%，施工单位同步调增了现场生产工人人工费用，经测算增加 30 万元；水泵设备因厂家制造质量问题，建设单位委托施工单位现场处理，施工增加处理费用 2 万元；在进行给水主干管管道压力试验时，因施工单位自购闭路阀门的质量问题，出现几处漏点，施工单位更换新阀门增加费用 1 万元；电气动力照明工程因设计问题，建设单位同意变更，施工增加费用 15 万元。

工程竣工后，施工单位依据施工合同、已确认的工程量、结算合同价款及追加或扣减的合同价款办理竣工结算，建设单位认为施工资料不全，有的还没有确认，不同意如期办理竣工结算。

二、问题

1. 项目部在人工费控制方面可采取哪些措施？直接工程费还有哪些费用？

2. 该项目办理竣工结算的依据还有哪些？

3. 实施过程中增加的费用，哪些可以索赔？哪些不能索赔？分别说明理由。

4. 更换的新阀门应做哪些试验？对检验数量有什么要求？

【答案】

一、单项选择题

1. D；　　2. C；　　3. C；　　4. B；　　5. A；　　6. A；　　7. B

二、多项选择题

1. A、B、C、E；　　2. A、B、C；　　3. A、D、E；　　4. B、C、E；

5. A、B、C、E

三、实务操作和案例分析题

【案例 15-1】

1. 单机试运行方案由 A 公司编制是合理的。

联动试运行方案按规定应由建设单位编制，但本案例合同规定无负荷联动试运行包括在 A 公司工程范围内，故由 A 公司编制是合理的。

负荷试运行方案应由建设单位组织生产部门、设计单位、A 公司共同编制，仅由 A 公司编制是不合理的。

2. 本案例中的单机试运行方案还应补充：

（1）环境保护设施投运安排。

（2）安全与职业健康要求。

（3）运行中预计的技术难点、突发事件及其应对、应急措施。

3. 因回转窑砌筑前已经通过单机试运行考核，点火前回转窑筒体不宜再转动。但本系统联动试运行，主要考核本系统各部位之间的电气及自动化元件质量、控制质量、联锁效果，主机设备回转窑解除联锁显然是不可以的。最佳方案是：暂时拆除连接减速机与回转窑的联轴节螺栓或销钉，使减速机与回转窑脱离，让回转窑传动及辅助设备参与联锁，就等于回转窑参与了联锁。

4. 负荷试运行的目的是：检验生产线整个装置除生产产量指标外的全部性能，并生产出合格产品。负荷试运行应由建设单位（业主）负责组织协调和指挥。

【案例15-2】

1. 该机电安装工程可以采用邀请招标方式。因为该工程为国企投资项目，必须招标；且核心筒中四个主要管井内立管的安装，由常规施工方法改为模块化的装配式建造方法，是非传统的施工方法，技术复杂，经调研潜在的投标人比较少，所以可以采用邀请招标。

2. 该工程的专项施工方案专家论证会应由施工总承包单位组织召开。论证前需由B公司（分包单位）和A公司（施工总承包单位）技术负责人（总工程师）及总监理工程师审核，参加论证会的专家中，符合专业要求的人数应不少于5名。

3. 根据规范要求，补偿器两侧的空调水立管上应安装固定支架和滑动导向支架。管道系统投入使用前，应将图15-1中补偿器调整螺杆的伸缩螺母松开，使其处于自由状态。

4. 对于大型建设工程需要局部投入使用的部分，根据建设单位的申请，可实施局部建设工程消防验收。

【案例15-3】

1. 在人工费控制方面可采取的措施有：强化生产工人技术素质（提高劳动生产率）、合理安排生产工人进出场时间（严密劳动组织）、实行计件工资制（严格劳动定额）。

除人工费外，直接工程费还有材料费、机械使用费。

2. 竣工结算的依据还有：计价规范、投标文件（包含已标价工程量清单）、建设工程设计文件。

3. 实施过程中增加的费用：

（1）增加30万元得不到赔偿，施工合同为工程量清单计价，固定综合单价，不可调。

（2）增加费用2万元可得到赔偿，水泵由建设单位采购，设备质量问题属于建设单位的责任。

（3）增加费用1万元得不到赔偿，该材料由施工单位采购，阀门更换属于施工单位的责任。

（4）增加15万元可得到赔偿，属于设计变更，是建设单位的责任。

4. 更换的新阀门，应做强度和严密性试验。试验应在每批（同牌号、同型号、同规格）数量中抽查10%，且不少于一个。对于安装在主干管上起切断作用的闭路阀门，应逐个做强度和严密性试验。

第16章 机电工程运维与保修管理

复习要点

微信扫一扫
在线做题+答疑

主要内容: 机电工程项目运行与维护管理;工程保修与回访管理。

知识点1. 机电工程项目运行的人员管理

知识点2. 机电工程项目运行人员的工作内容。

知识点3. 机电工程项目运行的资料管理

知识点4. 机电工程项目的安全运行管理

知识点5. 机电工程项目的应急管理

知识点6. 机电工程项目维护的组织要求

知识点7. 机电工程项目维护的管理要求

知识点8. 机电工程保修的责任范围

知识点9. 机电工程保修期限

知识点10. 机电工程保修证书的内容

知识点11. 机电工程保修程序

工程检查修理、工程保修验收。

知识点12. 工程回访计划的主要内容

知识点13. 工程回访的参加人员和回访的时间

知识点14. 工程回访的方式及要求

季节性回访、技术性回访、保修期满前的回访、信息传递方式回访、座谈会方式回访、巡回式回访。

一 单项选择题

1. 由于设备质量缺陷,维修时所产生的费用应由( )承担。
   - A. 建设单位
   - B. 制造单位
   - C. 监理单位
   - D. 施工单位

2. 机电安装工程在正常使用条件下的最低保修期限的说法,错误的是( )。
   - A. 电气管线工程保修期为2年
   - B. 设备安装工程保修期为2年
   - C. 供热系统和供冷系统为2年
   - D. 其他项目的保修期由发包单位与承包单位约定

3. 工程竣工验收交付使用后,在规定的期限内,主动回访的单位是( )。
   - A. 建设单位
   - B. 设计单位
   - C. 使用用户
   - D. 施工单位

4. 下列工程内容中,适合采用夏季回访方式的是( )。
   - A. 制冷系统
   - B. 锅炉房

C. 供暖系统　　　　　　　　D. 幕墙系统

5. 关于机电工程保修程序的说法，错误的是（　　　）。

A. 用户发现使用功能不良可以用口头方式通知施工单位

B. 发现施工质量缺陷可以用书面方式通知施工单位

C. 施工单位必须尽快地派人检查工程施工质量缺陷

D. 发生问题的部位修理完毕后需要监理单位验收签认

二 多项选择题

1. 机电安装工程运行管理记录应包括的内容有（　　　）。

A. 日常巡回检查记录　　　　B. 设备单机试运行记录

C. 隐蔽工程验收记录　　　　D. 主要设备维修记录

E. 主要设备运行参数记录

2. 下列属于机电安装工程维护保养内容的有（　　　）。

A. 管道冲洗试验记录　　　　B. 设备定期的全面清理

C. 隐蔽工程验收记录　　　　D. 系统联动试运行记录

E. 设备运行状态检查

3. 机电安装工程技术性回访主要了解的内容有（　　　）。

A. 锅炉房系统运行状况　　　B. 制冷系统运行情况

C. 新工艺　　　　　　　　　D. 新材料

E. 新设备

4. 机电安装工程回访时，常见的信息传递方式有（　　　）。

A. 邮件　　　　　　　　　　B. 电子信箱

C. 传真　　　　　　　　　　D. 座谈会

E. 电话

5. 根据《建筑工程五方责任主体项目负责人质量终身责任追究暂行办法》的规定，在工程设计使用年限内对工程质量承担相应责任的有（　　　）。

A. 建设单位项目负责人　　　B. 施工单位项目经理

C. 设计单位项目负责人　　　D. 监理单位总监理工程师

E. 分包单位项目负责人

三 实务操作和案例分析题

【案例 16-1】

一、背景

A 公司承接北方某小区的住宅楼和室外工程的机电安装任务，住宅楼楼道内铝合金散热器的安装如图 16-1 所示。

为尽快完成任务，A 公司将小区热力管网工程分包给业主指定的 B 公司，其管材和阀门由 A 公司采购。B 公司承建的热力管网安装工程于 2011 年 10 月完成后，业主单独验收顺利通过。住宅楼总体工程也于 2012 年 1 月竣工验收合格。

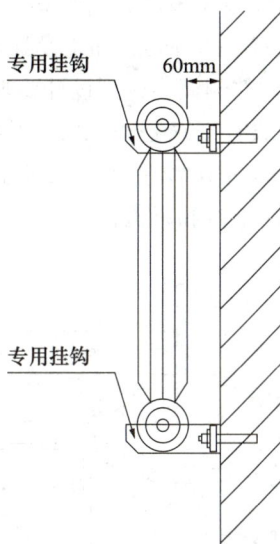

图 16-1　铝合金散热器安装示意图

该工程在使用过程中发生如下问题：

2013 年冬季供暖时，发现热力管网阀门漏水严重，业主要求 A 公司对热力管网阀门进行修理，并承担经济费用，但是，A 公司以业主直接验收管网工程为由，拒绝维修。

2015 年冬季供暖时，其中有一栋楼暖气管多处裂纹漏水。经查证该栋楼使用的管材，是 A 公司项目经理通过关系购进的廉价劣质有缝钢管。

二、问题

1. 该小区工程在竣工验收方面存在哪些问题？

2. 热力管网阀门漏水事件中，A 公司的做法是否合理？说明理由。

3. 2015 年供暖工程已过保修期限，A 公司是否应对该质量问题负责？说明理由。

4. 请说明图 16-1 中铝合金散热器的安装不符合规范之处。散热器进场的节能见证取样复试应包括哪些性能参数？

5. 简述对管网阀门进货检验的要求。

【案例 16-2】

一、背景

某医院项目，总承包单位将通风空调工程分包给某安装单位，分包工程内容有通风系统、空调水系统和冷热（媒）设备。空调设备包括 7 台风冷式热泵机组、9 台水泵、123 台吸顶式新风空调机组、1237 台风机盘管、42 台排风机，均由业主采购。通风空调工程的动力供电系统由总承包单位自行施工。

通风空调设备安装完工后，在总承包单位的配合下，安装单位对通风空调的通风系统、空调水系统和冷热媒系统进行了系统调试。调试人员在风机盘管、新风机和排风机单机试车合格后，用热球风速仪对各风口进行测定与调整，以及进行其他内容的调试，在全部数据达到设计要求后，通风空调工程在夏季做了带冷源的试运行，并通过竣工验收。

医院营业后，到了冬季，安装单位及时进行回访，对通风空调工程做季节性测试调整。发现个别病房风口的新风量只有150m³/h（设计要求是200m³/h），经复查是调试人员的数据计算错误，后重新调整测试，达到设计要求。另有个别病房的风机盘管排水不畅、噪声超标，达到45dB（设计要求是40dB），经检查排水不畅与安装质量有关，现场有问题的风机盘管安装情况如图16-2所示，风机盘管噪声超标经检查是设备产品质量不达标。经过安装单位的整改维修和风机盘管生产厂家调换设备，风机盘管的质量问题得以解决。

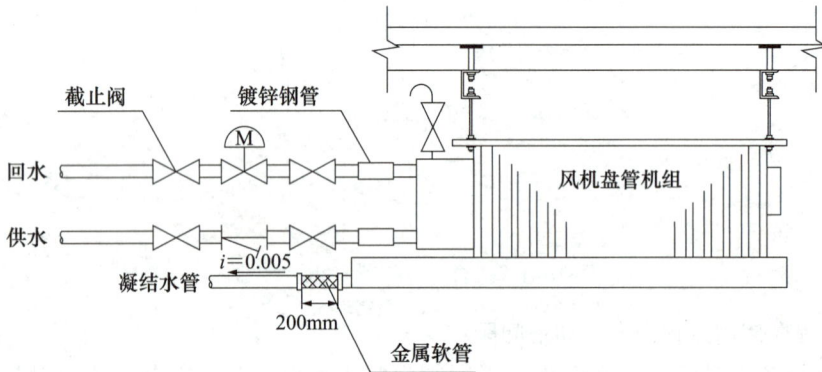

图16-2 病房风机盘管安装示意图

二、问题

1．通风系统调试后，分包单位还有哪几项调试内容？需哪些单位配合？
2．医院营业后，安装单位的回访属于哪种回访方式？回访由哪些人员参加？
3．通风空调工程在冬季测试时查出的问题属于什么性质的质量问题？应如何处理？
4．图16-2中风机盘管的安装存在哪些质量问题？应如何整改？
5．风机盘管的维修主要发生了哪些费用？应由谁承担？

【案例16-3】

一、背景

某施工单位中标一地铁机电总承包工程，合同范围包含所有机电管线、设备安装等内容，且约定供电设备由建设单位采购、施工单位安装。

施工中，遭遇百年不遇的暴雨灾害，造成已安装的供电设备损坏且无法使用，重新购买需65万元，安拆费用9.8万元。施工单位5名施工人员在抢险时负伤，所需医疗费及补偿费128万元；租赁设备损坏赔偿费7万元。洪灾发生后，因清淤工作导致施工机械闲置费3万元，现场卫生防疫费4.3万元，管理费增加2万元。预计工程清理、修复费用325万元。

施工人员在某空气处理机组安装就位后，对设备的冷凝水实施有组织的排放（图16-3）。项目部质量员检查时，对设备吊架螺母及冷凝水管的安装提出整改要求，整改后通过验收。

施工人员在系统加药清洗结束、离心泵停止后，切断供电电源，将机房门关闭落锁后，准备撤离施工现场时，被监理工程师发现制止，要求完成停泵工作方可撤离。

工程竣工后，施工单位按合同要求递交竣工资料及质量保修书，保修书明确了工程概况，保修内容，设备使用管理要求，保修单位名称、地址、电话、联系人。建设单位提出保修书内容不全，要求补充。

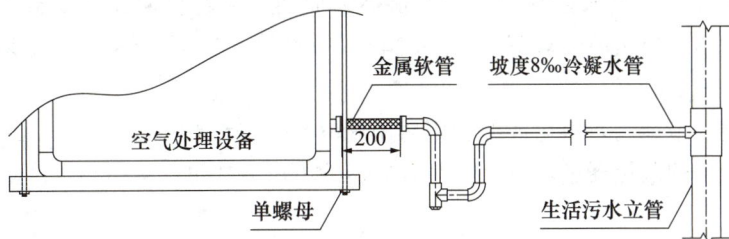

图 16-3　空气处理机组的冷凝水管安装示意图

二、问题

1. 计算施工单位在洪灾后可索赔的费用及自身应承担的费用。

2. 图 16-3 中的设备吊架螺母及冷凝水管安装应如何整改？

3. 监理工程师制止施工人员撤离施工现场是否合理？离心泵停止运转后还需做哪些后续工作？

4. 施工单位递交的质量保修书需补充哪些内容？

【答案】

一、单项选择题

1. B；　　2. C；　　3. D；　　4. A；　　5. D

二、多项选择题

1. A、D、E；　　　　2. B、E；　　　　3. C、D、E；　　　　4. A、B、C、E；

5. A、B、C、D

三、实务操作和案例分析题

【案例 16-1】

1. 小区工程在竣工验收上存在的问题有：

（1）热力管网安装工程不应该单独进行竣工验收，应与总体工程同时竣工验收。

（2）参加竣工验收的单位不全。仅有业主独家对管网进行竣工验收是不符合规定的。

（3）验收程序不对。B 公司是 A 公司的分包商，应先向 A 公司提出验收，由 A 公司向业主申请，由业主组织设计单位、监理单位、A 公司共同验收。

2. A 公司的做法不合理。因为 A 公司与 B 公司是总分包关系，按照《建设工程施工质量管理条例》规定，总承包单位对分包单位的施工质量负有连带责任；同时，阀门是 A 公司采购的，不能排除其产品质量问题，所以 A 公司应对热力管网阀门进行修理。

3. A 公司应对该暖气管道的质量问题负全部责任。因为《建设工程施工质量管理条例》规定，采购方应对所采购的材料、设备负责，不受保修期限制。另外，根据《建筑工程五方责任主体项目负责人质量终身责任追究暂行办法》的规定，参与新建、扩建、改建的建筑工程项目负责人按照国家法律法规和有关规定，在工程设计使用年限内对工程质量承担相应责任，称为建筑工程五方责任主体项目负责人质量终身责任。

4. 图 16-1 中铝合金散热器背面与墙体表面的安装距离偏大，按照《建筑给水排水及采暖工程施工质量验收规范》GB 50242—2002 第 8.3.6 条要求，该安装距离设计未注明时，应为 30mm。

按照《建筑节能与可再生能源利用通用规范》GB 55015—2021 第 6.3.1 条规定：供暖节能工程使用的散热器进场时，应对散热器的单位散热量、金属热强度等性能进行见证取样复验。

5. （1）进场时必须根据进料计划、送料凭证、质量保证书或产品合格证，进行材料的数量和质量验收；验收内容包括品种、规格、型号、质量、数量、证件等；验收要做好记录、办理验收手续。

（2）按照《建筑给水排水及采暖工程施工质量验收规范》GB 50242—2002 第 3.2.4 条要求，阀门安装前应进行强度和严密性试验，试验应在每批（同牌号、同型号、同规格）数量中抽查 10%，且不少于一个。安装在主干管上起切断作用的闭路阀门，应逐个做强度试验和严密性试验。阀门的强度试验压力为公称压力的 1.5 倍；严密性试验压力为公称压力的 1.1 倍；试验压力在试验持续时间内应保持不变，且壳体填料及阀瓣密封面无渗漏。

（3）对不符合计划要求或质量不合格的阀门，应拒绝接收。

【案例 16-2】

1. 通风空调系统调试的主要内容包括设备单机试运行及调试、系统非设计满负荷条件下的联合试运行及调试。空调系统带冷（热）源的正常联合试运行应视竣工季节与设计条件决定。所以，通风系统调试后还有：（1）风冷式热泵机组和水泵的单机试运行及调试；（2）空调水以及整个通风空调系统非设计满负荷条件下的联合试运行及调试。调试需设备供应商、总承包单位配合。

2. 医院营业后，安装单位的回访属于季节性回访，回访应由医院工程项目负责人，技术、质量、经营等有关方面人员参加。

3. 通风空调工程在冬季测试时查出的病房风口新风量不足是施工质量（技术）问题，须重新进行风量调整测试；测试时查出的风机盘管排水不畅问题是施工质量问题，须进行整改维修；风机盘管噪声超标是产品（设备）质量问题，须更换处理。

4. 图 16-2 中风机盘管安装的质量问题有：（1）风机盘管机组与供回水管的连接采用镀锌钢管，不符合施工验收规范，整改措施：风机盘管机组与供回水管道之间应采用金属软管连接；（2）冷凝水管的坡度为 0.005，不符合要求，整改措施：冷凝水管的坡度应不低于 0.008，以确保排水顺畅；（3）积水盘与冷凝水管之间的连接采用金属软管，不符合要求，整改措施：积水盘与冷凝水管之间的连接应采用塑料透明软管，以监视冷凝水排水情况；（4）积水盘与冷凝水管之间的软管长度为 200mm，不符合要求，整改措施：积水盘与冷凝水管之间的透明软管长度不应超过 150mm。

5. 风机盘管的维修主要发生了设备材料费、人工费，其中，风机盘管排水不畅是由于安装质量问题造成的，安装单位应承担维修整改的全部费用；风机盘管噪声超标是由于业主提供的设备产品质量不良造成的，应由业主承担设备更换和维修费用，施工单位协助修理。

【案例16-3】

1. 百年不遇的暴雨灾害属于不可抗力，由此造成的建设单位和施工单位的损失，各自分别承担，具体的计算如下：

施工单位在洪灾后可索赔的费用：$9.8 + 325 = 334.8$ 万元

自身应承担的费用：$128 + 7 + 4.3 + 2 + 3 = 144.3$ 万元

2. 图16-3中整改内容：空气处理设备吊架应采取双螺母且并紧安装；空气处理设备金属软管长度不大于150mm；冷凝水应间接排入生活污水管。

3. 监理工程师制止施工人员撤离施工现场的要求合理。

离心泵停止运转后的后续工作：关闭泵的入口阀门，待泵冷却后依次关闭附属系统阀门，放尽泵内积存的液体。

4. 施工单位递交的质量保修书还应补充的内容：保修范围，保修期限，保修情况记录（空白），保修说明。

综合测试题（一）

一、单项选择题（共20题，每题1分。每题的备选项中，只有1个最符合题意）

1. 金属材料在加工制造零件过程中，主要依据的性能是（ ）。
   - A．物理性能
   - B．化学性能
   - C．机械性能
   - D．工艺性能

2. 关于隔离开关作用的说法，正确的是（ ）。
   - A．在电路中能带负荷合闸
   - B．电路中有明显的断开点
   - C．发生短路时能断开电路
   - D．发生过载时能断开电路

3. 机电安装工程测量的基本程序中，不包括（ ）。
   - A．设置纵、横中心线
   - B．仪器校准或检定
   - C．安装中测量控制
   - D．设置标高基准点

4. 关于履带起重机的使用特点，错误的是（ ）。
   - A．履带起重机对基础的要求较低
   - B．履带起重机的履带会破坏路面
   - C．转移场地需要用平板拖车运输
   - D．履带起重机行走时的速度较快

5. 下列无损检测方法中，适用于铁磁性材料的检测方法是（ ）。
   - A．PT
   - B．RT
   - C．UT
   - D．MT

6. 下列建筑管道试验中，不需要进行的试验是（ ）。
   - A．冷水管道压力试验
   - B．排水管道灌水试验
   - C．雨水立管通球试验
   - D．消防管道灌水试验

7. 关于三相四孔插座的接线中，正确的是（ ）。
   - A．保护接地导体接在下孔
   - B．同一场所接线相序一致
   - C．接地导体在插座间串联
   - D．利用插座端子转接供电

8. 下列风管的制作材料，必须为不燃材料的是（ ）。
   - A．低温送风空调风管
   - B．防排烟的柔性短管
   - C．净化空调送风风管
   - D．高压系统送风风管

9. 室内被动型红外探测器工作时，不影响其探测功能的物体是（   ）。
   A. 空调出风口
   B. 档案资料柜
   C. 电热水锅炉
   D. 冰箱散热器

10. 关于曳引式电梯驱动主机安装要求的说法，错误的是（   ）。
   A. 制作承重梁的钢板厚度不应小于 20mm
   B. 驱动主机的旋转部件外侧均应涂成黄色
   C. 手动释放制动器的操作部件应涂成红色
   D. 曳引轮安装后的垂直度误差应在 3mm 以内

11. 下列消火栓系统的调试内容，不包括的是（   ）。
   A. 减压阀调试
   B. 水源的调试
   C. 给水泵调试
   D. 消火栓调试

12. 将设备调整到设计规定的水平状态的最好方法是（   ）。
   A. 调整垫铁高度
   B. 采用千斤顶顶升
   C. 调整调节螺钉
   D. 楔入专用斜铁器

13. 设计压力为 1.6MPa 的液体压力管道阀门，需要进行壳体压力试验的比例是
（   ）。
   A. 10%
   B. 30%
   C. 50%
   D. 100%

14. 电力架空线路的施工中，横担固定处需加装软垫的是（   ）。
   A. 转角杆横担
   B. 全瓷式横担
   C. 终端杆横担
   D. 耐张杆横担

15. 自动化工程的设备仪表为 0.5 级，调校用的标准仪表应选用（   ）。
   A. 0.1 级
   B. 0.2 级
   C. 0.5 级
   D. 1.0 级

16. 下列工序中，不属于涂装工艺的是（   ）。
   A. 喷砂
   B. 辊涂
   C. 干燥
   D. 调配涂料

17. 金属拱顶罐底板铺设后，首先施焊的部位是（   ）。
   A. 中幅板短焊缝
   B. 边缘板外侧 300mm 对接焊缝
   C. 龟甲缝
   D. 中幅板长焊缝

18. 真空箱试漏法可以检验的项目是（　　　）。

    A. 罐壁的强度试验   B. 罐顶的强度试验

    C. 罐顶稳定性试验   D. 罐底严密性试验

19. 下列设备中，属于塔式光热发电设备系统的是（　　　）。

    A. 定日镜   B. 汇流箱

    C. 集热管   D. 光伏组件

20. 下列转炉炼钢设备中，属于原料供应系统的是（　　　）。

    A. 转炉本体   B. 铁水倒罐站

    C. 倾动装置   D. 氧枪横移小车

二、多项选择题（共 10 题，每题 2 分。每题的备选项中，有 2 个或 2 个以上符合题意，至少有 1 个错项。错选，本题不得分；少选，所选的每个选项得 0.5 分）

21. 评定计量器具的性能和质量是否符合法定要求的有（　　　）。

    A. 检定证书   B. 检定规程

    C. 检定标记   D. 检定结果通知书

    E. 检定项目

22. 临时用电施工组织设计的主要内容包括（　　　）。

    A. 用电工程总平面图   B. 配电装置布置图

    C. 施工安全用电措施   D. 配电系统接线图

    E. 编制用电经费预算

23. 依据安装许可类别划分，压力管道安装许可类别有（　　　）。

    A. 长输管道   B. 地下管道

    C. 工业管道   D. 公用管道

    E. 动力管道

24. 下列照明采用交流（AC）电源供电时的要求，正确的有（　　　）。

    A. 光源额定功率 1500W 以下宜采用 AC220V 供电

    B. 2000W 的高强度气体放电灯宜采用 AC380V 供电

    C. 安装在有人接触的水下灯具应采用 AC24V 供电

    D. 在干燥场所手提式灯具应采用 AC36V 电压供电

    E. 在潮湿场所移动式灯具应采用 AC24V 电压供电

25. 当风速大于 8m/s 时，不宜进行吊装的风电设备部件有（　　　）。

    A. 塔架   B. 风轮

    C. 机舱   D. 叶片

E. 基础

26. 人力资源需求预测的内容包括（　　　）。
    A. 人力资源培训需求预测　　　　B. 未来流失人力资源需求预测
    C. 未来人力资源需求预测　　　　D. 现实流失人力资源需求预测
    E. 现实人力资源需求预测

27. 下列施工分包合同内容，需要重点分析的有（　　　）。
    A. 通用条款　　　　　　　　　　B. 工期要求
    C. 合同价格　　　　　　　　　　D. 计价方法
    E. 合同变更方式

28. 机电工程采用横道图来表示施工进度计划时的优点有（　　　）。
    A. 便于实际与计划进度比较　　　B. 便于看出影响工期的关键工作
    C. 便于计算劳动力的需要量　　　D. 便于计算材料和资金的需要量
    E. 便于施工进度的动态控制

29. 机电工程施工中，工序质量控制的方法有（　　　）。
    A. 工序分析　　　　　　　　　　B. 检测过程
    C. 质量预控　　　　　　　　　　D. 质量验收
    E. 质量控制点设置

30. 工程竣工验收时，依据的技术文件有（　　　）。
    A. 施工图纸　　　　　　　　　　B. 设备技术资料
    C. 设计说明书　　　　　　　　　D. 施工组织设计
    E. 设计变更单

三、实务操作和案例分析题（共 4 题，每题 20 分）

（一）

背景资料

A 公司承接某生物医药车间项目，包含 860m² 的洁净室。A 公司将净化空调系统工程分包给 B 公司。开工前，A 公司组织了图纸会审，邀请设计单位、监理单位以及 B 公司等单位参加，进行设计交底。B 公司项目部编制了净化空调系统施工方案（其中风管制作技术方案见表 1）报监理单位审批，监理工程师指出风管制作方案存在错误项并退回，经项目部修改后通过审核。

B 公司项目部依次完成了风管系统安装、风机与净化空调机组安装、中高效过滤器安装、新风过滤器安装、风管与设备绝热、系统严密性检验、系统清理及系统调试。其中系统调试内容包括风量调整、过滤器检漏、洁净度检测，以及温湿度、噪声、光照度检测。

项目竣工验收后，A 公司负责生物医药车间的低碳运维管理工作，建立提高能源资源利用效率和减少碳排放的运行管理目标，依托碳排放检测平台对建筑碳排放进行采集和统计，净化空调系统的碳排放计算包括了冷源能耗、热源能耗计算。运行管理人员掌握了系统的实际能耗状况，并接受相关部门的能源审计。

表1 净化空调系统风管制作技术方案

项目序号	项目内容	技术方案
①	风管尺寸	边长范围：250～1250mm
②	风管材料	采用镀锌层厚度为 80g/m² 的镀锌钢板
③	风管零部件	所用的螺栓、螺母和铆钉的材料与管材不应产生电化学腐蚀
④	风管加固	对于边长大于 900mm 的风管，在风管内设置分布均匀的加固筋
⑤	风管连接	全部采用薄钢板法兰弹簧夹连接方案
⑥	风管清洗	风管制作完毕后，用无腐蚀性清洗液将内表面清洗干净

问题

1. 本项目图纸会审的组织程序是否正确？应由哪个单位组织？

2. 表1的净化空调系统风管制作技术方案中存在几个错误项？写出修改后的正确项。

3. 净化空调系统施工流程存在什么问题？说明理由。高效过滤器安装后应空吹多长时间？

4. 低碳运行管理人员在运维管理中应定期实施哪些内容？净化空调系统的碳排放计算还包括哪些能耗？

（二）

背景资料

A 建设单位进行柴油加氢装置压缩单元扩建，工程内容包括：一台新氢压缩机安装；机组级间、润滑油本体管道安装及单体试车工作。项目采用公开招标，B、C、D、E 四家施工单位应约参加了投标。经综合评审，B 施工单位中标。合同签订后，B 施工单位合同管理人员组织项目执行人员进行了合同交底，学习合同条文，进行合同分析，熟悉合同中的主要内容、各种规定和管理程序。

B 施工单位项目部进场后，技术负责人组织各专业技术人员认真熟悉图纸，完成图纸会审，并结合工程特点，从组织措施、技术措施、经济措施、合同措施等多方面综合考虑，编制了详细的施工组织设计、专项施工方案及成本策划等文件。

压缩机组就位后，B 施工单位钳工按图1所示，采用双表法进行压缩机联轴器对中找正，轴向、径向百分表读数如图2所示。监理工程师巡查确认读数后，发现钳工在调整垫铁，随即指导钳工，完成机组联轴器对中找正工作。

压缩机润滑油不锈钢管道 $\phi57\times3.5mm$ 试压前，监理工程师抽查管道 08 号固定焊口施工记录：组对间隙为 2mm，错边量为 0.5mm，施焊焊工钢印号为 SH01，焊接采用氩弧焊工艺，焊接环境温度为10℃，焊工持证合格项为SMAW-FeII-6G-4/108-Fefs，焊缝外观检测合格，无损检测合格。试压包内管道组成件材质证、安装记录、无损检测记录齐全。监理工程师在管道试压前确认单上签字，同意试压。

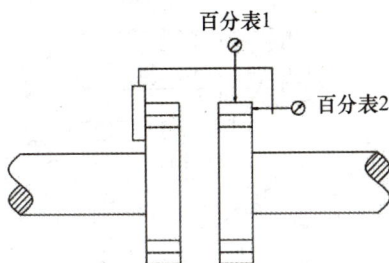

图1　联轴器对中找正测量示意图

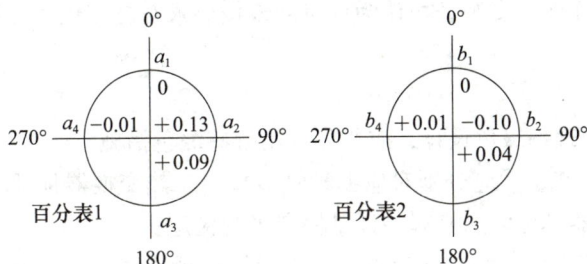

图2　百分表读数

问题

1．B施工单位在合同交底中，还应了解哪些内容？

2．项目部进场后，可采取哪些降低施工成本的技术措施？

3．联轴器对中找正的百分表读数是否符合要求？发现类似问题，应如何处置？

4．监理工程师在管道试压前确认单上签字是否合适？为什么？

（三）

背景资料

某安装公司项目部承接一温泉酒店工程施工，内容包括酒店的通风空调系统、建筑给水排水及供暖系统、建筑电气和消防工程等。项目部为了获评公司的"绿色建造示范工程"而建立了绿色建造制度，内容包括：建立绿色建造管理体系；建立管理组织机构；按照分区原则做好项目部管理工作，进行现场绿色设计，实施节能降耗措施等。

温泉酒店的供暖及热水给水系统采用的卧式容积式热交换器，安装示意图如图3所示。监理工程师检查时发现，热交换器顶部有缺失的计量器具，且该安装公司没有相关的计量器具管理部门可以自行检定。

热交换器的最大工作压力为1.6MPa，蒸汽部分的工作压力为1.0MPa，在水压试验操作时，项目部采用试验压力为2.0MPa下保持5min压力不降；并且在完成供暖管道系统冲洗后，随即进行了试运行及调试。监理工程师认为项目部操作不符合规范要求，项目部及时整改后通过验收。

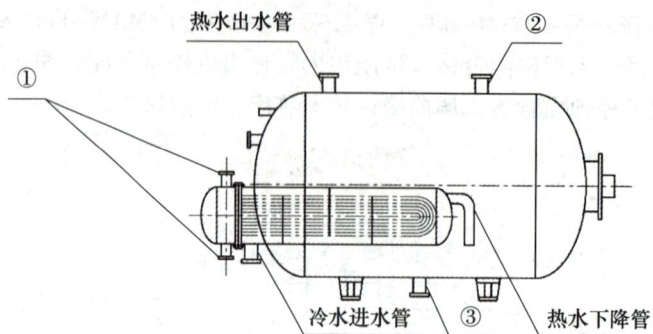

图 3　卧式容积式热交换器安装示意图

安装公司按规定多次对施工现场进行文明施工检查发现：项目部随意堆放易产生扬程的粉末状材料，对于现场堆放材料区域的地面未进行任何处理，并且在露天场地对管道进行喷砂除锈作业。安装公司认为项目部未按要求对施工现场环境进行保护，要求其整改。

问题

1. 项目部进行现场绿色设计，应优先选用哪些绿色措施？

2. 图 3 中①、②、③应分别对应哪种管道接口？热交换器顶部还应安装哪些计量器具？补充的计量器具可以送交哪些计量检定机构检定？

3. 热交换器的水压试验应如何整改？供暖管道系统试运行及调试前还应补充哪项操作？

4. 项目部对施工现场环境保护不符合规范要求的应如何整改？

（四）

背景资料

某公司项目部承担的风电工程项目施工中，共有 18 台 3.4MW 风电机组。风电机组安装包括：风力发电机组基础、风力发电机组安装、监控系统安装、箱式变压器安装、防雷接地网安装、电缆安装。风机机组中最重的叶轮部件重量为 102t，发电机部件重量为 83t。发电机组安装技术要求见表 2。

表 2　发电机组安装技术要求

项目	技术要求
基础环法兰水平度偏差	≤3mm
基础接地电阻	≤4Ω
塔筒法兰变形量	≤3mm
发电机绕组间及对地绝缘电阻	≥500MΩ
塔筒法兰内侧间隙	<0.5mm
主吊机械负荷率	≤90%

安装公司项目部在工程开工前编制了施工组织设计和吊装方案，并履行了审批手续。吊装方案采用 SCC6500WE 履带起重机，额定起重量 650t。SCC6500WE 履带起重

机采用塔式工况，主臂长度为96m，副臂长度为12m，主臂夹角为82°，副臂夹角为10°，回转半径为18m时起重量为128t，吊装高度为110m，吊钩重量为3.6t。叶轮吊装时吊具、吊索重量为3t；发电机吊装时吊具、吊索重量为4.0t。

SCC6500WE履带起重机现场组装并经自检和试验合格后，进行了报验并准备投入使用。但监理工程师要求必须经当地有资质的特种设备检验检测机构检验合格后方可投入使用。

施工前对所有作业人员进行了技术交底。根据发电机组各部件的质量和安装高度进行了吊装机械的策划。按现行《建筑与市政工程施工现场临时用电安全技术标准》JGJ/T 46—2024的要求进行了临时用电的策划，塔筒内采用12V低压照明，工程按计划实施。

问题

1. 风电机组安装工程共有多少个单位工程？每个单位工程中有哪几个分部工程？

2. 在施工准备中，应配备哪些必需的计量检测仪器？

3. 监理工程师要求是否正确？为什么？履带起重机安装前是否需要进行安装告知？

4. 计算最不利工况下主吊的起升计算载荷（忽略风载荷影响）。吊车的负载率是否满足要求？

【答案】

一、单项选择题

1. C；　　2. B；　　3. B；　　4. D；　　5. A；　　6. D；　　7. B；　　8. B；
9. B；　　10. D；　11. C；　12. A；　13. A；　14. B；　15. B；　16. A；
17. B；　18. D；　19. A；　20. B

二、多项选择题

21. A、C、D；　　　22. A、B、C、D；　　　23. A、C、D；　　　24. A、B、D、E；
25. B、D；　　　　　26. B、C、E；　　　　　27. B、C、D、E；　　28. A、C、D；
29. A、C、E；　　　30. A、B、C、E

三、实务操作和案例分析题

（一）

1. 图纸会审组织程序不正确。应由建设单位组织。

2. 表1的净化空调系统风管制作技术方案存在3个（②、④、⑤）错误项。

修改后的正确项：

② 风管材料：采用镀锌钢板的镀锌层厚度不应小于100g/m²。

④ 风管加固：对于边长大于900mm的风管，净化空调系统风管内不得设有加固框或加固筋。

⑤ 风管连接：边长大于1000mm的净化空调系统风管，不得使用薄钢板法兰弹簧夹连接。

3. 存在的问题：安装高效过滤器后安装新风过滤器。风管与设备绝热之后进行系统严密性检验。

理由：高效过滤器安装前，系统中末端过滤器前的所有空气过滤器应安装完毕；风管、部件及空调设备绝热工程施工应在风管系统防腐和漏风量测试合格后进行。

高效过滤器安装后应空吹 12～24h。

4. 低碳运行管理人员在运维管理中应定期调查能耗分布状况，分析节能潜力，并应提出节能运行和改造建议。净化空调系统的碳排放计算还包括输配系统能耗、末端空气处理设备能耗。

（二）

1. B 施工单位在合同交底中，还应了解合同双方的合同责任和工作范围、各种行为的法律后果。

2. 项目部进场后，可采取的降低施工成本的技术措施包括：制定先进合理的施工方案和施工工艺；积极推广应用新技术；加强技术、质量检验。

3. 联轴器对中找正的百分表读数不符合要求，因为径向读数：$a_1 + a_2 \neq a_3 + a_4$；轴向读数：$b_1 + b_2 \neq b_3 + b_4$，说明百分表架安装不牢固，表架的刚性不符合要求。发现类似问题，应该重新固定百分表表架，当两轴同步转动时，四个方向所读读数应符合 $a_1 + a_2 = a_3 + a_4$、$b_1 + b_2 = b_3 + b_4$，（归零位时百分表读数不变），此时读数才能作为找正调整垫铁的依据。

4. 监理工程师在管道试压前确认单上签字不合适。因为 08 号焊口的施焊焊工合格项目在管道材质、焊接方法、管径方面均不能覆盖压缩机润滑油管道焊接施工，焊接记录不符合要求。压缩机组润滑油管道是不锈钢，属于 Fe Ⅳ 类材料，而焊工持有的合格项为 FeⅡ 类材料；焊工所持合格项是焊条电弧焊 SMAW 工艺，本项目采用的是氩弧焊（GTAW）工艺；焊工考试试件为 $\phi 108 \times 4mm$ 管材，最小能焊接 $\phi 76$ 管材，本项目润滑油管道为 $\phi 57$ 管材，所以，该焊工合格项目在管道材质、焊接方法、管径方面均不能覆盖压缩机润滑油管道焊接施工。

（三）

1. 项目部进行现场绿色设计，应优先选用绿色技术、绿色建材、绿色机具和施工方法等措施。

2. 图 3 中① 热媒进口、出口，② 安全阀接管口、③ 排污管口。热交换器顶部还应安装温度计、压力表。企业计量管理部门无权检定的项目，可送交法定或授权的计量检定机构检定。

3. 整改：热交换器试验压力应为最大工作压力的 1.5 倍，$1.6 \times 1.5 = 2.4MPa$，且保持 10min 压力不降；供暖管道系统试运行及调试前还应冲水、加热。

4. 项目部整改：粉末状材料应该封闭存放；材料堆放区及时进行地面硬化；管道喷砂除锈作业应在封闭的厂房内进行。

（四）

1. 风电机组安装工程共有 18 个单位工程；每个单位工程中有：风力发电机基础、风力发电机组安装、监控系统安装、箱式变压器安装、防雷接地网安装、电缆安装分部工程。

2. 在施工准备中，应配备的计量检测仪器：激光水准仪、接地电阻测试仪、绝缘电阻测试仪等。

3．监理工程师要求不正确。因为履带起重机只需进行首次检验，不需要进行监督检验。履带起重机安装前不需要进行安装告知，因为不实施监督检验的起重机不需要安装告知。

4．吊车的最不利工况是叶轮吊装，由于履带起重机为定型产品，计算载荷时可不考虑动载系数。此时主吊的升起计算载荷就是叶轮重量、吊钩重量和吊索具重量之和。

即升起计算载荷＝ 102 ＋ 3.6 ＋ 3 ＝ 108.6t

吊车负荷率计算：负荷率＝ 108.6/128 ＝ 84.8% ＜ 90%

吊车负载率符合要求。

综合测试题（二）

一、单项选择题（共20题，每题1分。每题的备选项中，只有1个最符合题意）

1. 下列塑料中，常用来制作仪表外壳或灯罩的通用塑料是（　　　）。
    A. 聚乙烯（PE）
    B. 聚氯乙烯（PVC）
    C. 聚丙烯（PP）
    D. 聚苯乙烯（PS）

2. 专业设备中的结晶器属于（　　　）。
    A. 石化设备
    B. 冶金设备
    C. 电力设备
    D. 建材设备

3. 工程测量程序中，安装过程测量控制的紧前程序是（　　　）。
    A. 设置沉降观测点
    B. 设置标高基准点
    C. 设置纵向中心线
    D. 设置横向中心线

4. 重大设备吊装前，应进行的起重能力试验不包括（　　　）。
    A. 自制的吊梁试验
    B. 地锚的拉力试验
    C. 钢丝绳拉力试验
    D. 基础的承压试验

5. 在焊接前的焊条选用，应优先考虑（　　　）。
    A. 设计文件要求
    B. 母材化学成分
    C. 母材力学性能
    D. 焊接工艺性能

6. 关于离心式水泵安装允许偏差的说法，正确的是（　　　）。
    A. 立式泵体垂直度的允许偏差是 0.2mm
    B. 联轴器同心度轴向倾斜的允许偏差是 0.8mm
    C. 卧式泵体水平度的允许偏差是 0.2mm
    D. 联轴器同心度径向位移的允许偏差是 0.8mm

7. 下列检查项目中，不属于配电柜主控项目的是（　　　）。
    A. 配电柜金属框架与保护导体可靠连接
    B. 配电线路的线间和线对地绝缘电阻值
    C. 抽屉式配电柜推拉灵活且无卡阻现象
    D. 配电柜金属框架安装的垂直允许偏差

8. 下列风管中，应按中压风管技术要求进行严密性试验的是（　　　）。

A．排风风管　　　　　　　　　B．变风量空调的风管

C．新风风管　　　　　　　　　D．N1级洁净空调风管

9．下列检测的内容中，不属于火灾应急广播功能检测的是（　　　）。

　　A．具有最高级别的优先权　　　B．实时指挥语声响应时间

　　C．广播区域播放警示信号　　　D．广播系统声场不均匀度

10．额定速度为0.65m/s的自动扶梯的空载制动试验，其制停距离范围规定的是（　　　）。

　　A．0.20～1.00m　　　　　　　B．0.30～1.30m

　　C．0.35～1.50m　　　　　　　D．0.40～1.70m

11．钢板制作的消防水箱进出水管道宜采用的连接方式是（　　　）。

　　A．焊接连接　　　　　　　　　B．法兰连接

　　C．螺纹连接　　　　　　　　　D．电热熔接

12．对开式滑动轴承装配时，轴颈与轴瓦的顶间隙测量常用的方法是（　　　）。

　　A．塞尺测量　　　　　　　　　B．压铅法检查

　　C．千分表测量　　　　　　　　D．游标卡尺测量

13．关于管道伴热管安装的说法，正确的是（　　　）。

　　A．多根伴热管应缠绕在主管道上

　　B．多根伴热管的相对位置应固定

　　C．可将伴热管直接点焊在主管上

　　D．碳钢伴热管应紧贴不锈钢主管

14．关于电缆敷设注意事项的说法，错误的是（　　　）。

　　A．油浸电力电缆头可不用铅封　　B．并联电缆的型号规格应相同

　　C．电缆应在切断4h之内封头　　　D．电缆终端处应留有备用长度

15．自动化仪表系统可开通投入运行的条件是完成了（　　　）。

　　A．单体试验和交联试验　　　　B．回路试验和单体试验

　　C．回路试验和系统试验　　　　D．系统试验和交联试验

16．下列处理方法中，不能实施金属表面除锈的方法是（　　　）。

　　A．喷射处理　　　　　　　　　B．抛射处理

　　C．酸洗处理　　　　　　　　　D．钝化处理

17．设备保冷施工的做法，错误的是（　　　）。

A．设备保冷层厚度不得小于40mm

B．设备裙座保冷层敷设至垫块处

C．保冷层厚度宜为邻近厚度的1/3

D．设备裙座的里侧也应进行保冷

18．钢结构安装单位应按规定进行高强度螺栓连接摩擦面的试验是指（　　　）。

    A．扭矩系数试验　　　　　　　B．紧固轴力试验

    C．弯矩系数试验　　　　　　　D．抗滑移系数试验

19．若无设计规定，一般负压锅炉的风压试验压力是（　　　）。

    A．0.3kPa　　　　　　　　　　B．0.5kPa

    C．0.6kPa　　　　　　　　　　D．1.0kPa

20．下列设备中，属于吹炼、精炼与出钢系统的设备是（　　　）。

    A．烟气冷却设备　　　　　　　B．转炉本体

    C．铁水预处理设备　　　　　　D．氧枪

二、多项选择题（共10题，每题2分。每题的备选项中，有2个或2个以上符合题意，至少有1个错项。错选，本题不得分；少选，所选的每个选项得0.5分）

21．关于施工计量器具管理的基本要求，正确的有（　　　）。

    A．计量管理人员可以是兼职的人员

    B．每种计量器具的检定周期应一致

    C．项目应建立计量器具的管理台账

    D．强制检定的计量器具可自行检定

    E．非强制检定的可以检查继续使用

22．在电力设施保护区内进行大件吊装时，应摸清周边电力设施的实情有（　　　）。

    A．地下电力电缆的位置　　　　B．地下电缆的埋设标高

    C．空中架空线路的高度　　　　D．架空线路的电压等级

    E．该保护区的主管单位

23．特种设备出厂移交的安全技术档案中应包括（　　　）。

    A．特种设备设计文件　　　　　B．产品质量合格证明

    C．监督检验证明文件　　　　　D．安装技术文件资料

    E．日常维护保养记录

24．下列设计参数中，属于室内污水排水泵选定依据的有（　　　）。

    A．末端流出水头　　　　　　　B．管道的连接方式

    C．管路水头损失　　　　　　　D．排水设计秒流量

E．管材公称压力

25．下列工业安装分项工程中，属于主控项目的有（　　　）。
   A．系统的试运行 　　　　　　 B．管道压力试验
   C．管道防腐保温 　　　　　　 D．管道阀门检验
   E．管道焊接材质

26．关于招标过程中设定投标限价的说法，正确的有（　　　）。
   A．招标人可以在招标文件中明确最低投标限价
   B．招标人应当在招标文件中明确最高投标限价
   C．招标人可以自行决定是否需要设置投标限价
   D．招标人设置的投标限价在开标前期必须保密
   E．招标文件中可明确最高投标限价的计算方法

27．危险源清单的内容一般包括（　　　）。
   A．危险源名称、性质 　　　　 B．安全风险评价
   C．可能影响的后果 　　　　　 D．需采取的对策
   E．事故处理的情况

28．工程竣工结算编制的依据包括（　　　）。
   A．工程施工合同 　　　　　　 B．实际施工图纸
   C．招标投标文件 　　　　　　 D．施工组织设计
   E．合同调整价款

29．下列费用中，属于企业管理费的有（　　　）。
   A．施工机械安拆费 　　　　　 B．财产保险费
   C．仪器仪表维修费 　　　　　 D．检验试验费
   E．工具用具使用费

30．下列工作中，属于常规维护保养范畴的有（　　　）。
   A．系统安全检查 　　　　　　 B．系统重要功能检测
   C．运行效果检查 　　　　　　 D．设备运行状态检查
   E．易损部件更换

三、实务操作和案例分析题（共 4 题，每题 20 分）

（一）

背景资料

A公司承包某分布式能源中心的机电安装工程，工程内容有：三联供（供电、供

冷、供热）机组、配电柜、水泵等设备安装和冷热水管道、电缆排管及电缆施工。三联供机组、配电柜、水泵等设备由业主采购；金属管道、电缆及各种材料由 A 公司采购。

A 公司项目部进场后，编制了施工进度计划（表 1）、施工方案等。对业主采购的三联供机组、水泵等设备检查、核对其技术参数。设备基础验收合格后，采用卷扬机及滚杠滑移系统将三联供机组搬运、吊装就位，安装达到设计及安装说明书要求。

表 1　施工进度计划

序号	工作内容	持续时间	开始时间	完成时间	紧前工序	3月 1	3月 11	3月 21	4月 1	4月 11	4月 21	5月 1	5月 11	5月 21	6月 1	6月 11	6月 21
1	施工准备	10d	3.1	3.10	—	▬											
2	基础验收	20d	3.1	3.20	—	▬▬											
3	电缆排管施工	20d	3.11	3.30	1		▬▬										
4	水泵及管道安装	30d	3.11	4.9	1		▬▬▬										
5	机组安装	60d	3.31	5.29	2，3				▬▬▬▬▬▬								
6	配电及控制箱安装	20d	4.1	4.20	2，3				▬▬								
7	电缆敷设连接	20d	4.21	5.10	6						▬▬						
8	调试	20d	5.30	6.18	4，5，7										▬▬		
9	配套设施安装	20d	4.21	5.10	6						▬▬						
10	试运行验收	10d	6.19	6.28	8，9												▬

在施工中发生了以下事件：

事件一：项目部将 2000m 电缆排管施工分包给 B 公司，预算单价为 120 元/m，在 3 月 22 日结束时检查，B 公司只完成电缆排管施工 1000m，但支付给 B 公司的工程进度款累计已达 160000 元，项目部对 B 公司提出警告，要求加快施工进度。

事件二：在热水管道施工中，按施工图设计位置施工时，碰到其他管线，使热水管道施工受阻，项目部向设计单位提出设计变更，要求改变热水管道的走向，结果使水泵及管道安装工作拖延到 4 月 29 日才完成。

问题

1．项目部在验收水泵时，应核对哪些技术参数？

2．三联供机组在吊装就位后、试运行前有哪些安装工序？

3．事件一中，电缆排管的预算费用是多少？电缆排管进度是否落后？是否会影响总施工进度？

4．在事件二中，项目部应如何变更图纸？水泵和管道安装施工进度偏差了多少天？是否会影响总工期？

（二）

背景资料

A 公司总承包某钢厂的板材轧机工程项目。工程内容：土建基础施工，厂房钢结构安装，车间双梁桥式起重机安装，轧机设备安装、调试及试运行等。

A公司考虑项目施工进度和质量要求，在征得建设单位同意后，将土建基础工程施工分包给B公司，车间双梁桥式起重机安装分包给C公司。分包合同中明确分包单位的任务、责任及相应的权利，包括合同价款、工期、奖罚等。A公司指派专人对分包公司进行施工管理，保证分包合同的履行；并向B、C公司进行技术交底，使土建基础工程和桥式起重机按合同要求完工。

轧机安装前，A公司对施工人员进行施工技术和施工安全交底；轧机设备基础检查验收合格，确定中心标板和基准点位置，设立永久基准线和基准点；并在设备基础周边埋设沉降观测点。使用已验收合格的桥式起重机进行轧机底座、机架吊装。

机架安装固定后，以轧机机列中心线、轧机底座标高为基准，A公司进行轧辊装置、传动装置、工作辊等的安装与调整。在传动装置（图1）调整中，对传动电机水平度进行测量复核；用百分表和专用工具测量联轴器的径向偏差和轴向偏差；检查齿轮座时，发现齿轮啮合间隙不符合规范要求，经整改后，验收合格。

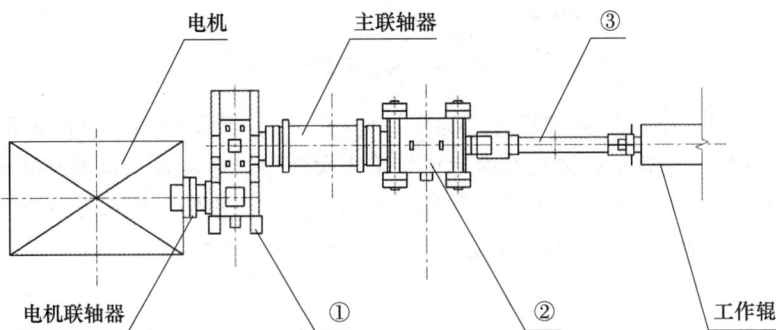

图1　轧机传动装置示意图

轧机设备安装后，A公司在组织、技术、物资三个方面进行试运行准备。单机试运行时，主传动电机、传动装置等部件分别空载试运行0.5h，轧机按额定转速的25%、50%、75%、100%分别试运行2h，且高、低速往返运行5次，设备轴承温度正常。单机试运行后，由建设单位组织实施联动试运行和负荷试运行。

问题

1. A公司在项目分包时应考虑哪些因素？签订分包合同时可采用哪个示范文本？

2. 轧机机架安装精度调整是以哪个观测为依据？机架地脚螺栓的紧固通常采用哪种方法？

3. 电机水平度的测量复核应以哪个为测量面？联轴器转动测量时应记录几个位置的径向和轴向位移值？图1中的哪个部件进行了整改？

4. 轧机设备单机试运行是否合格？试运行前的技术准备工作有哪些内容？

（三）

背景资料

某安装公司承接了一商场的机电工程施工项目，工程内容：通风空调、给水排水、建筑电气、消防工程等。

项目部进场后，组织人员编制了施工组织设计，并向项目部所有相关人员和部门、劳务班组进行交底，交底内容包括：工程各项目标、施工部署、进度安排、组织机构设置与分工及质量、安全技术措施等。

在空调水系统的施工过程中，监理工程师对现场管道的连接、钢套管的安装进行检查，发现管道穿楼板套管的做法（图2）存在质量问题，要求项目部整改。

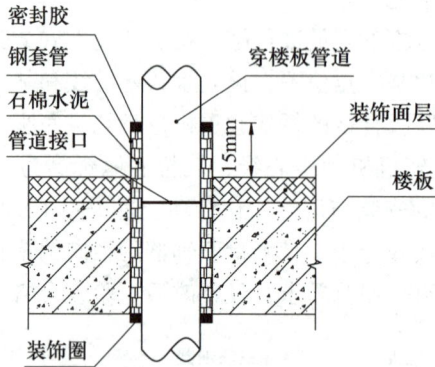

图2　管道穿楼板套管示意图

风机安装前，项目部对风机进行通电试验时，叶片转动灵活、方向正确，且停转后每次停留在同一位置上；风管与落地风机采用柔性短管连接后，紧固风机支架减振器上的胀锚螺栓。监理工程师认为项目部的操作不符合规范规定，要求其整改。

项目部在管道穿越楼板施工和落地风机的安装与土建、装饰公司进行交接协调，使工程按合同要求完成。

问题

1．施工组织设计交底还应包括哪些内容？

2．图2中，哪几项做法不符合规范要求？写出正确的做法。

3．风机通电试验和风机与风管的连接存在什么问题？写出正确的做法。

4．在管道穿越楼板和落地风机安装中，项目部与土建公司应交接协调哪些内容？

（四）

背景资料

某电力安装公司承担一火力发电厂安装项目，安装内容主要包括锅炉（本体设备、燃烧设备和辅助设备）、汽轮发电机组（汽轮机、发电机、励磁机等）、升压变压器等的安装，发电设备由建设单位采购，散件到货。电力安装公司签订合同后，组建了项目部。

项目部进场后，编制了火力发电厂安装项目施工组织设计，施工进度计划，质量计划，锅炉、汽轮发电机组施工方案；并按进度计划编制了物资配置计划和劳动力配置计划，进行施工准备。

施工人员进场后，项目部按照方案中的锅炉、汽轮发电机组的安装程序、技术要求、质量验收标准对施工人员进行技术交底。依据质量计划中的质量目标、工作控制要点，分解落实，确保质量方针目标的实施和检查，保证工程质量合格。

在发电机安装中，项目部严格按照安装程序和技术要求进行。发电机定子吊装采用厂房中的两台桥式起重机，并配制吊梁进行抬吊，将定子吊装于基础上。

项目部完成机务、电气与热工仪表的各项工作，会同有关人员对定子和转子进行最后清扫检查，确信其内部清洁、无任何杂物并经签证后进行转子穿装（图3）。完工后，项目部组织检查了工程验收，均符合要求，填写了验收记录和验收结论，工程顺利移交。

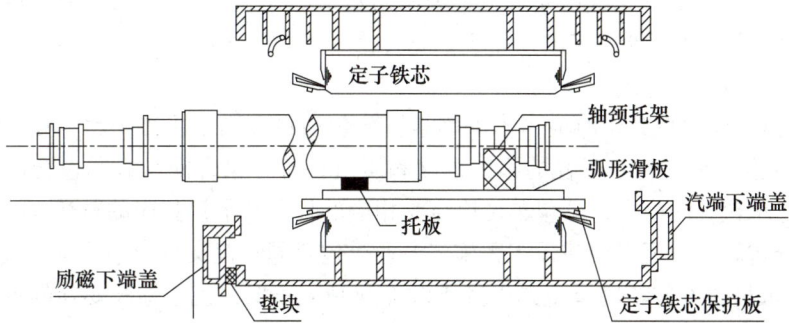

图3　发电机转子穿装示意图

问题

1. 项目部进场后应进行哪些施工准备？根据施工进度计划应确定哪些物资的配置计划？

2. 工程质量目标具体要分解落实到哪个层次？

3. 正式起吊前应怎样确认桥式起重机的刹车良好？起吊中满足什么条件定子可落于基础上？

4. 发电机转子穿装前应完成哪些试验并合格？图3中发电机转子的穿装采用了哪种方法？

【答案】

一、单项选择题

1. D；　2. B；　3. A；　4. C；　5. A；　6. B；　7. D；　8. B；
9. D；　10. B；　11. B；　12. B；　13. B；　14. A；　15. C；　16. D；
17. C；　18. D；　19. B；　20. B

二、多项选择题

21. A、C；　　　22. B、C、D；　　　23. A、B、C、D；　　24. A、C、D；
25. A、B、D、E；　26. B、C、E；　　　27. A、B、C、D；　　28. A、B、C、E；
29. B、D、E；　　30. A、C、D

三、实务操作和案例分析题

（一）

1. 项目部在验收水泵时，应认真核对水泵的型号、流量、扬程及配用的电机功率等技术参数。

2. 在三联供机组吊装就位后、试运行前的安装工序有：设备安装精度调整与检测，设备固定与灌浆。

3. 电缆排管的预算费用＝2000m×120元/m＝240000元。电缆排管进度计划工期是20d，在3月22日（12d）结束时检查，B公司只完成电缆排管施工1000m，所以电缆排管施工进度已落后，并在关键线路上，会影响总施工进度。

4. 事件二中，项目部应填写设计变更单，交建设单位或监理单位审核后送设计单位进行设计变更。水泵及管道安装施工进度偏差了20d，不会影响总工期，因为其总时差（到调试工序）有50d，进度偏差小于总时差。

（二）

1. A公司在项目分包时应考虑的因素：分包项目不属于主体工程，专业性较强的工程，分包施工更有利于工程的施工进度和质量；若分包合同与总承包合同发生抵触时，应以总承包合同为准；分包单位应享受相应的权利和承担相应的责任。

签订分包合同时可采用建设工程施工专业分包合同示范文本。

2. 轧机机架安装精度调整是以基础沉降观测为依据；机架地脚螺栓的紧固通常采用液压螺母拉伸法。

3. 电机水平度的测量复核应以转子轴颈为测量面。联轴器转动测量时应记录5个位置（每转90°一个位置）的径向和轴向位移值。图1中的部件②（齿轮座）进行了整改。

4. 轧机设备单机试运行合格。试运行前的技术准备工作有：确认可以试运行的条件、编制试运行总体计划、进度计划，制定试运行技术方案，确定试运行合格评价标准。

（三）

1. 施工组织设计交底内容还应包括：工程特点、难点，主要施工工艺及施工方法，各项资源配置计划；环境保护要求。

2. 图2中不符合规范要求的做法：管道接口的位置，钢套管上部高出楼层地面15mm。

正确做法：管道穿越楼板处应设钢套管，管道接口不得设于钢套管内，钢套管应与楼板底部平齐，上部应高出楼层地面20～50mm。

3. 风机通电试验和风机与风管连接存在的问题：

风机进行通电试验时，叶片停转后每次停留在同一位置上；

风管与落地风机连接后，紧固风机支架减振器上的胀锚螺栓。

正确的做法：

风机进行通电试验时，叶片停转后每次不应停留在同一位置上；

风机与风管连接前，风机应安装完毕。

4. 交接协调内容：

管道穿越楼板套管，预留预埋要与土建公司协调时间安排、施工顺序、预留预埋位置确定、预留标高尺寸等。

落地风机安装，与土建公司协调风机基础位置、尺寸、高度、减振处理等，确保基础符合设备安装要求。

（四）

1．项目部进场后应进行：技术准备、现场准备、资金准备等施工准备。根据施工进度计划应确定工程材料、发电设备、施工机具的物资配置计划。

2．工程质量目标具体要分解落实到每个分项工程、每个检验批、每个工序；落实到每个部门、每个班组、每个负责人。

3．正式起吊前，起吊定子应离地 1m 左右，试刹车 2～3 次，确认刹车良好后开始正式起吊。起吊中提升发电机定子最低点超过基础（既定）标高后，定子中心线与就位中心线重合时，定子可吊装于基础上。

4．发电机转子穿装前应完成单独气密性试验、漏气量试验；试验压力和允许漏气量应符合制造厂规定。图 3 中发电机转子的穿装采用了滑道式方法。

应 试 要 点

1. 首先填写及填涂应考人员的信息代码。然后按选择题的题号在答题卡上将所选的选项与对应的字母用 2B 铅笔涂黑。

2. 单项选择题 20 题，每题 1 分，多项选择题 10 题，每题 2 分，共 40 分。选择题首先是"机电工程技术"和"机电工程相关法规与标准"的知识点，其次是"机电工程项目管理实务"中的知识点。做选择题时熟悉的要先答，尽量掌握在 30 分钟内做完，单项选择题都要做，多项选择题至少选两项。

3. 实务操作和案例分析题是四个大题，（一）～（四）题每题 20 分，共 80 分。每题一般包括不相关联的 4~6 个问题，每个问题中有 1~3 个小问题。回答每个实务操作和案例分析题要控制在半小时内，平均 1 个问题 5 分钟左右。对案例的背景要边看边想，不要研究太多时间，会的马上就答，不会的空开一段，实在想不起考试用书上的，凭自己积累的知识回答，但答案要符合考试用书的相关知识点，不能根据实际经验随意发挥。

4. 深入了解背景内容和所给的所有条件，分析背景材料中内含的因果关系、逻辑关系、法定关系、表达顺序等各种关系的相关性和限定性，背景资料中一般没有废话，每一句话都有所指，要理解背景中指的是哪个考点。

5. 看清楚问题所问的内容，有几个知识点内容，不要漏答，否则要失分。每一个知识点都是一个采分点，都要写出，否则会失分。抓住关键知识点，不要多写，关键词表述准确、语言简洁，不准确的内容尽量不要写，会浪费时间。写的知识点要符合题意，应把题中背景资料给出的条件都用上。

6. 一般情况下，案例题的每个问题都是独立的，各个问题之间的关联性非常小，但每个问题中的若干小问题是有关联的。小问题之间的答题要有层次，解答紧扣题意。

7. 要在规定的答题栏中和本题号上作答，卷面字要写整齐、清楚、整洁，每题书写的答案，不得写到装订线之外，不要在另外题号上作答，否则影响电脑判卷的成绩；计算题必须写出计算步骤，不能只写答案。

网上增值服务说明

为了给二级建造师考试人员提供更优质、持续的服务，我社为购买正版考试图书的读者免费提供网上增值服务。**增值服务包括**在线答疑、在线视频课程、在线测试等内容。

网上免费增值服务使用方法如下：

1. 计算机用户

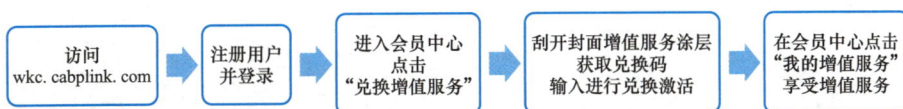

2. 移动端用户

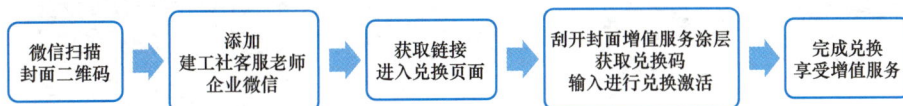

注：增值服务从本书发行之日起开始提供，至次年新版图书上市时结束，提供形式为在线阅读、观看。如果无法通过验证，请及时与我社联系。

客服电话：4008-188-688（周一至周五 9：00—17：00）

Email：jzs@cabp.com.cn

防盗版举报电话：010-58337026，举报查实重奖。

网上增值服务如有不完善之处，敬请广大读者谅解。欢迎提出宝贵意见和建议，谢谢！